FiNALEonline.de

FiNALEonline.de ist die digitale Ergänzung zu deinem Arbeitsbuch. Hier findest du eine Vielzahl an Angeboten, die dich zusätzlich bei deiner Prüfungsvorbereitung in Mathematik unterstützen!

Das Plus für deine Prüfungsvorbereitung:

- das Übungstagebuch zur Fortschrittskontrolle
- Original-Prüfungsaufgaben mit Lösungen (bitte Code von S. 4 eingeben)
- Tipps zur Prüfungsvorbereitung, die das Lernen erleichtern

Online-Grundlagentraining

Du hast noch Lücken aus den vorherigen Schuljahren? Kein Problem! Das Online-Grundlagentraining auf FiNALEonline.de hilft dir dabei, wichtigen Lernstoff nachzuarbeiten und zu wiederholen.
Und so funktioniert es:

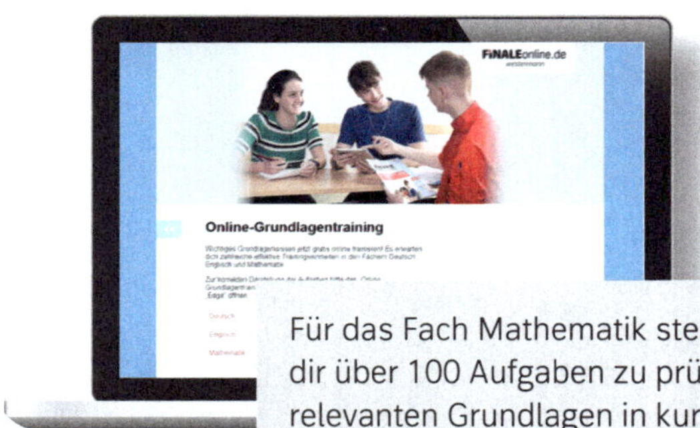

Für das Fach Mathematik stehen dir über 100 Aufgaben zu prüfungsrelevanten Grundlagen in kurzen Trainingseinheiten zur Verfügung.

Unser Tipp für Lehrerinnen und Lehrer: Nutzen Sie unsere vielfältigen Arbeitsblätter auch für Ihren Unterricht.

Für Lehrerinnen und Lehrer:
Die Lehrerhandreichung für den optimalen Einsatz der Arbeitsbücher im Unterricht zum kostenlosen Download!

Du übst lieber auf Papier? Dann klicke auf „PDF“ und drucke dir die gewünschte Trainingseinheit einfach aus.

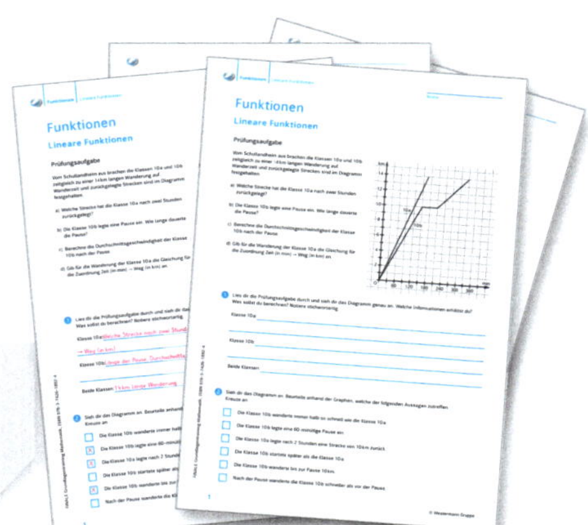

FiNALE Grundlagentraining Mathematik

Das FiNALE Grundlagentraining ist die ideale Ergänzung zu diesem Arbeitsbuch. Es bietet eine große Auswahl an Materialien, mit deren Hilfe du prüfungsrelevantes Grundlagenwissen auffrischen und aktiv trainieren kannst.

Folgende Inhalte werden in diesem Band behandelt:

- Arithmetik/Algebra, Funktionen, Geometrie, Stochastik
- die wichtigsten Begriffe und Symbole
- Größen, Umrechnungen und Zehnerpotenzen

Mit Formelsammlung und anschaulichen Lösungen

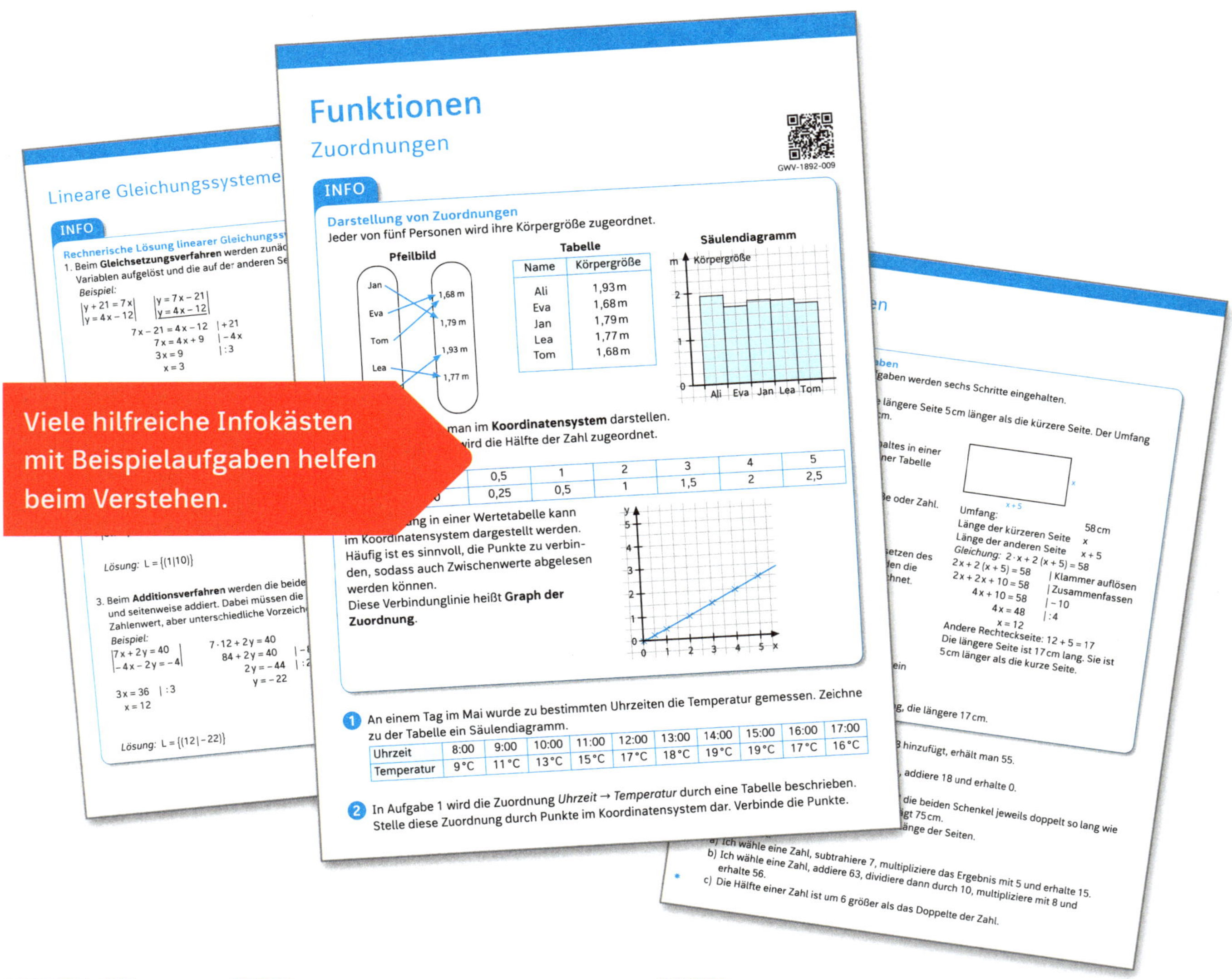

BESTELL-NR.	TITEL	PREIS
978-3-7426-1892-4	FiNALE Grundlagentraining Mathematik	13,95 €

FiNALE Grundlagentraining gibt es auch für die Fächer Deutsch und Englisch.

westermann

FiNALE
Prüfungstraining

Nordrhein-Westfalen

Erweiterter Erster Schulabschluss
(vormals Hauptschulabschluss)
Hauptschule Typ A, Gesamtschule Grundkurs

Mathematik

2024

Bernhard Humpert
Dr. Martina Lenze
Dr. Bernd Liebau
Ursula Schmidt
Peter Welzel

FiNALEonline.de

Liebe Schülerin, lieber Schüler,

sobald die Original-Prüfungsaufgaben zur Veröffentlichung freigegeben sind, können sie unter **www.finaleonline.de** zusammen mit ausführlichen Lösungen kostenlos heruntergeladen werden. Gib dazu einfach diesen Code ein:

MA5d6Dv

Einfach mal reinschauen: www.finaleonline.de

Bildquellennachweis
Arbeitsbuch:
|Alamy Stock Photo (RMB), Abingdon/Oxfordshire: Mellmann, Bernd 56.1; Muller, Moritz 48.1; PA Images 48.2; Strenske, Bettina 109.1. |fotolia.com, New York: selensergen 82.1. |Imago, Berlin: Hettrich, Arnulf 77.4. |Lenze, Dr. Martina, Berlin: 44.1, 57.1. |Liebau, Dr. Bernd, Leipzig: 77.3. |Microsoft Deutschland GmbH, München: 10.1, 24.1, 24.2, 24.3, 24.4, 37.1, 50.1, 68.1, 72.1, 72.2, 72.3, 72.4, 84.1, 85.1, 92.1, 106.1, 111.1. |Peter Wirtz Fotografie, Dormagen: Titel. |Picture-Alliance GmbH, Frankfurt a.M.: AP Photo 45.1; dpa-Zentralbild 51.1, 77.2; Godong 77.1. |stock.adobe.com, Dublin: dipego 35.1, 35.2, 35.3, 35.4.

Lösungsheft:
|Griese, Dietmar, Laatzen: 45.2, 45.3. |Microsoft Deutschland GmbH, München: 45.1. |Miller, Carla, Dortmund: 63.1.

Druck A[1] / Jahr 2023
Alle Drucke der Serie A sind im Unterricht parallel verwendbar.

Redaktion: Dr. Heike Bütow
Kontakt: finale@westermanngruppe.de
Layout: LIO Design GmbH, Braunschweig
Umschlaggestaltung: Gingco.Net, Braunschweig
Umschlagfoto: Peter Wirtz, Dormagen
Zeichnungen: Peter Langner; Illustrationen: Carla Miller
Druck und Bindung: Westermann Druck GmbH, Georg-Westermann-Allee 66, 38104 Braunschweig

ISBN 978-3-07-**172402**-0

So arbeitest du mit FiNALE

Liebe Schülerin, lieber Schüler!

Dieses **FiNALE-Arbeitsbuch** mit dem beiliegenden **Lösungsheft** hilft dir, dich selbstständig auf die Abschlussprüfung am Ende des Schuljahres 2023/24 vorzubereiten. Das Arbeitsbuch besteht aus drei Teilen.

- TEIL A – BASISAUFGABEN
- TEIL B – KOMPLEXE AUFGABEN
- TEIL C – PRÜFUNGSAUFGABEN

TEIL A – BASISAUFGABEN

Im **Eingangstest** kannst du testen, wie gut dein Grundwissen schon ist.

Die Aufgaben sind thematisch sortiert:
- Arithmetik/Algebra
- Funktionen
- Geometrie
- Daten und Zufall

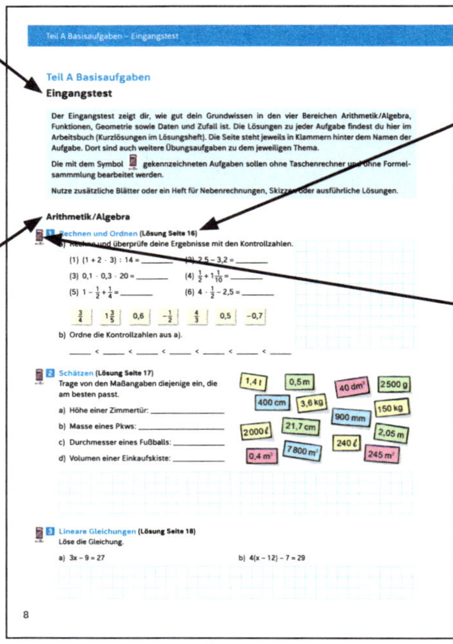
Teil A Basisaufgaben – Eingangstest

Teil A Basisaufgaben
Eingangstest

Der Eingangstest zeigt dir, wie gut dein Grundwissen in den vier Bereichen Arithmetik/Algebra, Funktionen, Geometrie sowie Daten und Zufall ist. Die Lösungen zu jeder Aufgabe findest du hier im Arbeitsbuch (Kurzlösungen im Lösungsheft). Die Seite steht jeweils in Klammern hinter dem Namen der Aufgabe. Dort sind auch weitere Übungsaufgaben zu dem jeweiligen Thema.

Die mit dem Symbol gekennzeichneten Aufgaben sollen ohne Taschenrechner und ohne Formelsammlung bearbeitet werden.

Nutze zusätzliche Blätter oder ein Heft für Nebenrechnungen, Skizzen oder ausführliche Lösungen.

Arithmetik/Algebra

1 Rechnen und Ordnen (Lösung Seite 16)
a) Rechne und überprüfe deine Ergebnisse mit den Kontrollzahlen.

b) Ordne die Kontrollzahlen aus a).

2 Schätzen (Lösung Seite 17)
Trage von den Maßangaben diejenige ein, die am besten passt.
a) Höhe einer Zimmertür:
b) Masse eines Pkws:
c) Durchmesser eines Fußballs:
d) Volumen einer Einkaufskiste:

3 Lineare Gleichungen (Lösung Seite 18)
Löse die Gleichung.
a) 3x − 9 = 27
b) 4(x − 12) − 7 = 29

8

Jede Aufgabe hat eine Überschrift. Dahinter steht, wo du hier im Arbeitsbuch die **Lösung** zu dieser Aufgabe und weitere **Übungsaufgaben** findest.

Das Symbol weist darauf hin, dass du diese Aufgabe ohne Taschenrechner und ohne Formelsammlung lösen sollst.

Die **Selbsteinschätzung** hilft dir herauszufinden, wo du noch besonders üben musst.

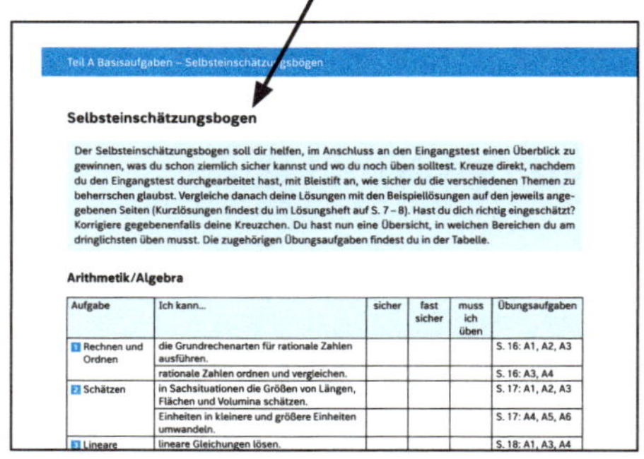
Teil A Basisaufgaben – Selbsteinschätzungsbogen

Selbsteinschätzungsbogen

Arithmetik/Algebra

Aufgabe	Ich kann...	sicher	fast sicher	muss ich üben	Übungsaufgaben
1 Rechnen und Ordnen	die Grundrechenarten für rationale Zahlen ausführen.				S. 16: A1, A2, A3
	rationale Zahlen ordnen und vergleichen.				S. 16: A3, A4
2 Schätzen	in Sachsituationen die Größen von Längen, Flächen und Volumina schätzen.				S. 17: A1, A2, A3
	Einheiten in kleinere und größere Einheiten umwandeln.				S. 17: A4, A5, A6
3 Lineare	lineare Gleichungen lösen.				S. 18: A1, A3, A4

Die weiteren **Übungsaufgaben** sind ebenfalls thematisch sortiert.

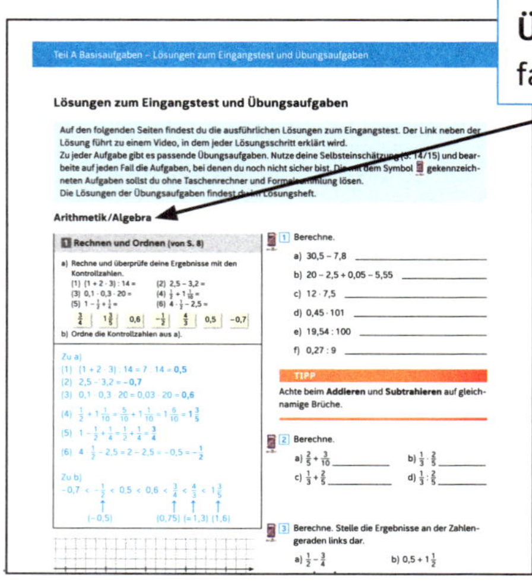
Teil A Basisaufgaben – Lösungen zum Eingangstest und Übungsaufgaben

Lösungen zum Eingangstest und Übungsaufgaben

Arithmetik/Algebra

1 Rechnen und Ordnen (von S. 8)

TIPP
Achte beim **Addieren** und **Subtrahieren** auf gleichnamige Brüche.

Der **Abschlusstest** soll dir zeigen, wie viel du bereits im Vergleich zum Eingangstest gelernt hast.
Die Aufgaben sind hier nicht nach Themen sortiert.

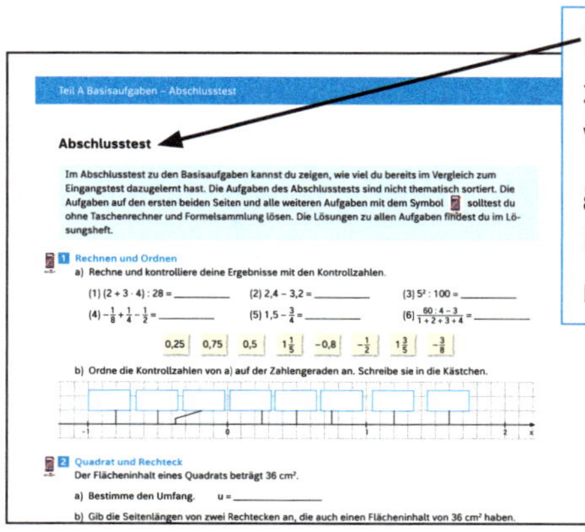
Teil A Basisaufgaben – Abschlusstest

Abschlusstest

1 Rechnen und Ordnen
a) Rechne und kontrolliere deine Ergebnisse mit den Kontrollzahlen.
b) Ordne die Kontrollzahlen von a) auf der Zahlengeraden an. Schreibe sie in die Kästchen.

2 Quadrat und Rechteck
Der Flächeninhalt eines Quadrats beträgt 36 cm².
a) Bestimme den Umfang.
b) Gib die Seitenlängen von zwei Rechtecken an, die auch einen Flächeninhalt von 36 cm² haben.

TEIL B – KOMPLEXE AUFGABEN

Die **komplexen Aufgaben** sind ein besonderes Training. Die Aufgaben sind, wie in der Prüfung, nicht thematisch sortiert.

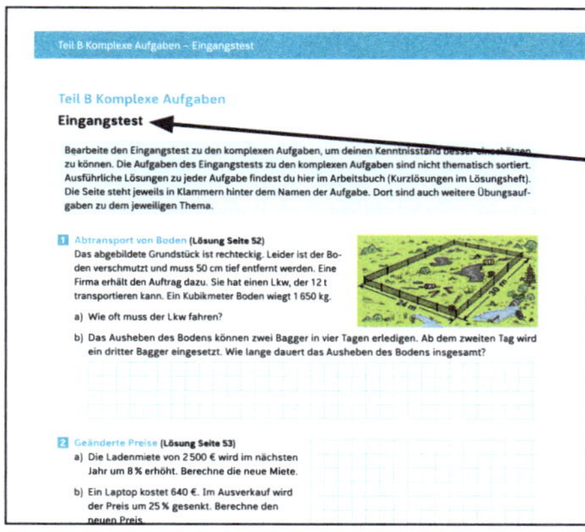
Teil B Komplexe Aufgaben – Eingangstest

Teil B Komplexe Aufgaben

Eingangstest

Bearbeite den Eingangstest zu den komplexen Aufgaben, um deinen Kenntnisstand besser einschätzen zu können. Die Aufgaben des Eingangstests zu den komplexen Aufgaben sind nicht thematisch sortiert. Ausführliche Lösungen zu jeder Aufgabe findest du hier im Arbeitsbuch (Kurzlösungen im Lösungsheft). Die Seite steht jeweils in Klammern hinter dem Namen der Aufgabe. Dort sind auch weitere Übungsaufgaben zu dem jeweiligen Thema.

1 Abtransport von Boden (Lösung Seite 52)
Das abgebildete Grundstück ist rechteckig. Leider ist der Boden verschmutzt und muss 50 cm tief entfernt werden. Eine Firma erhält den Auftrag dazu. Sie hat einen Lkw, der 12 t transportieren kann. Ein Kubikmeter Boden wiegt 1 650 kg.
a) Wie oft muss der Lkw fahren?
b) Das Ausheben des Bodens können zwei Bagger in vier Tagen erledigen. Ab dem zweiten Tag wird ein dritter Bagger eingesetzt. Wie lange dauert das Ausheben des Bodens insgesamt?

2 Geänderte Preise (Lösung Seite 53)
a) Die Ladenmiete von 2 500 € wird im nächsten Jahr um 8 % erhöht. Berechne die neue Miete.
b) Ein Laptop kostet 640 €. Im Ausverkauf wird der Preis um 25 % gesenkt. Berechne den neuen Preis.

Der Teil B ist ähnlich wie der Teil A aufgebaut. Es gibt einen **Eingangstest** und zu jeder Aufgabe weitere **Übungen.**

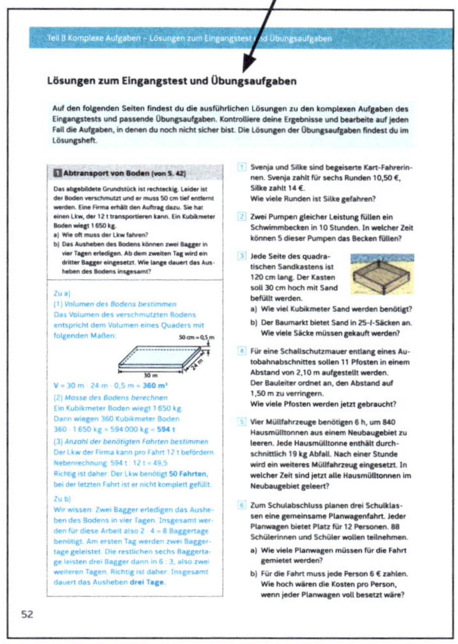
Teil B Komplexe Aufgaben – Lösungen zum Eingangstest und Übungsaufgaben

Lösungen zum Eingangstest und Übungsaufgaben

Auf den folgenden Seiten findest du die ausführlichen Lösungen zu den komplexen Aufgaben des Eingangstests und passende Übungsaufgaben. Kontrolliere deine Ergebnisse und bearbeite auf jeden Fall die Aufgaben, in denen du noch nicht sicher bist. Die Lösungen der Übungsaufgaben findest du im Lösungsheft.

1 Abtransport von Boden (von S. 42)
Das abgebildete Grundstück ist rechteckig. Leider ist der Boden verschmutzt und er muss 50 cm tief entfernt werden. Eine Firma erhält den Auftrag dazu. Sie hat einen Lkw, der 12 t transportieren kann. Ein Kubikmeter Boden wiegt 1 650 kg.
a) Wie oft muss der Lkw fahren?
b) Das Ausheben des Bodens können zwei Bagger in vier Tagen erledigen. Ab dem zweiten Tag wird ein dritter Bagger eingesetzt. Wie lange dauert das Ausheben des Bodens insgesamt?

Zu a)
(1) Volumen des Bodens bestimmen
Das Volumen des verschmutzten Bodens entspricht dem Volumen eines Quaders mit folgenden Maßen:
$V = 30\ m \cdot 24\ m \cdot 0{,}5\ m = 360\ m^3$
(2) Masse des Bodens berechnen
Ein Kubikmeter Boden wiegt 1 650 kg.
Dann wiegen 360 Kubikmeter Boden
$360 \cdot 1\,650\ kg = 594\,000\ kg = 594\ t$
(3) Anzahl der benötigten Fahrten bestimmen
Der Lkw der Firma kann pro Fahrt 12 t befördern.
Nebenrechnung: $594 : 12 = 49{,}5$
Richtig ist daher: Der Lkw benötigt 50 Fahrten, bei der letzten Fahrt ist er nicht komplett gefüllt.
Zu b)
Wir wissen: Zwei Bagger erledigen das Ausheben des Bodens in vier Tagen. Insgesamt werden für diese Arbeit also $2 \cdot 4 = 8$ Baggertage benötigt. Am ersten Tag werden zwei Baggertage geleistet. Die restlichen sechs Baggertage leisten drei Bagger dann in $6 : 3$, also zwei weiteren Tagen. Richtig ist daher: Insgesamt dauert das Ausheben drei Tage.

1 Svenja und Silke sind begeisterte Kart-Fahrerinnen. Svenja zahlt für sechs Runden 10,50 €, Silke zahlt 14 €. Wie viele Runden ist Silke gefahren?
2 Zwei Pumpen gleicher Leistung füllen ein Schwimmbecken in 10 Stunden. In welcher Zeit können 5 dieser Pumpen das Becken füllen?
3 Jede Seite des quadratischen Sandkastens ist 120 cm lang. Der Kasten soll 30 cm hoch mit Sand befüllt werden.
a) Wie viel Kubikmeter Sand werden benötigt?
b) Der Baumarkt bietet Sand in 25-l-Säcken an. Wie viele Säcke müssen gekauft werden?
4 Für eine Schallschutzmauer entlang eines Autobahnabschnittes sollen 11 Pfosten in einem Abstand von 2,10 m aufgestellt werden. Der Bauleiter ordnet an, den Abstand auf 1,50 m zu verringern. Wie viele Pfosten werden jetzt gebraucht?
5 Vier Müllfahrzeuge benötigen 6 h, um 840 Hausmülltonnen aus einem Neubaugebiet zu leeren. Jede Hausmülltonne enthält durchschnittlich 19 kg Abfall. Nach einer Stunde wird ein weiteres Müllfahrzeug eingesetzt. In welcher Zeit sind jetzt alle Hausmülltonnen im Neubaugebiet geleert?
6 Zum Schulabschluss planen drei Schulklassen eine gemeinsame Planwagenfahrt. Jeder Planwagen bietet Platz für 12 Personen. 88 Schülerinnen und Schüler wollen teilnehmen.
a) Wie viele Planwagen müssen für die Fahrt gemietet werden?
b) Für die Fahrt muss jede Person 6 € zahlen. Wie hoch wären die Kosten pro Person, wenn jeder Planwagen voll besetzt wäre?

52

Der **Abschlusstest** zeigt dir am Ende von Teil B, wie gut du auf die Prüfung vorbereitet bist.

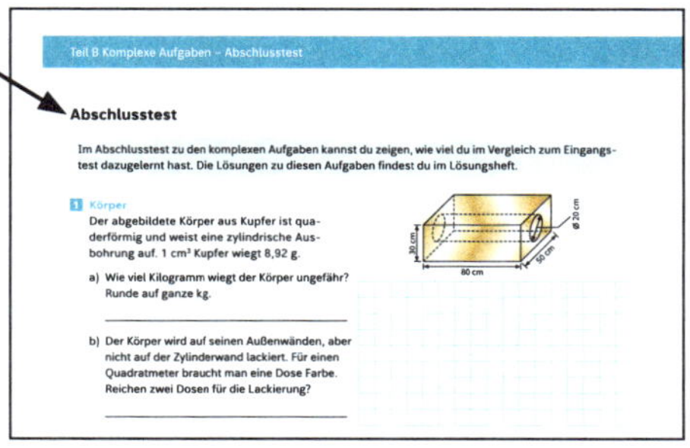
Teil B Komplexe Aufgaben – Abschlusstest

Abschlusstest

Im Abschlusstest zu den komplexen Aufgaben kannst du zeigen, wie viel du im Vergleich zum Eingangstest dazugelernt hast. Die Lösungen zu diesen Aufgaben findest du im Lösungsheft.

1 Körper
Der abgebildete Körper aus Kupfer ist quaderförmig und weist eine zylindrische Ausbohrung auf. 1 cm³ Kupfer wiegt 8,92 g.
a) Wie viel Kilogramm wiegt der Körper ungefähr? Runde auf ganze kg.
b) Der Körper wird auf seinen Außenwänden, aber nicht auf der Zylinderwand lackiert. Für einen Quadratmeter braucht man eine Dose Farbe. Reichen zwei Dosen für die Lackierung?

TEIL C – PRÜFUNGSAUFGABEN

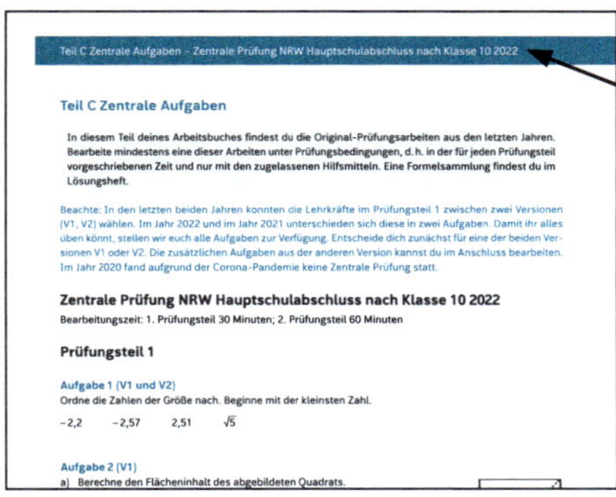
Teil C Zentrale Aufgaben – Zentrale Prüfung NRW Hauptschulabschluss nach Klasse 10 2022

Teil C Zentrale Aufgaben

In diesem Teil deines Arbeitsbuches findest du die Original-Prüfungsarbeiten aus den letzten Jahren. Bearbeite mindestens eine dieser Arbeiten unter Prüfungsbedingungen, d. h. in der für jeden Prüfungsteil vorgeschriebenen Zeit und nur mit den zugelassenen Hilfsmitteln. Eine Formelsammlung findest du im Lösungsheft.

Beachte: In den letzten beiden Jahren konnten die Lehrkräfte im Prüfungsteil 1 zwischen zwei Versionen (V1, V2) wählen. Im Jahr 2022 und im Jahr 2021 unterschieden sich diese in zwei Aufgaben. Damit ihr alles üben könnt, stellen wir euch alle Aufgaben zur Verfügung. Entscheide dich zunächst für eine der beiden Versionen V1 oder V2. Die zusätzlichen Aufgaben aus der anderen Version kannst du im Anschluss bearbeiten. Im Jahr 2020 fand aufgrund der Corona-Pandemie keine Zentrale Prüfung statt.

Zentrale Prüfung NRW Hauptschulabschluss nach Klasse 10 2022
Bearbeitungszeit: 1. Prüfungsteil 30 Minuten; 2. Prüfungsteil 60 Minuten

Prüfungsteil 1

Aufgabe 1 (V1 und V2)
Ordne die Zahlen der Größe nach. Beginne mit der kleinsten Zahl.
$-2{,}2 \quad -2{,}57 \quad 2{,}51 \quad \sqrt{5}$

Aufgabe 2 (V1)
a) Berechne den Flächeninhalt des abgebildeten Quadrats.

Hier sind **Original-Prüfungsarbeiten** aus den letzten Jahren abgedruckt. Mindestens eine dieser Arbeiten solltest du unter Prüfungsbedingungen bearbeiten, in der vorgeschriebenen Zeit und nur mit den zugelassenen Hilfsmitteln.

Eine **Formelsammlung**, die auch bei der Abschlussprüfung zugelassen ist, findest du im **Lösungsheft.**

Unter www.finaleonline.de ist ein **Übungstagebuch,** mit dem du deine Prüfungsvorbereitung gut organisieren kannst. Nutze dafür auch den Code von Seite 4.

Wir wünschen dir viel Erfolg bei deiner Abschlussprüfung!
Dein **FiNALE**-Team

TIPP

Hast du noch Lücken aus den vorherigen Schuljahren? Dann empfehlen wir dir das „**FiNALE** Grundlagentraining Mathematik" (ISBN 978-3-7426-1892-4).

Es bietet prüfungsrelevantes Grundlagenwissen zum Nachschlagen und Üben. Ergänzend dazu findest du unter *www.finaleonline.de/grundlagentraining* ein kostenloses Online-Training bestehend aus interaktiven Übungsaufgaben und Arbeitsblättern zum Ausdrucken.

Teil A Basisaufgaben

Eingangstest

Der Eingangstest zeigt dir, wie gut dein Grundwissen in den vier Bereichen Arithmetik/Algebra, Funktionen, Geometrie sowie Daten und Zufall ist. Die Lösungen zu jeder Aufgabe findest du hier im Arbeitsbuch (Kurzlösungen im Lösungsheft). Die Seite steht jeweils in Klammern hinter dem Namen der Aufgabe. Dort sind auch weitere Übungsaufgaben zu dem jeweiligen Thema.

Die mit dem Symbol gekennzeichneten Aufgaben sollen ohne Taschenrechner und ohne Formelsammmlung bearbeitet werden.

Nutze zusätzliche Blätter oder ein Heft für Nebenrechnungen, Skizzen oder ausführliche Lösungen.

Arithmetik/Algebra

1 Rechnen und Ordnen (**Lösung Seite 16**)

a) Rechne und überprüfe deine Ergebnisse mit den Kontrollzahlen.

(1) $(1 + 2 \cdot 3) : 14 =$ ________ (2) $2{,}5 - 3{,}2 =$ ________

(3) $0{,}1 \cdot 0{,}3 \cdot 20 =$ ________ (4) $\frac{1}{2} + 1\frac{1}{10} =$ ________

(5) $1 - \frac{1}{2} + \frac{1}{4} =$ ________ (6) $4 \cdot \frac{1}{2} - 2{,}5 =$ ________

$\frac{3}{4}$ | $1\frac{3}{5}$ | $0{,}6$ | $-\frac{1}{2}$ | $\frac{4}{3}$ | $0{,}5$ | $-0{,}7$

b) Ordne die Kontrollzahlen aus a).

______ < ______ < ______ < ______ < ______ < ______ < ______

2 Schätzen (**Lösung Seite 17**)

Trage von den Maßangaben diejenige ein, die am besten passt.

a) Höhe einer Zimmertür: ____________________

b) Masse eines Pkws: ____________________

c) Durchmesser eines Fußballs: ____________________

d) Volumen einer Einkaufskiste: ____________________

1,4 t | 0,5 m | 40 dm³ | 2 500 g | 400 cm | 3,6 kg | 150 kg | 900 mm | 2 000 ℓ | 21,7 cm | 2,05 m | 240 ℓ | 7 800 m² | 0,4 m³ | 245 m²

3 Lineare Gleichungen (**Lösung Seite 18**)

Löse die Gleichung.

a) $3x - 9 = 27$

b) $4(x - 12) - 7 = 29$

4 Prozente (**Lösung Seite 19**)

a) Wie viel sind 30 % von 250 €?

____

b) Wie viel Prozent sind 50 cm von 5 m?

____

c) Von wie viel Kilogramm sind 5 % genau 10 kg?

____

d) Ein Kapital von 600 € wird ein Jahr lang mit 4 % verzinst. Berechne die Jahreszinsen.

____

Funktionen

5 Zuordnungen (**Lösung Seite 20**)

In welchen Beispielen erkennst du proportionale (p) oder antiproportionale (a) Zuordnungen? Wo liegt keines von beiden (k) vor? Trage in die rechte Spalte jeweils p, a oder k ein.

1	Alex kauft auf dem Wochenmarkt Tomaten: *Menge Tomaten (kg) → Preis (€)*		4	1 Liter Orangensaft wird gleichmäßig verteilt: *Anzahl der Gläser → Füllmenge pro Glas*	
2	Laufwettbewerb auf verschieden langen Strecken: *Länge der Laufstrecke → Laufzeit in Minuten*		5	Im August scheint die Sonne am häufigsten: *Anzahl Tage → Summe der Sonnenstunden an diesen Tagen*	
3	Im Gartenmarkt kann man Grassamen kaufen: *Rasenfläche (m²) → benötigter Samen (kg)*		6	Gegeben sind Rechtecke mit gleichem Flächeninhalt: *Rechtecklänge → Rechteckbreite*	

6 Radfahren (**Lösung Seite 21**)

Mareike fährt mit gleichbleibender Geschwindigkeit Rad und legt in 10 Minuten eine Strecke von 2 500 m zurück. Wie viel Kilometer schafft sie in einer Stunde? Notiere deine Rechnung.

Ergebnis: ______________________________

7 Graphen und Gleichungen (**Lösung Seite 22**)

Ordne den Geraden g_1, g_2, g_3 und g_4 die zugehörige Funktionsgleichung zu.

	$y = 2x - 1$
	$y = x - 1$
	$y = 2x + 2$
	$y = x + 1$
	$y = -x - 1$
	$y = -x + 2$

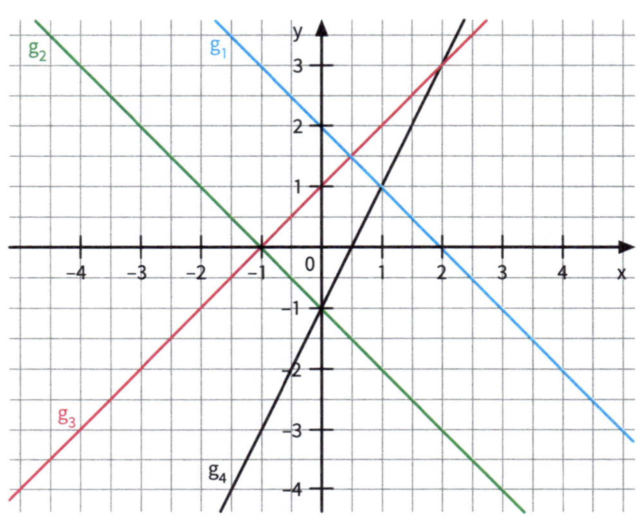

8 **Passend dargestellt** (Lösung Seite 23)

Welcher Graph passt am besten zu welcher Geschichte?

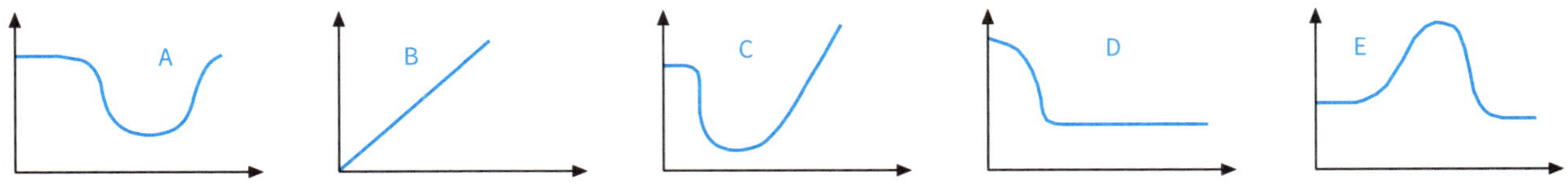

(1) Kurz nach dem Beginn der Segeltour ließ der zuvor kräftige Wind stark nach. Dann nahm die Windstärke nach und nach wieder zu, zum Schluss blies der Wind sogar kräftiger als zu Beginn der Segeltour. Graph ______

(2) Anfangs war die monatliche Telefonrechnung von Thomas sehr hoch. Inzwischen zahlt er deutlich weniger und jeden Monat in etwa den gleichen Betrag. Graph ______

9 **Wertetabelle** (Lösung Seite 24)

Die Gleichung $y = 27 - 3 \cdot (x - 6)$ wird mit einer Tabellenkalkulation untersucht.

	A	B
1	x	y
2	-3	54
3	0	45
4	3	36
5	6	27
6	9	18
7	12	9
8	15	0
9	18	-9
10	21	-18
11	24	-27
12	27	-36

a) In welcher Zelle findest du den y-Wert für $x = 12$? Zelle: ______

b) Für welchen x-Wert wird $y = 0$? x-Wert: ______

c) Gib die Formel für Zelle B2 an. Formel: ______

d) Berechne ohne Tabellenkalkulation den Wert von y für $x = 10$.

y-Wert: ______

10 **Lineare Funktion – Füllmenge** (Lösung Seite 25)

Die im Koordinatensystem dargestellte Funktion stellt den Zusammenhang zwischen der Füllmenge in einem Bewässerungstank und der Zeit dar.

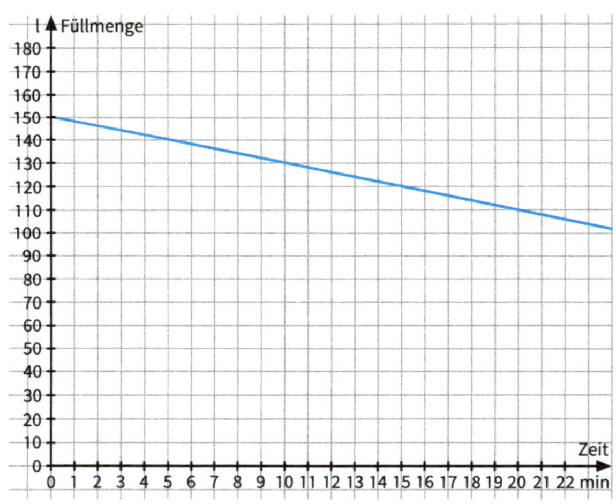

a) Wie viel Liter Wasser sind am Anfang im Tank?

Am Anfang sind ______ im Tank.

b) Bestimme, um wie viel Liter pro Minute die Wassermenge abnimmt.

______

c) Gib die Funktionsgleichung an. ______

Geometrie

11 **Flächeninhalt und Umfang eines Rechtecks** (Lösung Seite 26)

Ein Rechteck ist 8 cm lang und 6 cm breit.

a) Wie groß ist sein Flächeninhalt? Kreuze an.

☐ 14 cm ☐ 14 cm^2 ☐ 28 cm ☐ 28 cm^2 ☐ 48 cm^2 ☐ 48 cm

b) Wie groß ist sein Umfang? u = ______

12 Schiffscontainer **(Lösung Seite 27)**

Ein Schiffscontainer hat die Innenmaße 12,03 m x 2,35 m x 2,39 m und wird voll beladen. Wie viel Kubikmeter beträgt das Fassungsvermögen dieses Containers?

13 Winkelbestimmung **(Lösung Seite 28)**

Wie groß sind die fehlenden Winkel?

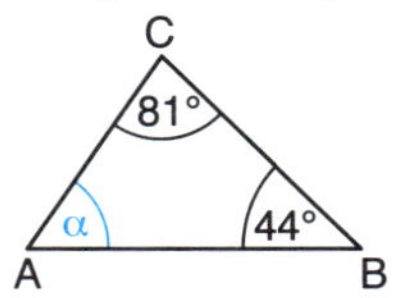

α = ____________

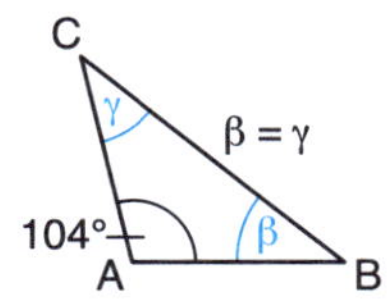

β = γ = ____________

14 Kreisverkehr **(Lösung Seite 29)**

Außerhalb einer Ortschaft wird ein neuer Kreisverkehr gebaut. Sein Außendurchmesser beträgt d = 40 m, die Fahrbahnbreite ist b = 7 m.

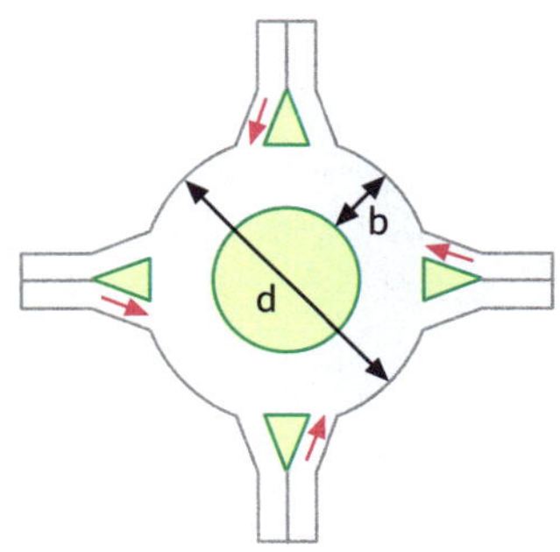

a) Berechne den Flächeninhalt und den Umfang des Außenkreises.

____

____

b) In der Mitte wird eine Grünfläche angelegt. Wie viel Quadratmeter nimmt sie ein?

____

____

15 Zylinder **(Lösung Seite 30)**

Der abgebildete Zylinder ist aus Stahl. Ein Kubikzentimeter wiegt 7,8 g.

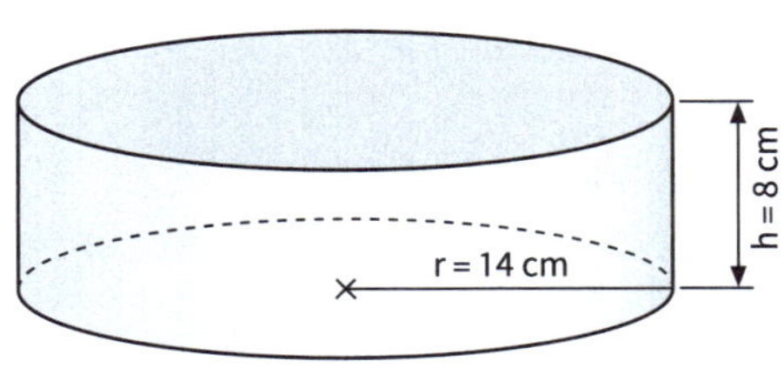

a) Berechne den Oberflächeninhalt und das Volumen des Zylinders.

Oberflächeninhalt: ______________________

Volumen: ______________________

b) Berechne die Masse des Zylinders in kg.

Masse: ______________________

16 Flächenberechnung (Lösung Seite 31)

Bestimme den Flächeninhalt und den Umfang der Figur.
Notiere deine Rechnung.

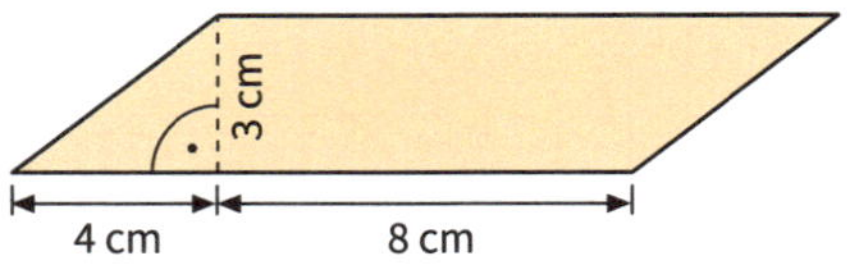

17 Dreieck im Koordinatensystem (Lösung Seite 32)

a) Gib die Koordinaten der Punkte P, Q und R an.
P(|), Q(|), R(|)

b) Welchen Flächeninhalt hat das Dreieck PQR?

A = ____________________

c) Trage den Punkt S(9|5) in das Koordinatensystem ein.
Wie heißt die Figur PQSR?

____

d) Bestimme den Umfang des Vierecks PQSR.

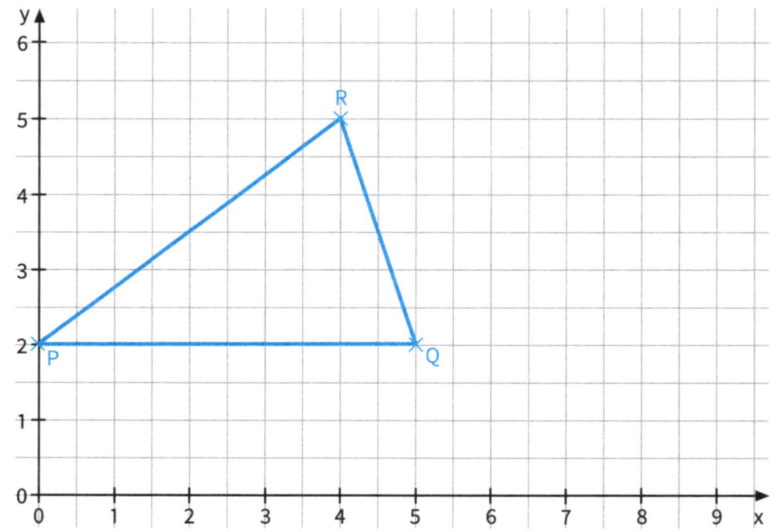

Daten und Zufall

18 Tablet (Lösung Seite 33)

Im Internet wird ein Tablet zu folgenden Preisen angeboten: 280 € 270 € 410 € 290 € 350 €

a) Gib den Median (Zentralwert), die Spannweite und das arithmetische Mittel der Preise an.

Median: ____________ Spannweite: ____________ arithmetisches Mittel: ____________

b) Im Internet taucht noch ein sechstes Angebot auf für 290 €. Vergleiche den Median und das arithmetische Mittel dieser sechs Angebote mit den Werten aus Teilaufgabe a).

Median: ____________________ arithmetisches Mittel: ____________________

19 **Werbung (Lösung Seite 34)**

Aus dem Diagramm kannst du für die wichtigsten Medien ablesen, welche Einnahmen durch Werbung mit ihnen erzielt wurden.

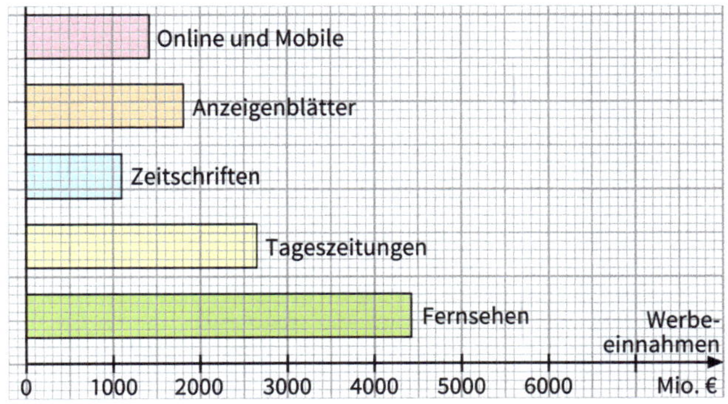

a) Trage die drei Medien mit den größten Einnahmen in der richtigen Rangfolge in die Tabelle ein.

	Rang 1	Rang 2	Rang 3
Medium			
Einnahmen (in Mio. €)			

b) Insgesamt betrugen die Einnahmen durch Werbung in allen Medien 15 200 Millionen €. Welchen Anteil dieser Einnahmen hat das Fernsehen erzielt?

____

____

c) Die folgende Tabelle zeigt die Anteile der Werbeeinnahmen für die im Diagramm genannten Medien. Daneben wurden auch noch Werbeeinnahmen in anderen (sonstigen) Medien erzielt. Ergänze die Tabelle und stelle die Anteile in einem Streifendiagramm dar.

Fernsehen (FS)	Tageszeitungen (TZ)	Zeitschriften (ZS)	Anzeigenblätter (AB)	Online und Mobile (OM)	Sonstige (S)
%	17 %	7 %	12 %	9 %	%

20 **Hausaufgaben (Lösung Seite 35)**

In Annikas Klasse sind 9 Jungen und 15 Mädchen. Die Lehrerin lost zu Beginn der Mathematikstunde aus, wer die Hausaufgaben vorträgt.

a) Mit welcher Wahrscheinlichkeit wird Annika ausgelost?

P = ______________________

b) Wie wahrscheinlich ist es, dass ein Junge ausgelost wird?

P = ______________________

Selbsteinschätzungsbogen

Der Selbsteinschätzungsbogen soll dir helfen, im Anschluss an den Eingangstest einen Überblick zu gewinnen, was du schon ziemlich sicher kannst und wo du noch üben solltest. Kreuze direkt, nachdem du den Eingangstest durchgearbeitet hast, mit Bleistift an, wie sicher du die verschiedenen Themen zu beherrschen glaubst. Vergleiche danach deine Lösungen mit den Beispiellösungen auf den jeweils angegebenen Seiten (Kurzlösungen findest du im Lösungsheft auf S. 7 – 8). Hast du dich richtig eingeschätzt? Korrigiere gegebenenfalls deine Kreuzchen. Du hast nun eine Übersicht, in welchen Bereichen du am dringlichsten üben musst. Die zugehörigen Übungsaufgaben findest du in der Tabelle.

Arithmetik/Algebra

Aufgabe	Ich kann...	sicher	fast sicher	muss ich üben	Übungsaufgaben
1 Rechnen und Ordnen	die Grundrechenarten für rationale Zahlen ausführen.				S. 16: A1, A2, A3
	rationale Zahlen ordnen und vergleichen.				S. 16: A3, A4
2 Schätzen	in Sachsituationen die Größen von Längen, Flächen und Volumina schätzen.				S. 17: A1, A2, A3
	Einheiten in kleinere und größere Einheiten umwandeln.				S. 17: A4, A5, A6
3 Lineare Gleichungen	lineare Gleichungen lösen.				S. 18: A1, A3, A4
	Sachsituationen durch lineare Gleichungen beschreiben.				S. 18: A2, A3, A4
4 Prozente	Prozentsätze, Prozentwerte und Grundwerte berechnen, auch in Sachsituationen.				S. 19: A1, A2, A3, A5, A6, A7 S. 34: A1 b)
	Prozentaufgaben in der Zinsrechnung lösen.				S. 19: A4

Funktionen

Aufgabe	Ich kann...	sicher	fast sicher	muss ich üben	Übungsaufgaben
5 Zuordnungen	in Sachsituationen und Wertetabellen proportionale und antiproportionale Zuordnungen erkennen.				S. 20: A1, A3
	Wertetabellen ergänzen und damit Graphen zeichnen.				S. 20: A2, A4 S. 21: A3
6 Radfahren	bei Bewegungsaufgaben den Zusammenhang zwischen Zeit, Strecke und Geschwindigkeit herstellen.				S. 21: A4
	bei proportionalen Zuordnungen den Zweisatz oder Dreisatz anwenden.				S. 21: A1, A2, A3, A5
7 Graphen und Gleichungen	einer Geraden im Koordinatensystem die passende Funktionsgleichung zuordnen und umgekehrt.				S. 22: A1 bis A4 S. 25: A3
8 Passend dargestellt	einen Graphen einer Sachsituation oder einer Wertetabelle zuordnen.				S. 23: A1 bis A3
9 Wertetabelle	Berechnungen mit einer Tabellenkalkulation ausführen.				S. 24: A1 bis A3

Funktionen

10 Lineare Funktion – Füllmenge	Sachsituationen mit linearen Funktionen beschreiben.				S. 25: A1, A2, A3

Geometrie

Aufgabe	Ich kann...	sicher	fast sicher	muss ich üben	Übungsaufgaben
11 Rechteck	den Umfang und Flächeninhalt eines Rechtecks berechnen, auch in Sachsituationen.				S. 26: A1 bis A5
12 Schiffscontainer	das Volumen eines Quaders bestimmen, auch in Sachsituationen.				S. 27: A1 bis A5
13 Winkelbestimmung	Winkelgrößen in Dreiecken und Vierecken mit dem Winkelsummensatz bestimmen.				S. 28: A1 bis A5
14 Kreisverkehr	den Umfang und Flächeninhalt eines Kreises berechnen, auch in Sachsituationen.				S. 29: A1 bis A4
15 Zylinder	den Oberflächeninhalt und das Volumen eines Zylinders berechnen.				S. 30: A1 bis A4
	die Masse eines Körpers berechnen, wenn ich sein Volumen und seine Dichte kenne.				S. 30: A4
16 Flächenberechnung	Umfang und Flächeninhalt von Parallelogrammen und anderen Figuren berechnen.				S. 31: A1, A2 S. 32: A1 c)
	den Satz des Pythagoras anwenden.				S. 31: A2 S. 32: A2 a)
17 Dreieck im Koordinatensystem	Punkte in ein Koordinatensystem eintragen und ablesen.				S. 32: A1, A2
	den Flächeninhalt und den Umfang eines Dreiecks berechnen.				S. 32: A1, A2

Daten und Zufall

Aufgabe	Ich kann...	sicher	fast sicher	muss ich üben	Übungsaufgaben
18 Tablet	Spannweite, Median und arithmetisches Mittel angeben.				S. 33: A1 bis A3
19 Werbung	Werte aus einem Diagramm ablesen.				S. 34: A1
	relative Häufigkeiten berechnen und als Prozente angeben.				S. 34: A3
	Säulen- und Streifendiagramme erstellen.				S. 34: A2, A3
20 Hausaufgaben	angeben, welche Ergebnisse zu einem Ereignis gehören.				S. 35: A1
	die Wahrscheinlichkeit eines Ereignisses bei einem Laplace-Experiment bestimmen.				S. 35: A2, A3, A4

Wenn du noch weiteren Übungsbedarf hast oder in einem Thema unsicher bist, empfehlen wir dir, im „Grundlagentraining“ nachzuschlagen (ISBN 978-3-7426-1892-4).
Dein **FiNALE**-Team

Lösungen zum Eingangstest und Übungsaufgaben

Auf den folgenden Seiten findest du die ausführlichen Lösungen zum Eingangstest. Der Link neben der Lösung führt zu einem Video, in dem jeder Lösungsschritt erklärt wird.
Zu jeder Aufgabe gibt es passende Übungsaufgaben. Nutze deine Selbsteinschätzung (S. 14/15) und bearbeite auf jeden Fall die Aufgaben, bei denen du noch nicht sicher bist. Die mit dem Symbol gekennzeichneten Aufgaben sollst du ohne Taschenrechner und Formelsammlung lösen.
Die Lösungen der Übungsaufgaben findest du im Lösungsheft.

Arithmetik/Algebra

1 Rechnen und Ordnen (von S. 8)

a) Rechne und überprüfe deine Ergebnisse mit den Kontrollzahlen.

(1) $(1 + 2 \cdot 3) : 14 =$ (2) $2{,}5 - 3{,}2 =$
(3) $0{,}1 \cdot 0{,}3 \cdot 20 =$ (4) $\frac{1}{2} + 1\frac{1}{10} =$
(5) $1 - \frac{1}{2} + \frac{1}{4} =$ (6) $4 \cdot \frac{1}{2} - 2{,}5 =$

$\frac{3}{4}$ | $1\frac{3}{5}$ | $0{,}6$ | $-\frac{1}{2}$ | $\frac{4}{3}$ | $0{,}5$ | $-0{,}7$

b) Ordne die Kontrollzahlen aus a).

Zu a)

(1) $(1 + 2 \cdot 3) : 14 = 7 : 14 = \mathbf{0{,}5}$
(2) $2{,}5 - 3{,}2 = \mathbf{-0{,}7}$
(3) $0{,}1 \cdot 0{,}3 \cdot 20 = 0{,}03 \cdot 20 = \mathbf{0{,}6}$
(4) $\frac{1}{2} + 1\frac{1}{10} = \frac{5}{10} + 1\frac{1}{10} = 1\frac{6}{10} = \mathbf{1\frac{3}{5}}$
(5) $1 - \frac{1}{2} + \frac{1}{4} = \frac{1}{2} + \frac{1}{4} = \mathbf{\frac{3}{4}}$
(6) $4 \cdot \frac{1}{2} - 2{,}5 = 2 - 2{,}5 = -0{,}5 = \mathbf{-\frac{1}{2}}$

Zu b)

$-0{,}7 < -\frac{1}{2} < 0{,}5 < 0{,}6 < \frac{3}{4} < \frac{4}{3} < 1\frac{3}{5}$

$-\frac{1}{2}$ ↑ $(-0{,}5)$; $\frac{3}{4}$ ↑ $(0{,}75)$; $\frac{4}{3}$ ↑ $(\approx 1{,}3)$; $1\frac{3}{5}$ ↑ $(1{,}6)$

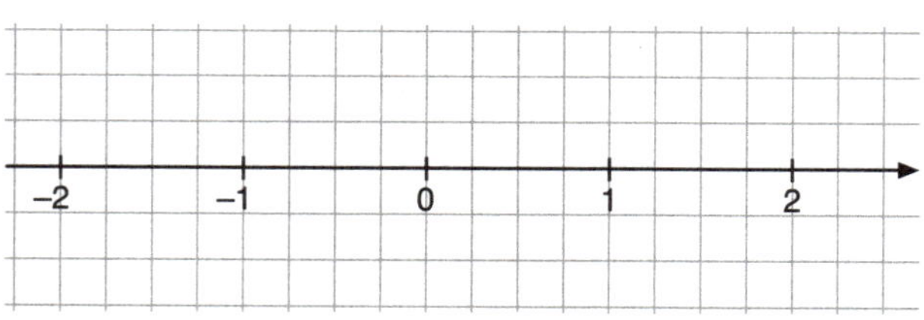

1 Berechne.

a) $30{,}5 - 7{,}8$ ______
b) $20 - 2{,}5 + 0{,}05 - 5{,}55$ ______
c) $12 \cdot 7{,}5$ ______
d) $0{,}45 \cdot 101$ ______
e) $19{,}54 : 100$ ______
f) $0{,}27 : 9$ ______

TIPP

Achte beim **Addieren** und **Subtrahieren** auf gleichnamige Brüche.

2 Berechne.

a) $\frac{2}{5} + \frac{3}{10}$ ______ b) $\frac{1}{3} \cdot \frac{2}{5}$ ______
c) $\frac{1}{3} + \frac{2}{5}$ ______ d) $\frac{1}{3} : \frac{2}{5}$ ______

3 Berechne. Stelle die Ergebnisse an der Zahlengeraden links dar.

a) $\frac{1}{2} - \frac{3}{4}$ b) $0{,}5 + 1\frac{1}{2}$
c) $-\frac{1}{2} + 1\frac{1}{4}$ d) $0{,}7 - 2{,}2$
e) $-\frac{1}{4} + 2{,}75$ f) $1\frac{1}{2} - 0{,}25$

4 Ordne der Größe nach, beginne mit der kleinsten Zahl.

a) $0{,}4$ $\frac{3}{6}$ $0{,}38$ $\frac{1}{4}$ $\frac{3}{5}$ $0{,}2$

☐ < ☐ < ☐ < ☐ < ☐ < ☐

b) $-1\frac{1}{2}$ $-\frac{7}{5}$ $-\frac{3}{4}$ $-0{,}8$ $-1\frac{1}{4}$ $-1{,}3$

☐ < ☐ < ☐ < ☐ < ☐ < ☐

c) $0{,}7$ $-\frac{3}{4}$ $-1{,}3$ $\frac{4}{5}$ $-1\frac{1}{2}$ $\frac{9}{10}$

☐ < ☐ < ☐ < ☐ < ☐ < ☐

d) $2{,}8$ $-0{,}41$ $-\frac{2}{5}$ $\frac{20}{10}$ $-\frac{9}{2}$ $2{,}805$

☐ < ☐ < ☐ < ☐ < ☐ < ☐

1 Wie viel Sekunden hat eine Schülerin vom ersten Schultag bis zum Ende der 10. Klasse etwa in der Schule verbracht?

- ☐ 3600000 s
- ☐ 360000000 s
- ☐ 36000000 s
- ☐ 3600000000 s

2 Welchen Flächeninhalt hat ein 20-€-Schein?

- ☐ 957,6 cm^2
- ☐ 95760 mm^2
- ☐ 95,76 dm^2
- ☐ 9576 mm^2

3 Kreuze an, welche Schätzung am besten passt.

a) ungefähre Größe der lackierten Fläche eines Pkws

- ☐ 72 m^2
- ☐ 720 dm^2
- ☐ 720000 mm^2
- ☐ 7200 dm^2

b) Größe des Kofferraums eines Pkws

- ☐ 37 hl
- ☐ 370000 ml
- ☐ 0,037 m^3
- ☐ 37000 *l*

2 Schätzen (von S. 8)

Trage von den Maßangaben diejenige ein, die am besten passt.

a) Höhe einer Zimmertür
b) Masse eines Pkws
c) Durchmesser eines Fußballs
d) Volumen einer Einkaufskiste

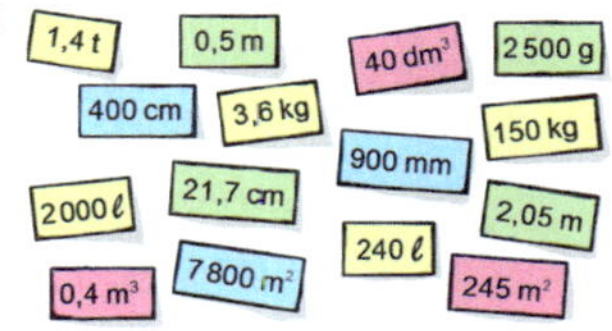

Zu a)
Eine Tür ist höher als 1 m (1000 mm) und niedriger als 3 m (300 cm). Deshalb kann nur **2,05 m** die Lösung sein.

Zu b)
Von den Gewichtsangaben passt nur **1,4 t**. Die anderen Maßangaben sind zu gering.

Zu c)
Der Durchmesser kann **21,7 cm** betragen. Das ist ungefähr die Breite deines FiNALE-Arbeitsbuchs.

Zu d)
Geschätzte Maße: 50 cm x 40 cm x 20 cm. Für das Volumen erhältst du geschätzt:
50 cm · 40 cm · 20 cm = 40000 cm^3
40 dm^3 ist deshalb die richtige Angabe.

TIPP

Achte beim **Vergleichen von Größen** auf die gleiche Einheit.
Rechnest du in eine kleinere (größere) Einheit um, wird die Maßzahl größer (kleiner).

4 Wandle in die angegebene Einheit um.

a) 500 g = ______ kg

b) 1,8 t = ______ kg

c) 25 ha = ______ m^2

d) 4600 cm^2 = ______ m^2

e) 4500 *l* = ______ m^3

f) 180 s = ______ min

g) 1,2 h = ______ min

5 Wandle in die nächstkleinere Einheit um.

a) 35 cm = ______

b) 2,5 m^2 = ______

c) 85 min = ______

6 Wandle in die nächstgrößere Einheit um.

a) 56000 mm = ______

b) 5050 m^2 = ______

c) 150 min = ______

3 Lineare Gleichungen (von S. 8)

Löse die Gleichung.

a) $3x - 9 = 27$ b) $4(x - 12) - 7 = 29$

Zu a)

$3x - 9 = 27 \quad |+9$

$3x = 36 \quad |:3$

$\mathbf{x = 12}$

Zu b)

$4(x - 12) - 7 = 29 \quad |+7$

$4(x - 12) = 36 \quad |:4$

$x - 12 = 9 \quad |+12$

$\mathbf{x = 21}$

oder $4(x - 12) - 7 = 29$

$4x - 48 - 7 = 29$

$4x - 55 = 29 \quad |+55$

$4x = 84 \quad |:4$

$\mathbf{x = 21}$

2 Welche Sachtexte passen zu der Gleichung $5x + 17 = 57$? Was gibt in diesen Fällen x an?

(1) Fünf Freunde gehen ins Kino. Sie kaufen Karten und anschließend für 17 € Popcorn. Insgesamt bezahlen sie 57 €.

(2) Frau May kauft 5 Flaschen Wein und 17 Flaschen Sekt. Sie bezahlt insgesamt 57 €.

(3) Ein 5 km langer Rundkurs für Crossräder wird x-mal durchfahren. Der Kurs liegt 17 km von Tannendorf entfernt. Es sind 57 Teilnehmer am Start.

(4) Ein Unternehmen soll 57 m^3 Muttererde transportieren. Der große Lkw bringt 17 m^3, der kleine Lkw den Rest mit fünf Fahrten, jeweils voll beladen.

(5) Ein Rechteck ist 5 cm breit, seine Länge unbekannt. Wäre es 17 cm^2 größer, hätte es einen Flächeninhalt von 57 cm^2.

TIPP

Texte in **Terme** übersetzen:

Das Zehnfache einer Zahl:	$10x$
Der achte Teil einer Zahl:	$x : 8$
Eine Zahl vermindert um 4:	$x - 4$
Eine Zahl vermehrt um 5:	$x + 5$

TIPP

Forme bei Bedarf die **Gleichung** so um, dass die Variable auf einer Seite steht. Notiere hinter der Gleichung, wie die beiden Seiten der Gleichung verändert werden.

1 Löse die Gleichung.

a) $3x - 7 = 35$ b) $9 - 4x = 13$

c) $7(3x - 2) + 1 = 50$

d) $8 - (2x + 6) - 5x = 16$

3 Löse das Zahlenrätsel mithilfe einer Gleichung.

a) Das Neunfache einer Zahl vermindert um 7 ergibt 47.

b) Addiert man zum dritten Teil einer Zahl 17, so erhält man 30.

c) Vermindert man das Achtfache einer Zahl um 9 und addiert 3, so erhält man 26.

1 Kreuze die richtige Lösung an.

a) 40 % von 650 €

☐ 26 € ☐ 260 € ☐ 2 600 € ☐ 26 000 €

2 Bestimme die fehlende Größe.

a) 20 % von einem Betrag sind genau 100 €.

b) 40 % von einer Länge sind 280 m.

3 a) Wie viel Prozent sind 374 Personen von 800 Personen?

b) Wie viel Prozent sind 35 € von 1 400 €?

4 Berechne die Zinsen.

a) Ein Kapital von 3 200 € wird ein Jahr lang mit 0,5 % verzinst.

b) Ein halbes Jahr lang werden 500 € mit einem Zinssatz von 1,5 % verzinst.

5 Auf einem freien Gelände am Stadtrand, das 16 ha groß ist, wird ein neues Fußballstadion gebaut. Es nimmt 13 % der Gesamtfläche ein. Berechne die Fläche des neuen Stadions in Quadratmetern.

6 Von 827 kontrollierten Fahrzeugen waren 43 mit Mängeln versehen. Wie viel Prozent sind das?

7 Familie Meier zahlt monatlich 550 € Miete. Die Miete soll zum 1. Januar um 3,5 % erhöht werden.

a) Berechne die Mieterhöhung.

b) Gib die ab Januar zu zahlende Miete an.

4 Prozente (von S. 9)

a) Wie viel sind 30 % von 250 €?

b) Wie viel Prozent sind 50 cm von 5 m?

c) Von wie viel Kilogramm sind 5 % genau 10 kg?

d) Ein Kapital von 600 € wird ein Jahr lang mit 4 % verzinst. Berechne die Jahreszinsen.

Zu a)
W ist gesucht.

$30\,\% = \frac{30}{100} = 0{,}30$

$\mathbf{W} = 250\,€ \cdot 0{,}30$
$\mathbf{= 75\,€}$

Zu b)
p % ist gesucht.

$\mathbf{p\,\%} = \frac{0{,}50\text{ m}}{5\text{ m}} = 0{,}1$
$\mathbf{= 10\,\%}$

Zu c)
G ist gesucht.

$G = \frac{10\text{ kg}}{0{,}05} = \mathbf{200\text{ kg}}$

Zu d)
Z ist gesucht.

$Z = 600\,€ \cdot 0{,}04$
$\mathbf{= 24\,€}$

TIPP

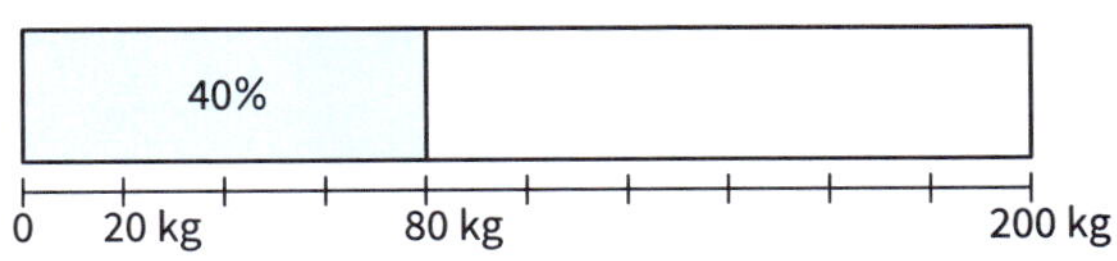

Prozentrechnung:
– Grundwert G
– Prozentwert W
– Prozentsatz p %

40 % von 200 kg sind 80 kg
(40 % → p %, 200 kg → G, 80 kg → W)

Formeln: $\mathbf{W = G \cdot p\,\%}$ $\mathbf{p\,\% = \frac{W}{G}}$ $\mathbf{G = \frac{W}{p\,\%}}$

Zinsrechnung:
Kapital K ↔ Grundwert G
Zinsen Z ↔ Prozentwert W
Zinssatz p % ↔ Prozentsatz p %
$\mathbf{Z = K \cdot p\,\%}$

Funktionen

5 Zuordnungen (von S. 9)

In welchen Beispielen erkennst du proportionale (p) oder antiproportionale (a) Zuordnungen? Wo liegt keines von beiden (k) vor? Trage in die rechte Spalte jeweils p, a oder k ein.

1	Alex kauft auf dem Wochenmarkt Tomaten: *Menge Tomaten (kg) → Preis (€)*	p
2	Laufwettbewerb auf verschieden langen Strecken: *Länge der Laufstrecke → Laufzeit in Minuten*	k
3	Im Gartenmarkt kann man Grassamen kaufen: *Rasenfläche (m²) → benötigter Samen (kg)*	p
4	1 Liter Orangensaft wird gleichmäßig verteilt: *Anzahl der Gläser → Füllmenge pro Glas*	a
5	Im August scheint die Sonne am häufigsten: *Anzahl Tage → Summe der Sonnenstunden an diesen Tagen*	k
6	Gegeben sind Rechtecke mit gleichem Flächeninhalt: *Rechtecklänge → Rechteckbreite*	a

1) Verdoppelt sich die Menge an Tomaten in kg, verdoppelt sich auch deren Preis; also **p.**

2) Bei längeren Strecken wird langsamer gelaufen; also **k.**

3) Verdoppelt man die Rasenfläche, benötigt man auch doppelt so viel Samen; also **p.**

4) Verdoppelt man die Anzahl der Gläser, halbiert sich die Füllmenge pro Glas; also **a.**

5) Die Sonnenstunden haben über die Tage hinweg betrachtet keine Regelmäßigkeit; also **k.**

6) Verdoppelt man bei gleichbleibendem Flächeninhalt die Länge, so halbiert sich die Breite; also **a.**

4 Eine zylinderförmige Kerze brennt gleichmäßig ab.
Die Tabelle stellt die Zuordnung *Brenndauer (h) → Höhe der Kerze (cm)* dar.

a) Berechne die fehlenden Werte.

Brenndauer (in h)	Höhe der Kerze (in cm)
0	10
1	9,5
2	
3	
6	
8	

1 Ist die Zuordnung proportional? Begründe.

Zuordnung (A)

Anzahl	Preis (in €)
3	1,50
4	2,00
8	4,00

Zuordnung (B)

Zeit (h)	Weg (in m)
2	1 200
3	1 800
5	2 600

Zuordnung (A) ist ____________________, weil

____

Zuordnung (B) ist ____________________, weil

____

2 Vervollständige die Wertetabelle bei a) zur proportionalen Zuordnung und bei b) zur antiproportionalen Zuordnung.

a)

x	1,5	3
y	4,5	

b)

x	6	2
y	20	

3 Welche Art der Zuordnung liegt vor?

1	Eier werden hartgekocht: *Anzahl Eier → Kochdauer*	
2	5 Minuten wird geradelt: *durchschnittliche Geschwindigkeit → zurückgelegte Strecke*	
3	Vom Kind zum Erwachsenen: *Gewicht eines Menschen → Schuhgröße*	
4	1,5 Liter Eistee wird gerecht verteilt: *Anzahl Kinder → Eistee (in ml) pro Kind*	
5	Justus kauft auf dem Markt ein: *Kilogramm Kartoffeln → Preis*	

b) Zeichne den Graphen der Zuordnung.

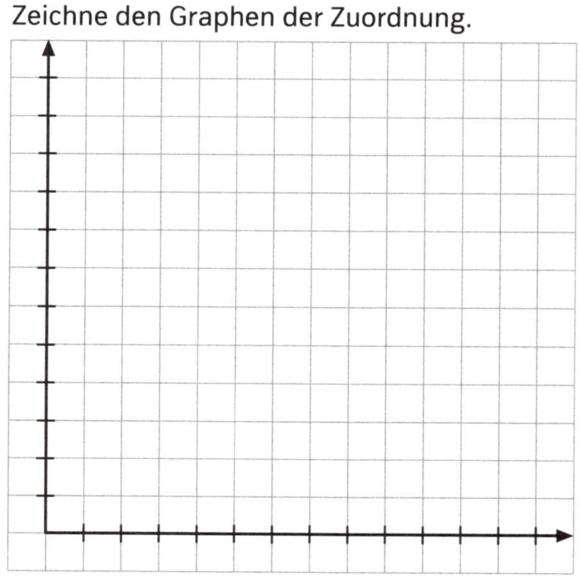

1 Ergänze den fehlenden Preis

a) 3 Äpfel kosten 1,50 €.
6 Äpfel kosten ______ €.

b) 4 Liter Saft kosten 8,20 €.
2 Liter Saft kosten ______ €.

c) 10 kg Mehl kosten 12,40 €.
20 kg Mehl kosten ______ €.

d) 12 Brötchen kosten 7,20 €.
3 Brötchen kosten ______ €.

6 Radfahren (von S. 9)

Mareike fährt mit gleichbleibender Geschwindigkeit Rad und legt in 10 Minuten eine Strecke von 2500 m zurück. Wie viel Kilometer schafft sie in einer Stunde? Notiere deine Rechnung.

Da Mareike mit gleichbleibender Geschwindigkeit Rad fährt, legt sie z. B. in der doppelten Zeit die doppelte Strecke zurück. Die Zuordnung *Zeit* → *Weg* ist also proportional.

(1) Lösung mit Dreisatz

: 10	10 min	2 500 m	: 10
· 60	1 min	250 m	· 60
	60 min	**15 000 m**	

(2) Lösung mit Zweisatz

· 6	10 min	2 500 m	· 6
	60 min	**15 000 m**	

In einer Stunde legt Mareike **15 km** zurück.

2

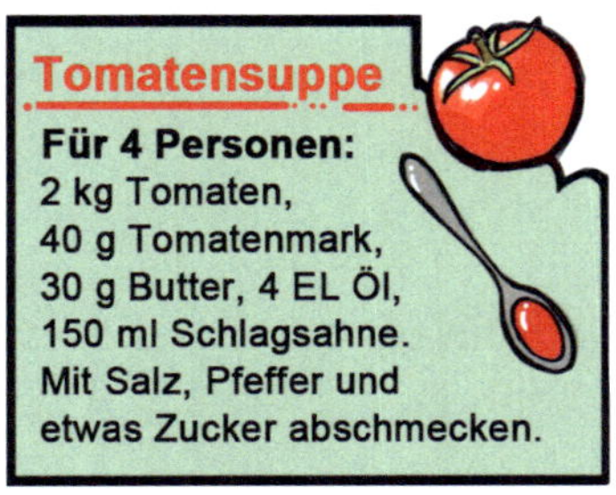

Friederike möchte Tomatensuppe für 6 Personen nach diesem Rezept kochen.

a) Friederike berechnet die benötigte Tomatenmenge. Vervollständige ihre Rechnung.

☐	4 Personen	2000 g	☐
☐	1 Person	500 g	☐
	6 Personen		

b) Berechne auf die gleiche Weise alle anderen Zutatenmengen für 6 Personen.

____

____

____

3 Ergänze die fehlenden Werte der proportionalen Zuordnungen.

a)

3 kg	36 €
1 kg	
5 kg	

b)

24 *l*	72 €
1 *l*	
7 *l*	

c)

40 Stück	16 €
1 Stück	
9 Stück	

d)

200 g	4,20 €
40 g	

4 Paul und Ivo joggen mit gleichmäßiger Geschwindigkeit um den nahegelegenen Waldsee. In 18 min legen sie 3 km zurück. Die Länge des Rundwegs beträgt 7 km.
Wie viel Zeit benötigen sie für den Rundweg?

5 Das Sportcenter Megafit vermietet Badmintonplätze für 3,50 € für 30 Minuten. Die Sportoase verlangt 5,50 € Platzmiete für 45 Minuten. Welches Angebot ist günstiger, wenn man 90 Minuten spielen möchte?

7 Graphen und Gleichungen (von S. 9)

Ordne den Graphen g_1, g_2, g_3 und g_4 die zugehörige Funktionsgleichung zu.

- y = x − 1
- y = 2x − 1
- y = 2x + 2
- y = x + 1
- y = −x − 1
- y = −x + 2

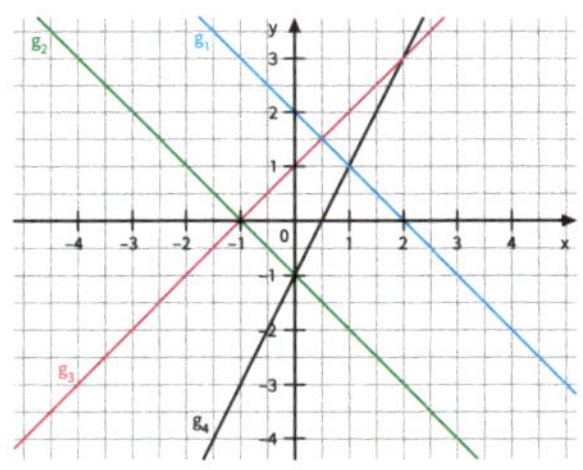

Bei Geradengleichungen der Form y = mx + n gibt m die Steigung an. Wenn m positiv ist, steigt die Gerade, wenn m negativ ist, fällt sie. n gibt den Schnittpunkt (0 | n) mit der y-Achse an.
g_1 schneidet die y-Achse im Punkt (0 | 2), also: n = +2. Steigung: m = −1.
Funktionsgleichung von g_1: **y = −x + 2.**
g_2 schneidet die y-Achse in (0 | −1), also ist n = −1. Steigung m = −1.
Funktionsgleichung von g_2: **y = −x − 1.**
Bei g_3 ist n = +1, die Steigung beträgt m = +1.
Funktionsgleichung von g_3: **y = x + 1.**
Bei g_4 ist n = −1, die Steigung beträgt m = +2.
Funktionsgleichung von g_4: **y = 2x − 1.**

1 Bestimme die zum Graphen gehörende Funktionsgleichung.

a) 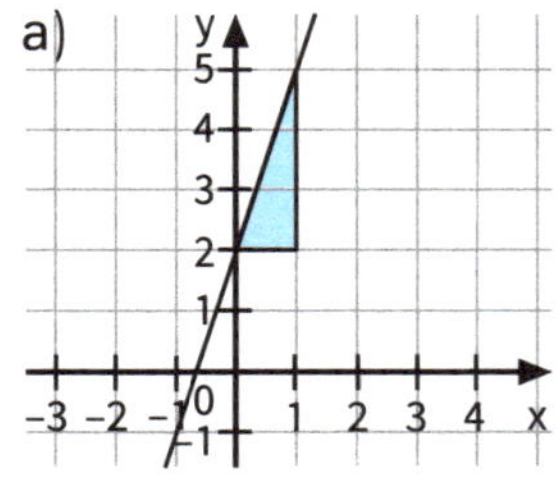

y = ____________

b) 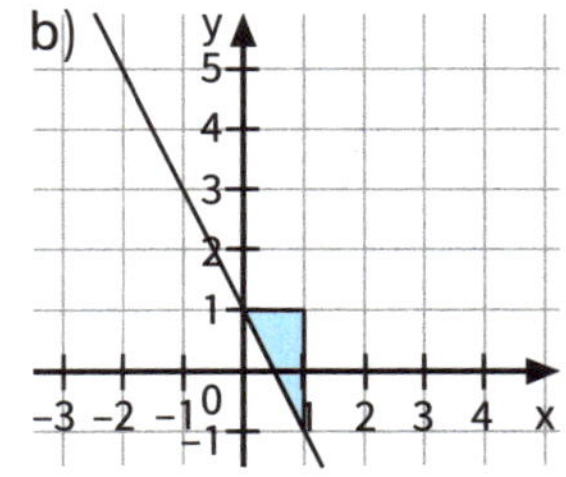

y = ____________

c) 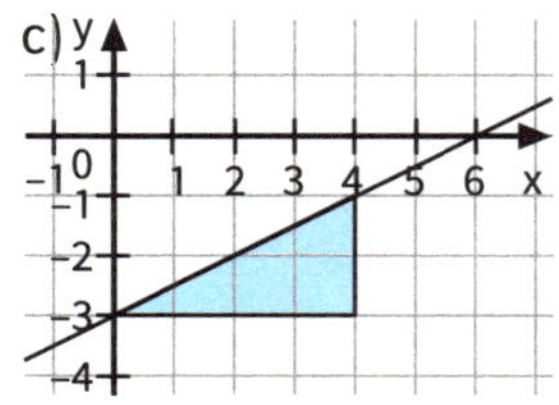

y = ____________

d) 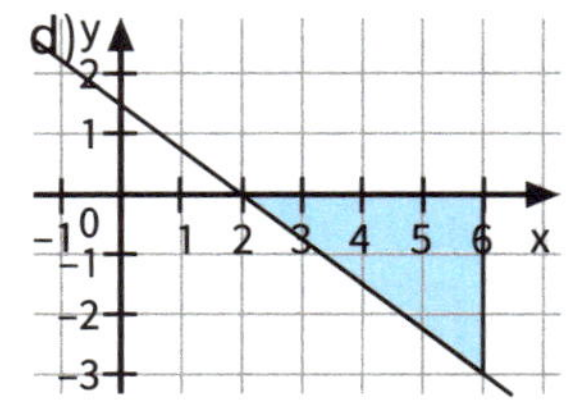

y = ____________

2 Zeichne in das Koordinatensystem die Graphen zu den Funktionen
$y = \frac{1}{4}x + 3$ und $y = -x + 3$.
Gib die Koordinaten des Schnittpunkts S an.

S (_____ | _____)

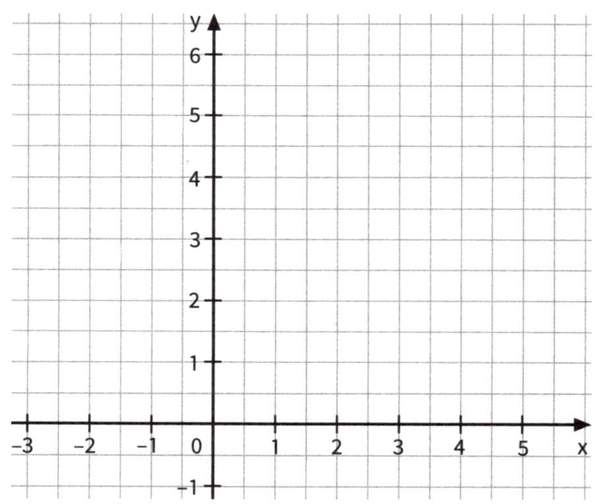

3 Kreuze die richtige Aussage an.
Die Gerade mit der Gleichung y = −2x − 4 …

- ☐ hat die Steigung −4.
- ☐ schneidet die x-Achse bei x = −2.
- ☐ geht durch den Punkt (−2 | 4).
- ☐ schneidet die y-Achse nicht.

4 a) Ordne jeder Geraden g_1, g_2 und g_3 die passende Funktionsgleichung zu.

- y = 2x + 1
- y = x + 2
- y = x − 2
- y = −x + 1
- y = 2x − 1

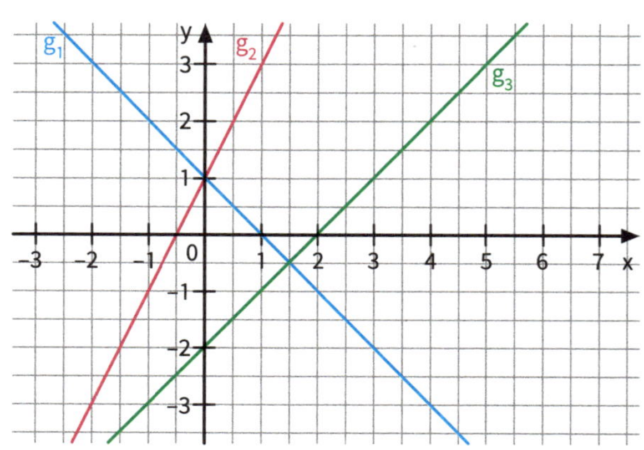

b) Zeichne die Geraden zu den beiden übrigen Funktionen in das Koordinatensystem.

1 Welche Darstellung passt zu dem Sachverhalt? Ordne zu.

A: Wertentwicklung einer Aktie
B: Handytarif mit Grundgebühr und sekundengenauer Abrechnung
C: Eintrittspreise ins Schwimmbad gestaffelt nach Aufenthaltsdauer
D: Preis für getankte Bezinmenge

(1)
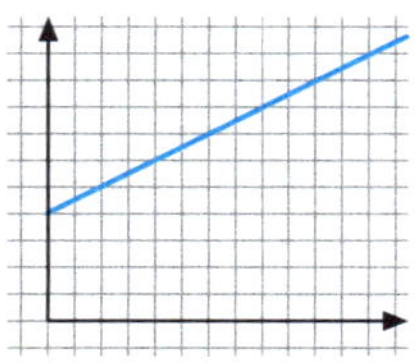
☐

(2)
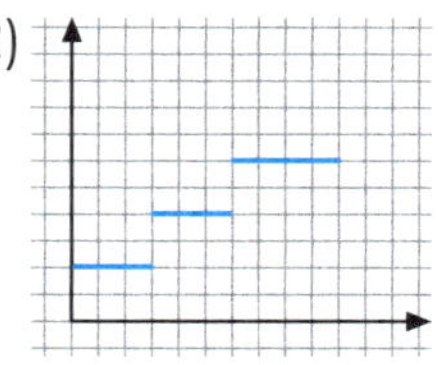
☐

(3)
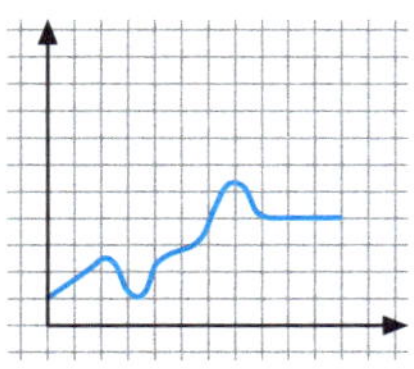
☐

(4)
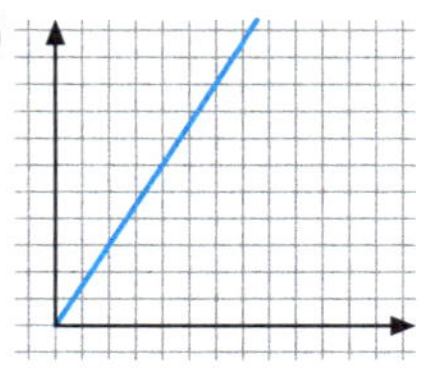
☐

8 Passend dargestellt (von S. 10)

Welcher Graph passt am besten zu welcher Geschichte?

(1) Kurz nach dem Beginn der Segeltour ließ der zuvor kräftige Wind stark nach. Dann nahm die Windstärke nach und nach wieder zu, zum Schluss blies der Wind sogar kräftiger als zu Beginn der Segeltour.
(2) Anfangs war die monatliche Telefonrechnung von Thomas sehr hoch. Inzwischen zahlt er deutlich weniger und jeden Monat in etwa den gleichen Betrag.

(1) Anfangs: kräftiger Wind lässt nach (Graph fällt). Dann: allmähliche Zunahme (Graph steigt langsam an). Zum Schluss: kräftigerer Wind als zu Beginn (Graph steigt stärker als je zuvor). Deshalb: Graph **C**.
(2) Anfangs: sehr hohe Rechnung. Dann: niedriger und unverändert (Graph fällt und bleibt auf gleicher Höhe). Deshalb: Graph **D**.

2 Welcher Graph passt am besten zu welcher Wertetabelle? Ordne zu.

(A)

Weg (in km)	0	1	2	3
Preis (in €)	3,60	6,00	8,40	10,80

(C)

Anzahl	0	2	4	6
Preis (in €)	0	80	160	240

(B)

Höhe (in cm)	20	15	12	2
Zeit (in h)	0	5	8	18

(D)

Anzahl	3	6	12	18
Tage	36	18	9	6

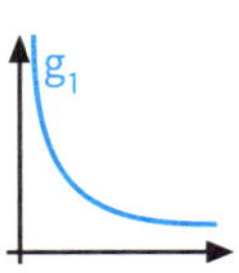

☐

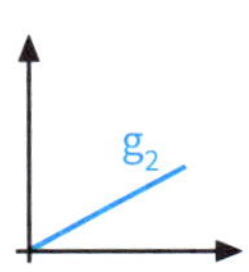

☐

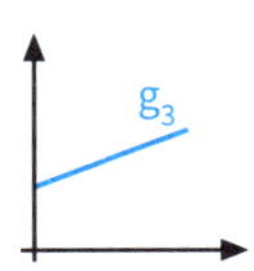

☐

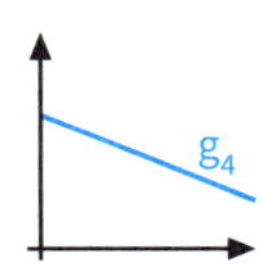

☐

3 In dem Diagramm ist der Weg von Hatice zu ihrer Freundin Elif dargestellt.

a) Wann startet sie? ____________________

b) Wie lange wartet sie an der Ampel?

____

c) In welcher Zeitspanne ist ihre Geschwindigkeit am größten? Begründe.

____
____
____

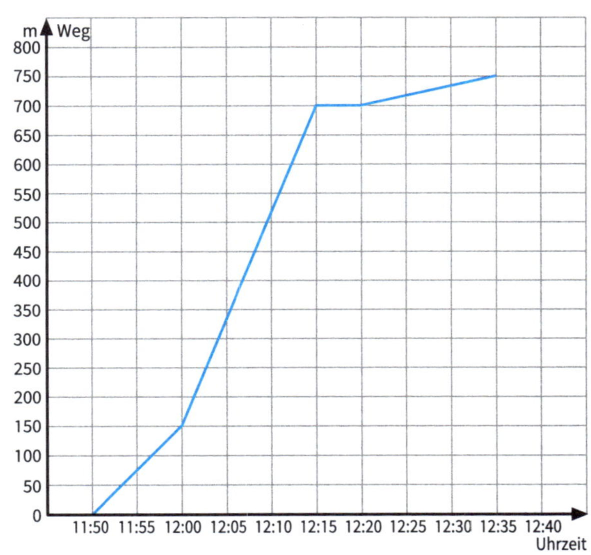

9 Wertetabelle (von S. 10)

Die Gleichung $y = 27 - 3 \cdot (x - 6)$ wird mit einer Tabellenkalkulation untersucht.

a) In welcher Zelle findest du den y-Wert für $x = 12$?

b) Für welchen x-Wert wird $y = 0$?

c) Gib die Formel für Zelle B2 an.

d) Berechne ohne Tabellenkalkulation den Wert von y für $x = 10$.

	A	B
1	x	y
2	-3	54
3	0	45
4	3	36
5	6	27
6	9	18
7	12	9
8	15	0
9	18	-9
10	21	-18
11	24	-27
12	27	-36

Zu a)
Der y-Wert zu $x = 12$ steht in **Zelle B7.**

Zu b)
Zeile 8 der Tabelle gibt an: $y = 0$ für $\mathbf{x = 15}$.

Zu c)
Die Formel lautet: **=27–3*(A2–6)**

Zu d)
$\mathbf{y} = 27 - 3 \cdot (10 - 6) = 27 - 3 \cdot 4 = \mathbf{15}$

1 Mithilfe einer Tabellenkalkulation wird die Gleichung $y = 12 + 4 \cdot (x - 2)$ untersucht.

	A	B	C	D	E	F	G	H
1	**x**	-2	-1	0	1	2	3	4
2	**y**	-4	0	4	8	12	16	20

a) In welcher Zelle steht der x-Wert für $y = 0$?

Zelle: ______________________

b) Mit welcher Formel berechnet das Programm den Wert in Zelle F2?

F2: = ______________________

c) Für welchen x-Wert wird $y = 4$? $x =$ ________

d) Berechne ohne Tabellenkalkulation den Wert von y für $x = 14$.

$y =$ ______________________

2 Vier Freunde veranstalten zusammen eine Party. Jeder hat für einen anderen Betrag eingekauft. Nach der Party rechnen sie ab.

	A	B	C	D
1	**Einkauf**			
2		hat bezahlt	muss noch zahlen	bekommt zurück
3	Halit	5,00 €	1,50 €	
4	Aylin	6,60 €		
5	Zim	7,50 €		
6	Laura	6,90 €		
7	Summe			
8	Betrag pro Person	6,50 €		

a) Gib eine Formel an, mit der in B7 der Gesamtbetrag ausgerechnet werden kann.

B7: = ______________________

b) Halit hat in Zelle B8 ausgerechnet, dass jeder 6,50 € zahlen muss.
Notiere zwei Formeln, die in Zelle B8 zu einem richtigen Ergebnis führen.

Formel (1) = ______________________ Formel (2) = ______________________

3 Für die Fußball-AG werden neue Trikots bestellt.

	A	B	C	D
1	Bestellung für die Fußball-AG			
2		**Preis in €**	**Anzahl**	**Gesamtpreis in €**
3	Trikot	25,99 €	15	389,85 €
4	Hose		15	224,85 €
5	Stutzen	4,90 €	15	
6			Summe:	
7			pro Person:	

a) Berechne den Wert für Zelle B4. ________

b) Welche Formel kann in D3 stehen?

Formel	geeignet	nicht geeignet
=B3+C3	☐	☐
=B3*C3	☐	☐
=C3/B3	☐	☐

c) Gib eine Formel für die Zelle D6 an.

D6: = ______________________

d) In Zelle D7 sollen die Kosten pro Person berechnet werden. Notiere zwei Formeln, die in Zelle D7 zu einem richtigen Ergebnis führen.

Formeln für Zelle D7:

(1) = ______________ (2) = ______________

1 Welcher Graph passt zu der Sachsituation?

(A) Eine Taxifahrt kostet pro Kilometer 2 €. Unabhängig von der Fahrtstrecke wird eine Grundgebühr von 4 € verlangt.

(B) 1 kg Äpfel kostet 2 €.

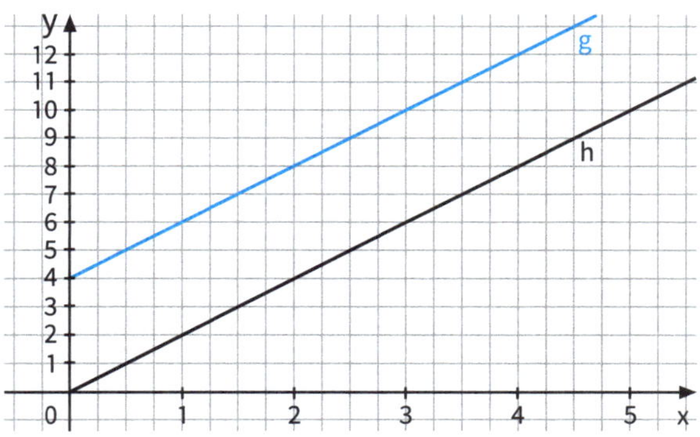

Situation A: ________ Situation B: ________

2 Die im Koordinatensystem dargestellte Funktion gibt den Zusammenhang zwischen der Futtermenge und der Zeit an.

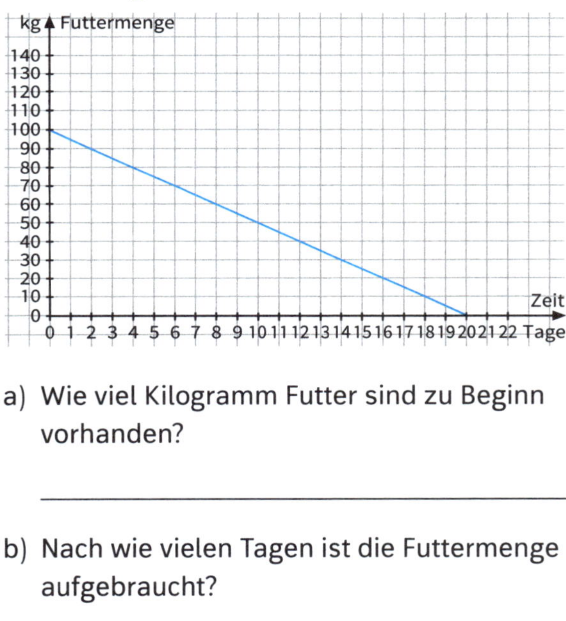

a) Wie viel Kilogramm Futter sind zu Beginn vorhanden?

____

b) Nach wie vielen Tagen ist die Futtermenge aufgebraucht?

____

c) Bestimme die Funktionsgleichung.

____

3 Der E-Rollerverleih verlangt 2 € zum Freischalten zuzüglich 0,20 € pro Minute.
Welche Gleichung passt zu dem Sachverhalt?

☐ $y = 2x + 2$ ☐ $y = 2x + 0{,}2$

☐ $y = 0{,}2x + 2$ ☐ $y = 0{,}2x + 0{,}2$

10 Lineare Funktion – Füllmenge (von S. 10)

Die im Koordinatensystem dargestellte Funktion stellt den Zusammenhang zwischen der Füllmenge in einem Bewässerungstank und der Zeit dar.

a) Wie viel Liter Wasser sind am Anfang im Tank?

b) Bestimme, um wie viel Liter pro Minute die Wassermenge abnimmt.

c) Gib die Funktionsgleichung an.

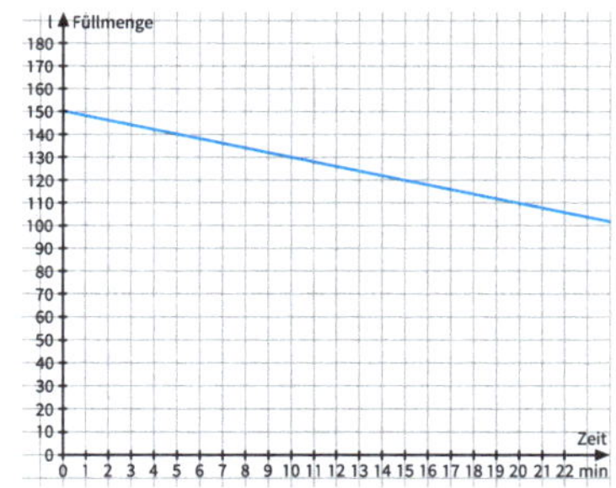

Zu a)
Der Graph schneidet die y-Achse an der Stelle 150. Am Anfang sind **150 *l*** im Tank.

Zu b)
Wir suchen uns zwei Punkte, deren Koordinaten gut ablesbar sind, z. B. A(0|150) und B(15|120).
Aus den Koordinaten lesen wir ab:
In 15 Minuten nimmt die Füllmenge um 30 *l* ab.
In 1 Minute nimmt sie dann um **2 *l*** (= 30 l|: 15) ab.

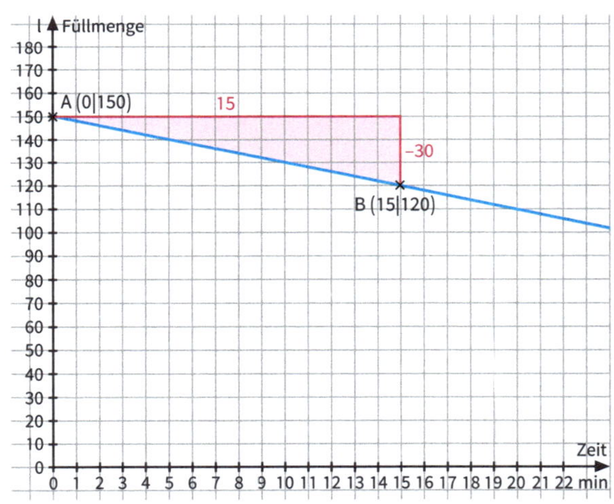

Zu c)
Bei der allgemeinen Funktionsgleichung $y = mx + n$ gibt m die Steigung des Graphen an und n den y-Achsenabschnitt.
In diesem Beispiel ist $n = 150$.
Da der Graph fällt, ist $m = -\frac{30}{15} = -2$.
Die Funktionsgleichung lautet also:
$\mathbf{y = -2x + 150}$

Geometrie

11 Flächeninhalt und Umfang/Rechteck (von S. 10)

Ein Rechteck ist 8 cm lang und 6 cm breit.

a) Wie groß ist sein Flächeninhalt? Kreuze an.

☐ 14 cm ☐ $14\ cm^2$ ☐ 28 cm
☐ $28\ cm^2$ ☐ $48\ cm^2$ ☐ 48 cm

b) Wie groß ist sein Umfang?

Zu a)
Für den Flächeninhalt A eines Rechtecks gilt:
$A = a \cdot b$ (Länge · Breite)
$A = 8\ cm \cdot 6\ cm = \mathbf{48\ cm^2}$

Mit der Einheit „cm" werden Längen gemessen, aber keine Flächeninhalte angegeben. Deshalb kommen nur die drei Felder mit der Einheit cm^2 in Frage. Angekreuzt wird $48\ cm^2$.

Zu b)
$u = 8\ cm + 6\ cm + 8\ cm + 6\ cm$
$\mathbf{u = 28\ cm}$

Der Umfang ist die Summe von Seitenlängen und wird daher immer in Längeneinheiten (wie cm oder m) angegeben.

1 Ein Rechteck ist 7 cm breit und 3 cm länger als breit. Berechne Flächeninhalt und Umfang dieses Rechtecks.

A = ________________ u = ________________

2 Ein Rechteck hat einen Umfang von 24 cm. Wie breit und wie lang könnte es sein? Gib verschiedene Möglichkeiten an.

Breite	Länge
2 cm	10 cm
4 cm	

3 Berechne für die abgebildete Fläche den Flächeninhalt und den Umfang.

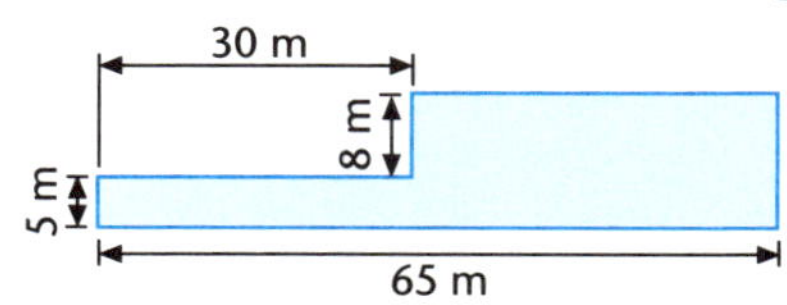

A = ________________ u = ________________

4 Ein Baugrundstück ist rechteckig und hat die Maße 32 m x 24 m.

a) Wie viel Quadratmeter ist es groß?

A = ____________________

b) Wie teuer ist das Grundstück, wenn es pro Quadratmeter 75 € kostet?

____________________ €

5 Abgebildet ist ein Sportplatz, der rundum einen 2 m hohen Zaun bekommen soll.
An drei Stellen im Zaun sind ein Meter breite Türen eingelassen.
Außerdem soll der Platz einen neuen Belag bekommen.

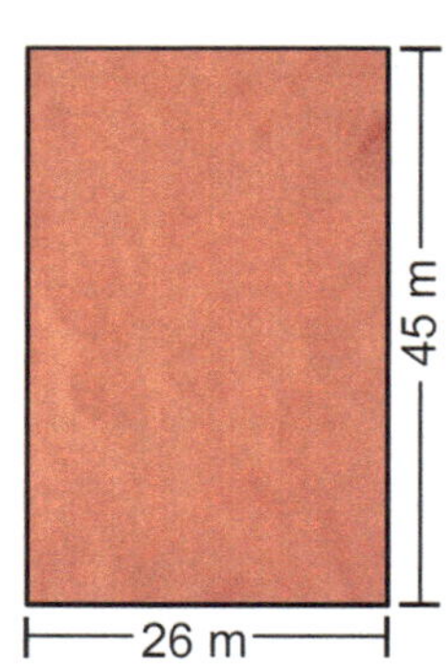

a) Wie viel Meter Zaun werden benötigt?

____

b) Wie viel Quadratmeter müssen neu belegt werden?

____

1 Berechne das Volumen des abgebildeten Quaders.

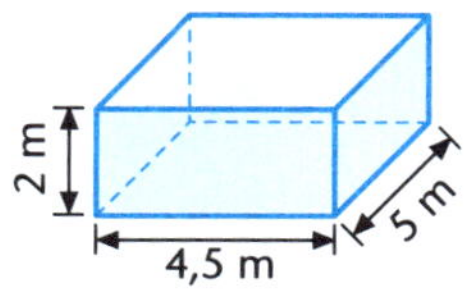

12 Schiffscontainer (von S. 11)

Ein Schiffscontainer hat die Innenmaße 12,03 m x 2,35 m x 2,39 m und wird voll beladen.

Wie viel Kubikmeter beträgt das Fassungsvermögen dieses Containers?

Der Schiffscontainer hat die Form eines Quaders. Bei der Frage nach dem Fassungsvermögen wird das Volumen (der Rauminhalt) gesucht.

$V = a \cdot b \cdot c$ (Länge · Breite · Höhe)

$V = 12{,}03\ \text{m} \cdot 2{,}35\ \text{m} \cdot 2{,}39\ \text{m}$

$\mathbf{V \approx 67{,}57\ m^3}$

2 Ein quaderförmiges Aquarium hat die Bodenmaße 8 dm x 5 dm und ist 65 cm hoch. Es ist bis 5 cm unter dem Rand gefüllt.
Wie viel Liter Wasser befinden sich in diesem Aquarium?

3 Ein Schwimmbecken ist 25 m lang und verfügt über acht Bahnen von je 1,50 m Breite. Es ist an allen Stellen gleich tief und fasst 750 m³ Wasser. Ermittle, wie tief das Becken ist.

4 Ein Quader ist doppelt so lang wie breit und dreimal so hoch wie breit. Sein Volumen beträgt 48 cm³.
Wie breit ist der Quader?

Breite = ____________ cm

5 Eine Firma stellt Geschenkkartons in verschiedenen Größen her. Zu einem Set gehören drei Kartons mit den nebenstehenden Maßen.

Karton groß: 23 cm x 17 cm x 10,1 cm
Karton mittel: 15 cm x 11 cm x 7,3 cm
Karton klein: 7 cm x 5 cm x 4,5 cm

a) Berechne die Volumina der drei Kartons.

$V_{groß}$ = ______________________________

V_{mittel} = ______________________________

V_{klein} = ______________________________

b) Wie viele der kleinen Kartons passen in den großen Karton?

____________ Kartons

TIPP
Fertige eine Skizze an.

13 Winkelbestimmung (von S. 11)

Wie groß sind die fehlenden Winkel?

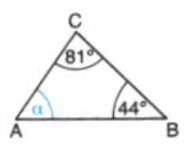

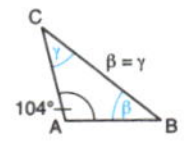

Die Summe der Innenwinkel in einem Dreieck beträgt 180°.

$\alpha = 180° - 81° - 44°$

$\alpha = 180° - 125°$

$\boldsymbol{\alpha = 55°}$

$\beta + \gamma = 180° - 104°$

$\beta + \gamma = 76°$

$\gamma = 76° : 2 = 38°$

$\boldsymbol{\beta = \gamma = 38°}$

1 Wie groß ist der Winkel ∢ AMC?

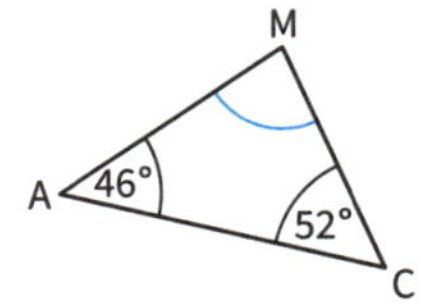

∢ AMC = ____________

2 Berechne die fehlende Winkelgrößen.

a)

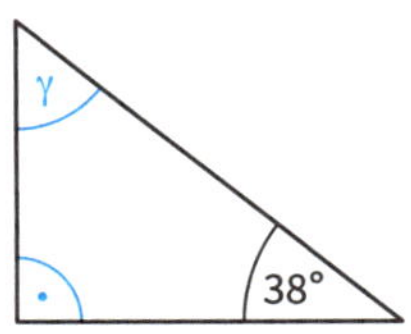

rechtwinklig

b)

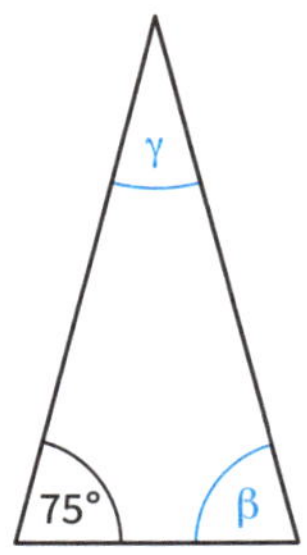

gleichschenklig

3 Wie groß sind die Winkel des Dreiecks?

β ist 20° größer als α
γ ist 26° größer als β

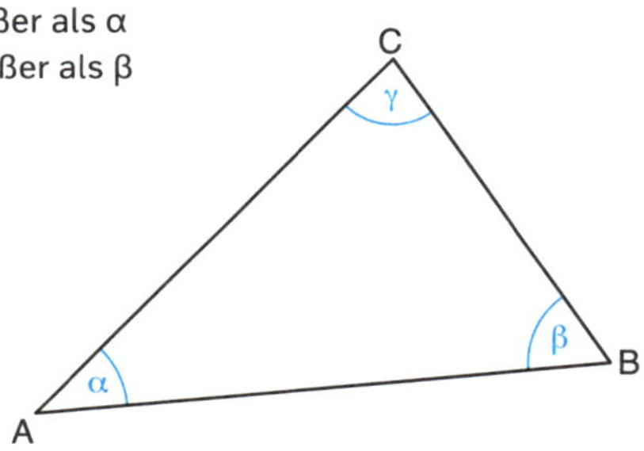

4 Bestimme die Innenwinkel des Parallelogramms.

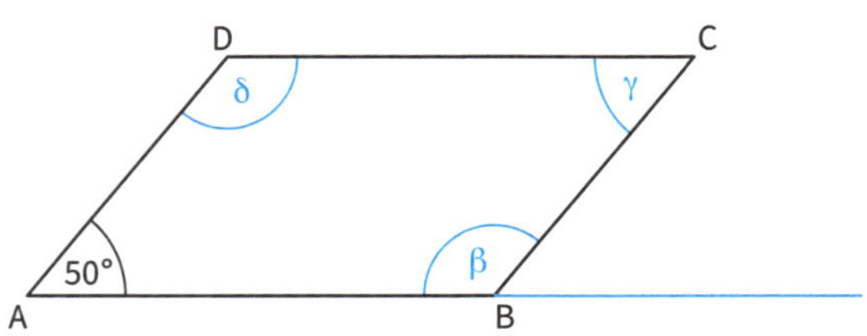

5 Von einem Viereck sind die Winkel α = 60°, β = 114° und γ = 105 ° bekannt. Berechne den Winkel δ.

δ = ____________________

1 Ein Kreis hat den Durchmesser d = 6 cm. Kreuze seinen Umfang u und seinen Flächeninhalt A an.

u: ☐ 18,85 cm ☐ 28,27 cm ☐ 37,7 cm

A: ☐ 9,42 cm² ☐ 28,27 cm² ☐ 56,55 cm²

2 Der Mittelkreis eines Fußballfeldes hat einen Radius von 9,15 m. Berechne seinen Umfang und seinen Flächeninhalt.

u = ________ A = ________

3 Die Reifen von Laras Fahrrad haben einen Durchmesser von 26 Zoll. (1 Zoll = 2,54 cm)

a) Welchen Umfang hat ein Reifen?

u = ________

b) Lara fährt 4,6 km zur Schule. Bestimme, wie oft sich dabei jeder der beiden Reifen dreht.

14 Kreisverkehr (von S. 11)

Außerhalb einer Ortschaft wird ein neuer Kreisverkehr gebaut. Sein Außendurchmesser beträgt d = 40 m, die Fahrbahnbreite ist b = 7 m.

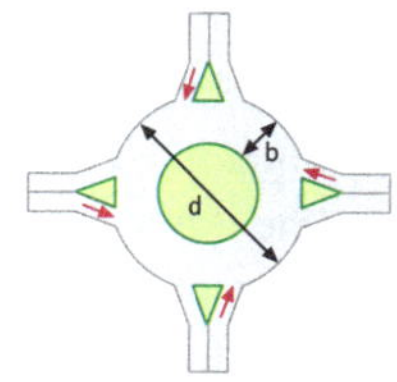

a) Berechne den Flächeninhalt und den Umfang des Außenkreises.

b) In der Mitte wird eine Grünfläche angelegt. Wie viel Quadratmeter nimmt sie ein?

Zu a)
Für den Flächeninhalt A eines Kreises gilt: $A = \pi \cdot r^2$.

Der Radius r ist halb so groß wie der Durchmesser d des Kreises, also r = 20 m.
$\mathbf{A} = \pi \cdot (20\text{ m})^2 \approx \mathbf{1\,257\ m^2}$

Für den Umfang eines Kreises gilt: $u = \pi \cdot d$, also $\mathbf{u} = \pi \cdot 40\text{ m} \approx \mathbf{125{,}7\ m}$

Zu b)
Um den Radius r_G der Grünfläche zu bestimmen, wird die Fahrbahnbreite subtrahiert: $r_G = 20\text{ m} - 7\text{ m} = 13\text{ m}$. Der Flächeninhalt A_G beträgt damit
$\mathbf{A_G} = \pi \cdot (13\text{ m})^2 \approx \mathbf{531\ m^2}$

4 a)

b)

Berechne jeweils den Inhalt der blauen Flächen.

A = ________ A = ________

5 Emily und Kim haben sich in der Pizzeria für die Pizza „4 Stagioni“ (mit Spinat, Champignons, Salami und Paprika) entschieden. Es gibt sie in drei Größen:

Größe	d = 24 cm	d = 34 cm	d = 42 cm
4 Stagioni	4, 95 €	6,95 €	10,95 €

a) Emily sagt: „Wenn wir uns eine 34 cm-Pizza teilen, bekommt jede von uns genauso viel Pizza wie wenn jede eine kleine Pizza bestellt. Und von dem gesparten Geld kann sich jede noch eine Cola kaufen.“ Überprüfe mit einer Rechnung, ob Emily recht hat.

____

b) Kim meint: „Im Vergleich zu der 34-cm-Pizza ist die ganz große Pizza viel zu teuer.“ Begründe.

____

____

15 Zylinder (von S. 11)

Der abgebildete Zylinder ist aus Stahl. Ein Kubikzentimeter wiegt 7,8 g.

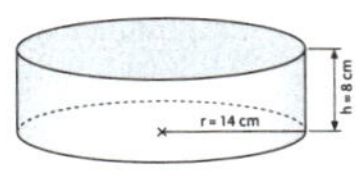

a) Berechne den Oberflächeninhalt und das Volumen des Zylinders.

b) Berechne die Masse des Zylinders in kg.

Zylinder

Oberfläche des Zylinders

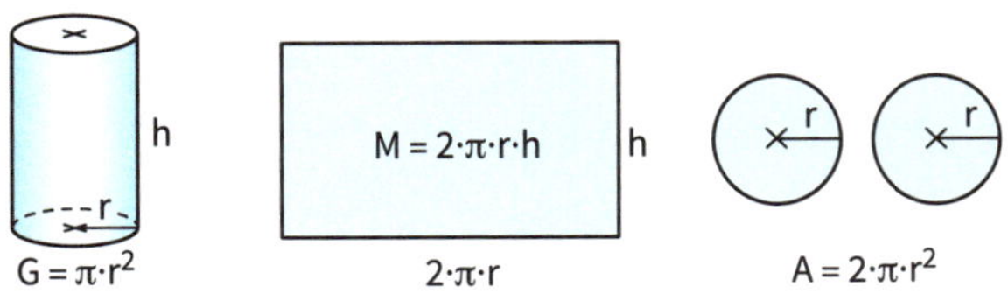

Zu a)

$O = 2 \cdot \pi \cdot r^2 + 2 \cdot \pi \cdot r \cdot h$

$O = 2 \cdot \pi \cdot (14\ cm)^2 + 2 \cdot \pi \cdot 14\ cm \cdot 8\ cm$

$O = 2 \cdot \pi \cdot 196\ cm^2 + 2 \cdot \pi \cdot 112\ cm^2$

$\mathbf{O \approx 1\,935\ cm^2}$

$1\,000\ cm^3 = 1\ dm^3$

$1\ dm^3 = 1\ l$

$V = \pi \cdot r^2 \cdot h$

$V = \pi \cdot (14\ cm)^2 \cdot 8\ cm$

$V \approx 4\,926\ cm^3$ *oder* $\mathbf{V \approx 4{,}926\ l}$

Zu b)

Masse des Zylinders:

$4\,926\ cm^3 \cdot 7{,}8\ \frac{g}{cm^3} \approx 38\,400\ g = \mathbf{38{,}4\ kg}$

1 Die Abbildung zeigt das Netz eines Zylinders.

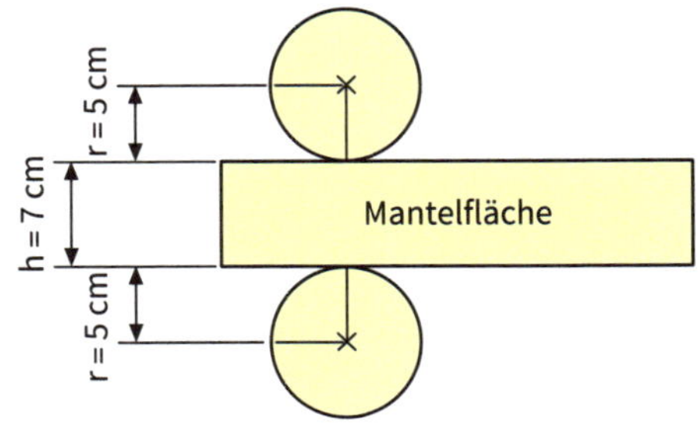

a) Berechne den Inhalt der Mantelfläche M.

M = ______________________

b) Bestimme den Oberflächeninhalt.

O = ______________________

TIPP

Eine Seite der Mantelfläche ist genauso lang wie der Umfang der kreisförmigen Grundfläche, also $2\pi \cdot r$.

2 Berechne vom abgebildeten Zylinder

a) den Flächeninhalt des Mantels,

b) den Oberflächeninhalt,

c) das Volumen in Litern.

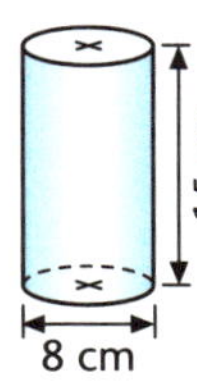

a) M = ______________________

b) O = ______________________

c) V = ______________________

3 Eine Dose Suppe hat einen Durchmesser von 10,4 cm und eine Höhe von 12 cm. Auf der Banderole (Etikett auf der Dose) ist ein Inhalt von 1 000 ml angegeben.

a) Überprüfe, ob diese Angabe zutrifft.

b) Berechne, wie viel Quadratmeter Papier man zur Herstellung von 50 000 Banderolen braucht.

4 Abgebildet ist der Mantel eines 8 cm hohen Zylinders.

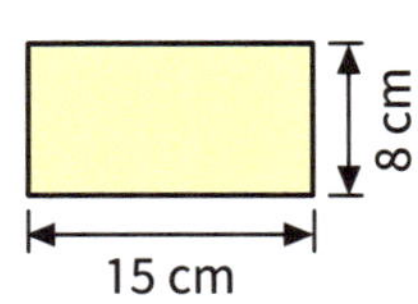

a) Welchen Durchmesser hat die Grundfläche des Zylinders?

d = ______________________

b) Wie groß ist das Volumen des Zylinders?

V = ______________________

c) Ein Kubikzentimeter des Zylinders wiegt 8,9 g. Berechne seine Masse.

Masse des Zylinders: ______________________

1

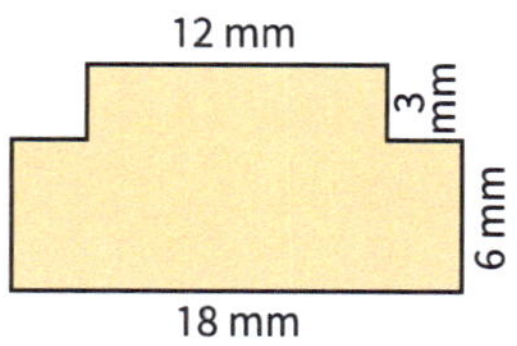

a) Berechne den Flächeninhalt der Figur durch geschicktes Zerlegen.

b) Berechne den Flächeninhalt der Figur durch Ergänzen.

2 Gib an, um welche Figur es sich jeweils handelt. Bestimme Flächeninhalt und Umfang der Figur.

a)

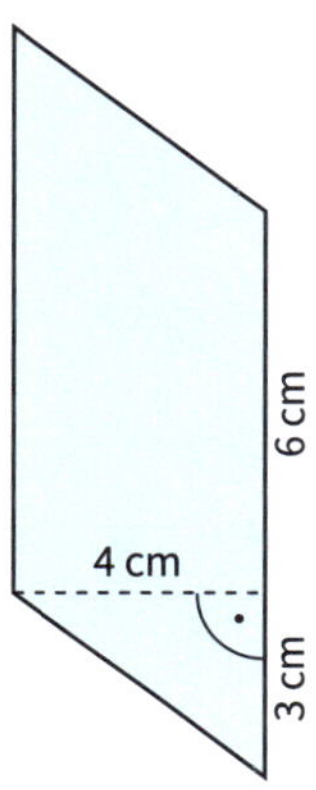

Figur: ____________

A = ____________

u = ____________

b)

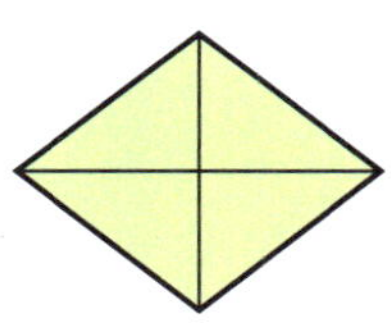

Die Diagonalen sind 8 m und 6 m lang.

Figur: ____________

c)

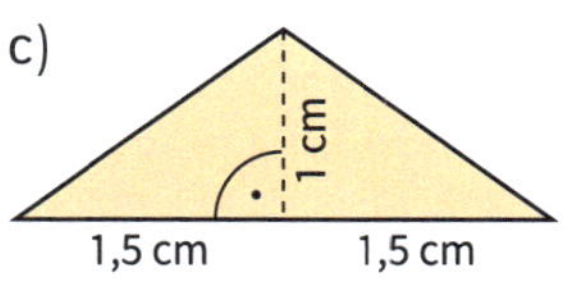

Figur: ____________

d)

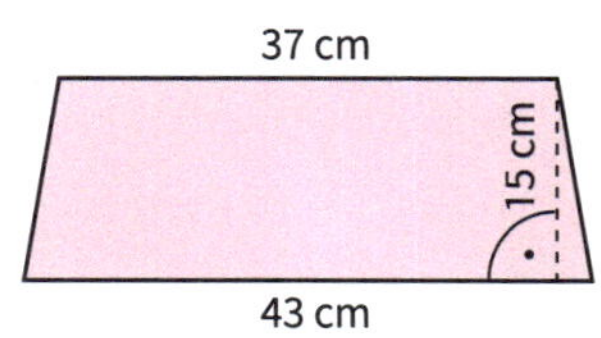

Figur: ____________

16 Flächenberechnung (von S. 12)

Bestimme den Flächeninhalt und den Umfang der Figur. Notiere deine Rechnung.

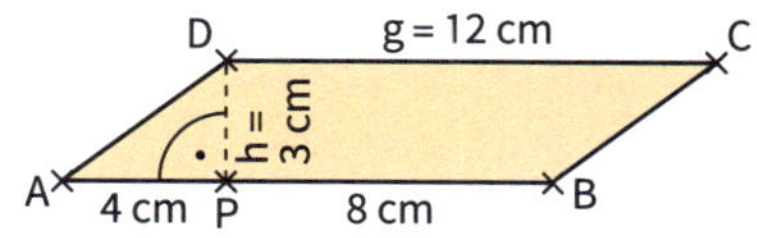

Bei der abgebildeten Fläche handelt es sich um ein Parallelogramm. Der Flächeninhalt A eines Parallelogramms lässt sich mit folgender Formel berechnen:

$A = g \cdot h$

Für $g = 4\text{ cm} + 8\text{ cm} = 12\text{ cm}$ und $h = 3\text{ cm}$ ergibt sich:

$\mathbf{A} = 12\text{ cm} \cdot 3\text{ cm} = \mathbf{36\text{ cm}^2}$

Für den Umfang muss noch die Länge der Seite $\overline{AD}$ berechnet werden. Das Dreieck APD ist rechtwinklig, und damit gilt der Satz des Pythagoras. Die Katheten sind 4 cm und 3 cm lang. Für die Hypotenuse $\overline{AD}$ ergibt sich:

$\overline{AD}^2 = (4\text{ cm})^2 + (3\text{ cm})^2$

$\overline{AD}^2 = 16\text{ cm}^2 + 9\text{ cm}^2 = 25\text{ cm}^2$

$\overline{AD} = 5\text{ cm}$

Damit gilt für den Umfang u:

$\mathbf{u} \approx 2 \cdot 12\text{ cm} + 2 \cdot 5\text{ cm} = \mathbf{34\text{ cm}}$

17 Dreieck im Koordinatensystem (von S. 12)

a) Gib die Koordinaten der Punkte P, Q und R an.
b) Welchen Flächeninhalt hat das Dreieck PQR?
c) Trage den Punkt S (9 | 5) in das Koordinatensystem ein.
Wie heißt die Figur PQSR?
d) Bestimme den Umfang des Vierecks PQSR.

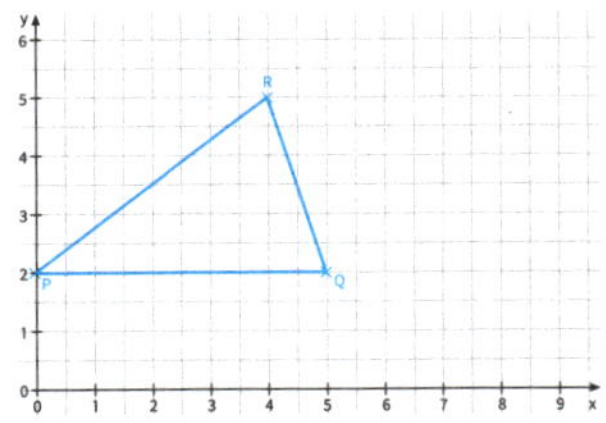

Zu a)
P (0 | 2); Q (5 | 2); R (4 | 5)

Zu b)
$A = \frac{g \cdot h}{2} \rightarrow A = \frac{5\text{ cm} \cdot 3\text{ cm}}{2} \rightarrow$ **$A = 7{,}5\text{ cm}^2$**

Zu c)
Das Viereck PQSR ist ein **Parallelogramm**.

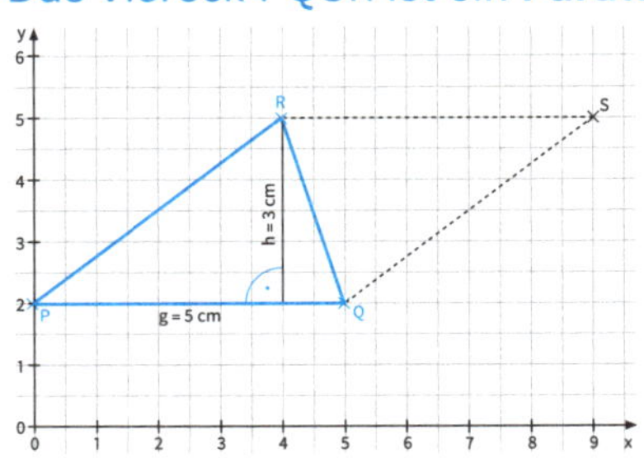

Zu d)
Für die Länge von $\overline{PR}$ gilt nach dem Satz des Pythagoras:

$\overline{PR}^2 = (4\text{ cm})^2 + (3\text{ cm})^2 = 25\text{ cm}^2$
$\overline{PR} = 5\text{ cm}$
PQRS ist damit eine Raute.

$u \approx 2 \cdot 5\text{ cm} + 2 \cdot 5\text{ cm}$ **$u = 20\text{ cm}$**

1 Trage das Dreieck ABC mit A (1 | 5), B (1 | 1) und C (6 | 5) in das unten abgebildete Koordinatensystem mit der Einheit 1 cm ein.

a) Bestimme den Flächeninhalt des Dreiecks.

A_Δ = ________

b) Trage den Punkt D (−4 | 1) in das Koordinatensystem ein und ergänze die Strecken $\overline{AD}$ und $\overline{BD}$.

c) Wie nennt man das Viereck ADBC und welchen Flächeninhalt hat es?

Name: ______________________

Flächeninhalt: ______________________

2 Zeichne mit einer anderen Farbe die Punkte P (−4 | 2), Q (7 | 2) und R (6 | 6) in das Koordinatensystem unten ein, verbinde sie zu einem Dreieck und markiere den Mittelpunkt M der Seite $\overline{PR}$.

a) Welchen Umfang hat das Dreieck PQR? Miss benötigte Längen.

____

b) Welche Koordinaten hat der Punkt M?

____

c) Bestimme die Flächeninhalte der Dreiecke (1) PQR, (2) PQM, (3) QRM.

____

Zu **1** und **2**

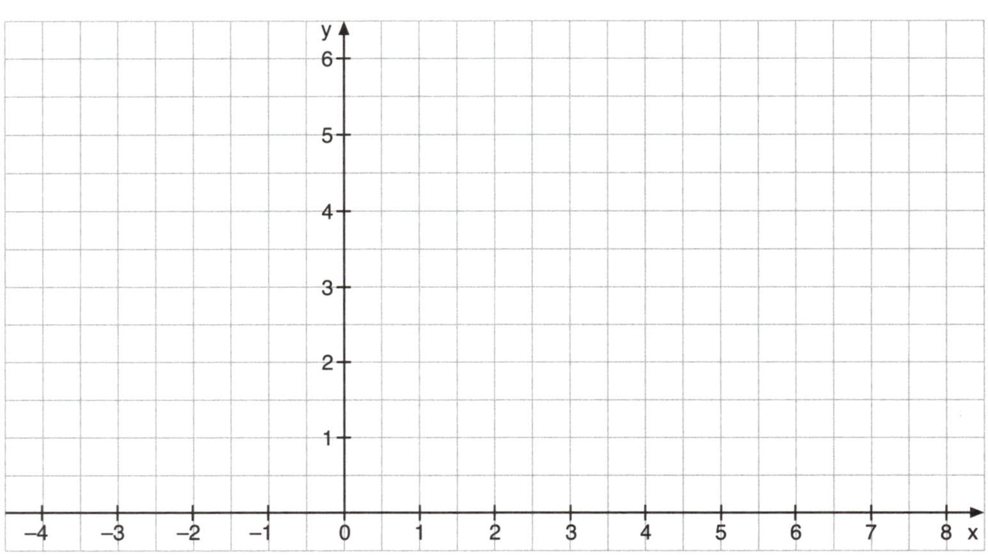

Daten und Zufall

1 Gib jeweils die Spannweite, den Median (Zentralwert) und das arithmetische Mittel der Stichprobe an.

a) 85 €; 65 €; 120 €; 100 €; 90 €

Spannweite: ________ Median: ________

arithmetisches Mittel: ________________

b) 5,50 m; 4,20 m; 5,20 m;
4,80 m; 5,30 m; 5,00 m

Spannweite: ________ Median: ________

arithmetisches Mittel: ________________

2 Ein Fahrstuhl darf maximal 12 Personen befördern. Es steigen 12 Personen mit den angegebenen Gewichten ein.

78,5 kg	96,0 kg	81,4 kg	54,5 kg
67,5 kg	93,4 kg	72,2 kg	56,8 kg
98,6 kg	78,2 kg	73,8 kg	84,3 kg

Bei der Angabe „max. 12 Personen" wurde davon ausgegangen, dass eine Person durchschnittlich 80 kg wiegt.
Ist das hier so?

____

____

____

3 Sechs Freunde haben an einem Marathonlauf teilgenommen. Ihre Laufzeiten waren:

4 h 10 min; 5 h 20 min; 5 h 35 min;
5 h 45 min; 5 h 55 min; 6 h 15 min.

Der Gewinner benötigte 2 h 54 min.
Ergänze die Liste der Laufzeiten um die Bestzeit und vier weitere Zeiten, sodass der Median der Daten 4 h 10 min beträgt.

Ergänzungen:

____

18 Tablet (von S. 12)

Im Internet wird ein Tablet zu folgenden Preisen angeboten:

280 € 270 € 410 €

290 € 350 €

a) Gib den Median (Zentralwert), die Spannweite und das arithmetische Mittel der Preise an.

b) Im Internet taucht noch ein sechstes Angebot auf für 290 €. Vergleiche den Median und das arithmetische Mittel dieser sechs Angebote mit den Werten aus Teilaufgabe a).

Zu a)
Zuerst werden die Daten der Größe nach geordnet:
270 €; 280 €; **290 €;** 350 €; 410 €
Bei einer ungeraden Anzahl von Daten ist der Median der Wert in der Mitte. Bei einer geraden Anzahl von Daten stehen in der Mitte zwei Werte. Als Median gibt man das arithmetische Mittel dieser beiden Werte an.

Median: 290 €

Die Spannweite ist die Differenz zwischen dem größten und kleinsten Preis.

Spannweite: 410 € – 270 € = **140 €**

Beim arithmetischen Mittel werden alle Preise addiert und die Summe durch die Anzahl der Daten dividiert.

arithmetisches Mittel:
(270 € + 280 € + 290 € + 350 € + 410 €) : 5
= 1 600 € : 5 = **320 €**

Zu b)
270 €; 280 €; **290 €; 290 €;** 350 €; 410 €

Der **Median** ändert sich nicht, weil die beiden Werte in der Mitte gleich groß sind.
Das **arithmetische Mittel** wird aber etwas kleiner:

(270 € + 280 € + 2 · 290 € + 350 € + 410 €) : 6
= 1 890 € : 6
= **315 €**

19 Werbung (von S. 13)

Aus dem Diagramm kannst du für die wichtigsten Medien ableen, welche Einnahmen durch Werbung mit ihnen erzielt wurden.

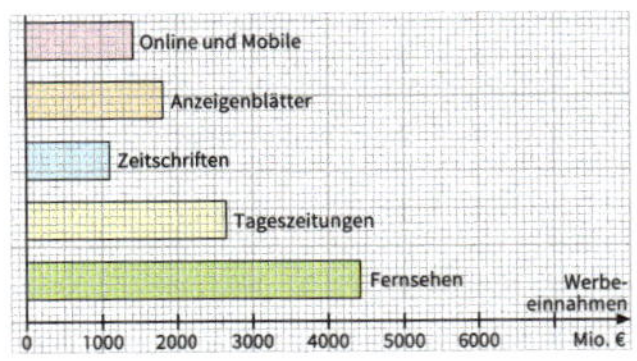

a) Trage die drei Medien mit den größten Einnahmen in der richtigen Rangfolge in die Tabelle ein.

b) Insgesamt betrugen die Einnahmen durch Werbung in allen Medien 15 200 Millionen €. Welchen Anteil dieser Einnahmen hat das Fernsehen erzielt?

c) Die folgende Tabelle zeigt die Anteile der Werbeeinnahmen für die im Diagramm genannten Medien. Daneben wurden auch noch Werbeeinnahmen in anderen (sonstigen) Medien erzielt. Ergänze die Tabelle und stelle die Anteile in einem Streifendiagramm dar.

Zu a)
Rang 1: Fernsehen: ≈ 4 400 Mio. €
Rang 2: Tageszeitungen: ≈ 2 650 Mio. €
Rang 3: Anzeigenblätter: ≈ 1 800 Mio. €

Zu b)
Anteil des Fernsehens: $\frac{4400}{15200} \approx 0{,}29 = \mathbf{29\,\%}$

Dieser Wert wird in die Tabelle unter c) übertragen.

Zu c)
Den Anteil der Werbeeinnahmen der sonstigen Medien erhält man, wenn man die Anteile der fünf genannten Medien von 100 % abzieht.
100 % – (29 % + 17 % + 7 % + 12 % + 9 %) =
100 % – 74 % = 26 %

Streifendiagramm (5 cm lang):

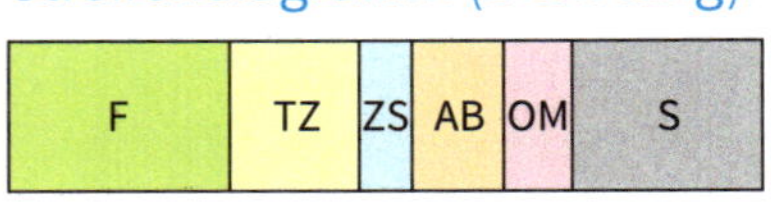

Längen im vorgegebenen Streifendiagramm:

F: 2,9 cm	AB: 1,2 cm
TZ: 1,7 cm	OM: 0,9 cm
ZS: 0,7 cm	S: 2,6 cm

1 Ein Online-Händler hat dargestellt, wie sich der Umsatz auf verschiedene Bereiche verteilt:

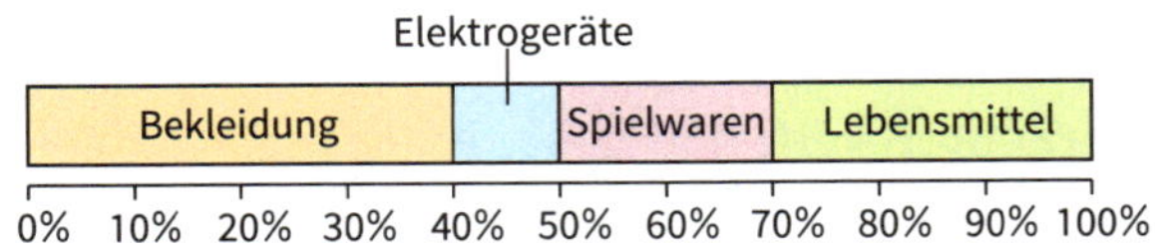

a) Gib an, wie viel Prozent des Umsatzes er in den vier Bereichen etwa gemacht hat.

Bekleidung: _____ % Elektrogeräte: _____ %

Spielwaren: _____ % Lebensmittel: _____ %

b) Insgesamt hat der Händler 120 Mio. Euro Umsatz gemacht. Wie verteilt sich diese Summe auf die vier Bereiche?

Bekleidung: ________ Mio. €

Spielwaren: ________ Mio. €

Elektrogeräte: ________ Mio. €

Lebensmittel: ________ Mio. €

2 In einer Schule wurde eine Umfrage durchgeführt, wie Schülerinnen und Schüler in die Schule kommen:

öffentlicher Nahverkehr	391
Fahrrad, Roller etc.	254
Auto der Eltern	214
zu Fuß	99

Erstelle ein Säulendiagramm.

3 2019 verbrauchte jeder Einwohner in Deutschland im Durchschnitt 126 Liter Trinkwasser. Davon entfielen 45 Liter auf ‚Baden/Duschen', 34 Liter auf die ‚Toilettenspülung' und 15 Liter auf ‚Wäsche waschen'. Der Rest wird zum Trinken, Kochen usw. verbraucht. Fülle die Tabelle aus und stelle die Informationen in einem Streifendiagramm dar.

	Verbrauch (in l)	Anteil (in %)
Baden/Duschen		
Toilette		
Wäsche		
Sonstiges (Rest)		

Streifendiagramm zu 3:

1 Ein Würfel wird geworfen.

a) Gib zu folgenden Ereignissen die günstigen Ergebnisse an und berechne jeweils die Wahrscheinlichkeit des Ereignisses.

A: *Die Augenzahl ist gerade.*
Günstige Ergebnisse: ______________

Wahrscheinlichkeit: ______________

B: *Die Augenzahl ist größer als 4.*
Günstige Ergebnisse: ______________

Wahrscheinlichkeit: ______________

C: *Die Augenzahl ist durch 2 und durch 3 teilbar.*
Günstige Ergebnisse: ______________

Wahrscheinlichkeit: ______________

b) Beschreibe ein weiteres Ereignis mit der Wahrscheinlichkeit $\frac{2}{6}$.

____

____

20 Hausaufgaben (von S. 13)

In Annikas Klasse sind 9 Jungen und 15 Mädchen. Die Lehrerin lost zu Beginn der Mathematikstunde aus, wer die Hausaufgaben vorträgt.

a) Mit welcher Wahrscheinlichkeit wird Annika ausgelost?

b) Wie wahrscheinlich ist es, dass ein Junge ausgelost wird?

Wahrscheinlichkeit, wenn alle Ergebnisse eines Zufallsexperiments gleich wahrscheinlich sind:

$P = \frac{\text{Anzahl der günstigen Ergebnisse}}{\text{Anzahl der möglichen Ergebnisse}}.$

Zu a)

Es gibt 24 Schülerinnen und Schüler in der Klasse und ein günstiges Ergebnis (Annika). Also ist $\mathbf{P = \frac{1}{24}}$.

Zu b)

Es gibt 24 Möglichkeiten, einen Schüler oder eine Schülerin auszulosen. Da in der Klasse 9 Jungen sind, gibt es 9 günstige Ergebnisse. Also ist $\mathbf{P} = \frac{9}{24} = \frac{3}{8}$ (= 0,375 = **37,5 %**)

2

Aus einem Skatblatt wird verdeckt eine Karte gezogen. Bestimme die Wahrscheinlichkeit für

(1) Dame ______________

(2) schwarze Karte ______________

(3) Pik-Karte ______________

(4) Bube oder Ass ______________

(5) keine schwarze Zahl ______________

(6) rote Karte, aber kein Bube ______________

3 Das Glücksrad rechts soll drei farbige Felder mit den angegebenen Mittelpunktswinkeln haben.

Farbe	Winkel	Wahrscheinlichkeit
rot	90°	
gelb	144°	
blau		

Vervollständige die Tabelle und das Glücksrad.

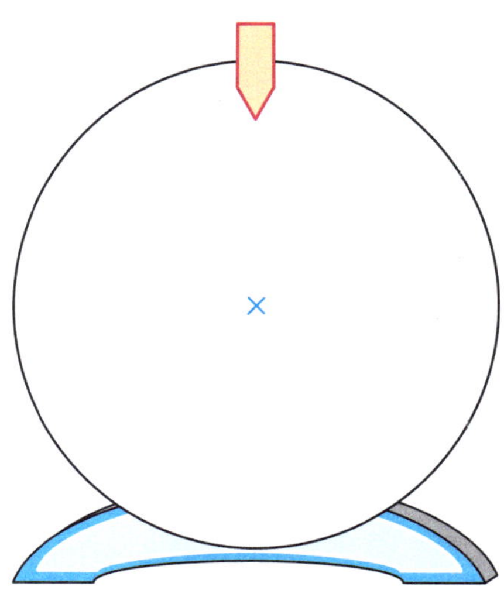

Abschlusstest

Im Abschlusstest zu den Basisaufgaben kannst du zeigen, wie viel du bereits im Vergleich zum Eingangstest dazugelernt hast. Die Aufgaben des Abschlusstests sind nicht thematisch sortiert.

Die Aufgaben auf den ersten beiden Seiten und alle weiteren Aufgaben mit dem Symbol solltest du ohne Taschenrechner und Formelsammlung lösen. Die Lösungen zu allen Aufgaben findest du im Lösungsheft.

1 Rechnen und Ordnen

a) Rechne und kontrolliere deine Ergebnisse mit den Kontrollzahlen.

(1) $(2 + 3 \cdot 4) : 28 =$ ______ (2) $2{,}4 - 3{,}2 =$ ______ (3) $5^2 : 100 =$ ______

(4) $-\frac{1}{8} + \frac{1}{4} - \frac{1}{2} =$ ______ (5) $1{,}5 - \frac{3}{4} =$ ______ (6) $\frac{60 : 4 - 3}{1 + 2 + 3 + 4} =$ ______

0,25 | 0,75 | 0,5 | $1\frac{1}{5}$ | $-0{,}8$ | $-\frac{1}{2}$ | $1\frac{3}{5}$ | $-\frac{3}{8}$

b) Ordne die Kontrollzahlen von a) auf der Zahlengeraden an. Schreibe sie in die Kästchen.

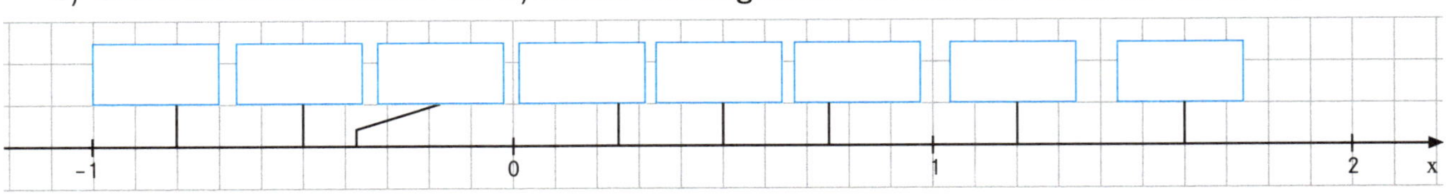

2 Quadrat und Rechteck

Der Flächeninhalt eines Quadrats beträgt 36 cm².

a) Bestimme den Umfang. u = ______

b) Gib die Seitenlängen von zwei Rechtecken an, die auch einen Flächeninhalt von 36 cm² haben.

(1) a = ______ b = ______ (2) a = ______ b = ______

3 Prozente

a) Wie viel sind 40 % von 130 €?

______

b) Von wie viel Kilogramm sind 4 % genau 12 kg?

______

c) Wie viel Prozent sind 30 cm von 6 m?

______

d) Berechne 3 % Zinsen von 700 € Spareinlage.

______

4 Winkelberechnung im Dreieck

Wie groß sind die Winkel α und β?

α = ______

β = ______

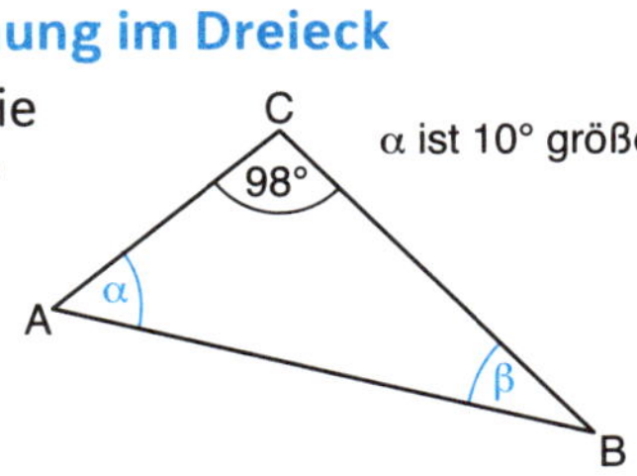

α ist 10° größer als β

5 Punkte

Durch welche Punkte verläuft die Gerade mit der Gleichung $y = -x + 3$?
Kreuze an.

☐ (0 | 0)	☐ (1 | 3)	☐ (9 | −6)	☐ (3 | 0)
☐ (−6 | −10)	☐ (0 | 3)	☐ (5 | 5)	☐ (9 | 12)

6 Wochenendfahrt

Herr Fuchs fährt regelmäßig die gleiche Strecke von einer Großbaustelle nach Hause. Die Tabellenkalkulation stellt den Zusammenhang zwischen seiner Fahrzeit und seiner Durchschnittsgeschwindigkeit dar.

	A	B
1	Fahrzeit (in Std.)	Durchschnitts-geschwindigkeit (in $\frac{km}{h}$)
2	2	150
3	4	75
4	8	
5		100

a) Wie lange ist Herr Fuchs bei einer Durchschnittsgeschwindigkeit von 75 $\frac{km}{h}$ unterwegs? ____________

b) Ergänze die Werte in den Zellen B4 und A5.

c) Um die Tabelle zu erstellen, wurde in Zelle B2 die Formel =300/A2 eingegeben. Gib die entsprechenden Formeln für die Zellen B3 und B4 an.

B3: ____________ B4: ____________

7 Zuordnungen

In welchen Beispielen erkennst du proportionale (p) oder antiproportionale (a) Zuordnungen? Wo liegt keines von beiden (k) vor? Trage in die rechte Spalte jeweils p, a oder k ein.

1	Malerarbeiten: *Wandfläche (m^2) → benötigte Farbe (l)*	
2	Handballspiel: *Spieldauer in Minuten → Anzahl der Tore*	
3	Sparbuch bei der Bank: *Geldbetrag (€) → Jahreszinsen (€)*	
4	Füllen eines leeren Beckens: *Anzahl leistungsgleicher Wasserpumpen → Füllzeit*	
5	Wind an der Nordseeküste: *Windgeschwindigkeit → Anzahl der umgerissenen Bäume*	

8 Dreieck im Koordinatensystem

a) Zeichne das Dreieck A (2 | 1), B (6 | 1) und C (6 | 4) in das gegebene Koordinatensystem.

b) Bestimme den Umfang des Dreiecks.

u = ____________

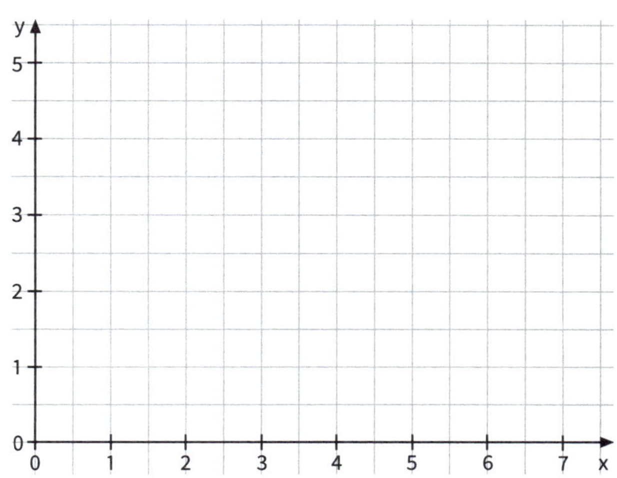

9 Mensch ärgere Dich nicht

Emil und Jette spielen das Brettspiel „Mensch ärgere Dich nicht“. Emil hat einen blauen Stein kurz vor den vier Zielfeldern, auf denen der Stein nicht mehr rausgeworfen werden kann.

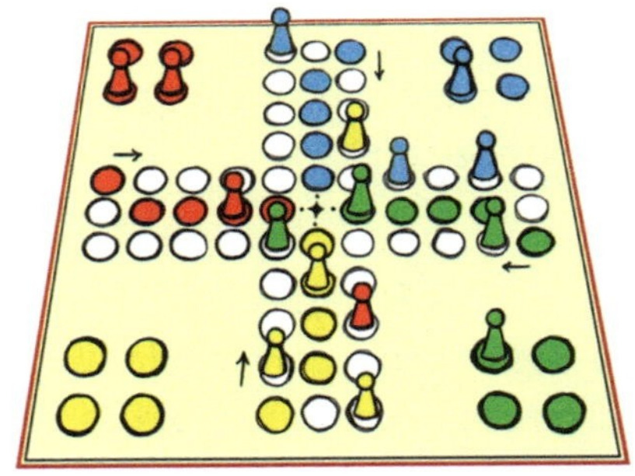

a) Mit welcher Wahrscheinlichkeit kann Emil beim nächsten Wurf seinen Stein direkt auf das oberste Zielfeld stellen?

___

___

b) Mit welcher Wahrscheinlichkeit kann Emil den Stein auf ein sicheres Zielfeld stellen?

___

10 Kinobesucher

In der ersten Woche nach der Premiere eines neuen Science Fiction Films sind in einem Kino folgende Besucherzahlen notiert worden:

Donnerstag	Freitag	Samstag	Sonntag	Montag	Dienstag	Mittwoch
625	745	820	655	423	388	495

a) Gib für diese erste Woche das arithmetische Mittel der Besucherzahlen pro Tag an.

___

___

b) Stimmt das: „Der Median (Zentralwert) der Besucherzahlen beträgt 655“? Begründe.

___

___

11 Größen ordnen

a) Suche alle Flächen-Angaben heraus.

___

b) Ordne die Flächen-Angaben. Beginne mit der kleinsten Angabe.

___

$200\ mm^2$ | 10 *l* (Liter) | $1\ m^3$ | 2,5 m | $0{,}1\ m^2$ | 300 cm | $1\,000\ cm^3$ | $20\ cm^2$

12 Gleichungen und Graphen

Ordne den Funktionsgleichungen die zugehörigen Graphen g_1, g_2 und g_3 zu.

	y = 2x
	y = – 2x – 1
	y = – x

	y = x + 4
	y = 4x + 1
	y = – x + 4

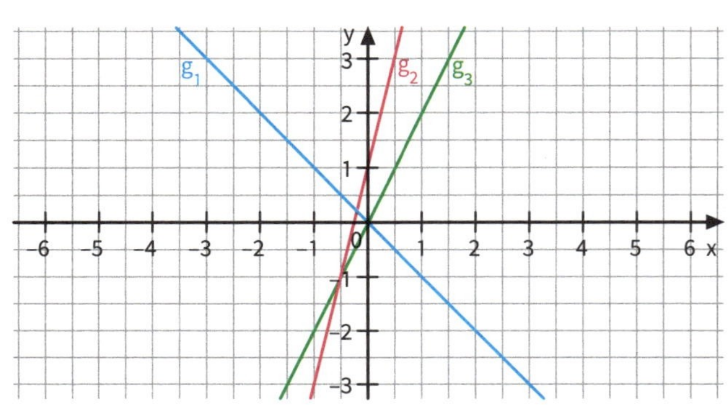

13 Netz eines Körpers

Abgebildet ist das Netz eines Körpers.

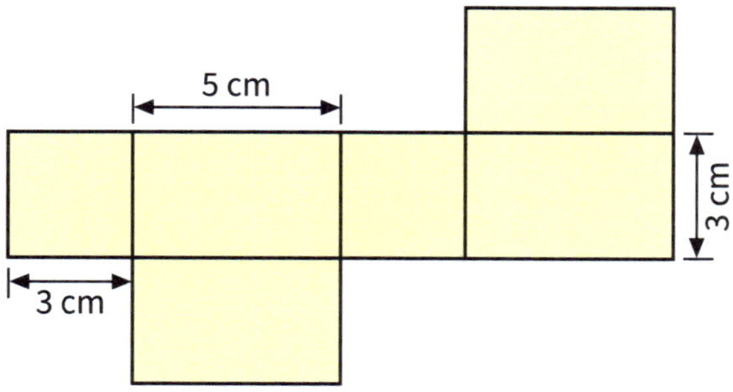

a) Wie heißt der Körper? ______________________

b) Berechne das Volumen des Körpers.

____

c) Ein solcher Körper wird massiv aus Aluminium hergestellt. Ein Kubikzentimeter wiegt 2,7 g. Wie schwer ist der Körper?

____

14 Gleichung

Arbeite mit der Gleichung $y = 20 - 5 \cdot (x - 6)$.

a) Welchen Wert hat y für $x = 7$?

$y =$ ______________________

b) Für welchen x-Wert ist $y = 0$?

x-Wert: ______________________

15 Fass

Wie viel Liter passen in das abgebildete Wasserfass?

TIPP

$1\ l = 1\,000\ cm^3$

____

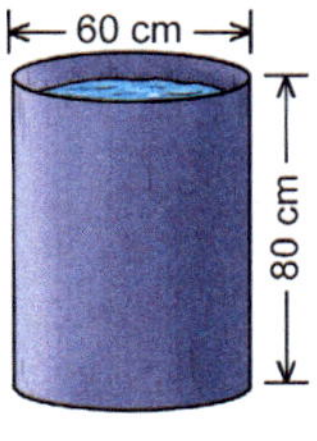

16 Abschlussfahrt

Für die Abschlussfahrt einer Jahrgangsstufe 10 stehen Venedig, Paris, Prag oder London als Ziele zur Auswahl. Eine Abstimmung unter den 80 Schülerinnen und Schülern der Jahrgangsstufe ergab: Jeder Vierte ist für Venedig, 20 % sind für Paris. Nach London wollen dreimal so viele wie nach Prag.

a) Wie viele Schülerinnen und Schüler sind für die einzelnen Ziele?

Venedig: ____________ Paris: ____________ London: ____________ Prag: ____________

b) Gib die Anteile (relativen Häufigkeiten) für die einzelnen Ziele in Prozent an. Runde auf volle Prozent.

	Anteil (in %)
Venedig	
Paris	
London	
Prag	

c) Stelle die relativen Häufigkeiten in einem Streifendiagramm dar.

Streifendiagramm:

17 Größen bestimmen

Kreuze an, welche Maßangabe stimmen könnte.

TIPP

Schätze zuerst die Maße.

Ladevolumen eines Lasters

☐ 5 m^3 ☐ 500 000 dm^3

☐ 50 000 *l* ☐ 500 cm^3

Länge eines Springseils

☐ 250 000 mm ☐ 25 dm

☐ 2 500 cm ☐ 0,025 km

Fläche eines Handballfeldes

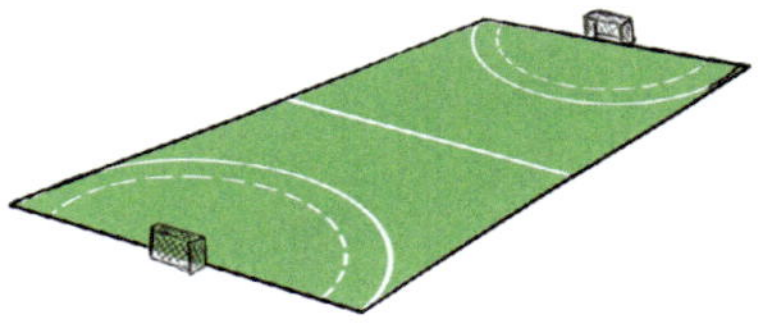

☐ 80 000 cm^2 ☐ 8 000 dm^2

☐ 800 m^2 ☐ 0,8 km^2

18 Graphen im Koordinatensystem

In einem Koordinatensystem sind die Graphen der Funktionen $y = 2x - 3$ und $y = -2x - 3$ dargestellt. Beschreibe Lage und Verlauf der beiden Graphen, ohne zu zeichnen.

19 Pfannkuchen selbst gemacht

Lars und Mia möchten Pfannkuchen zubereiten. Beim Blick in den Kühlschrank stellen sie fest, dass nur noch ein kleines Stück Butter (125 g) vorhanden ist. Sie stellen die restlichen Zutaten entsprechend zusammen. Wie viel Zucker und wie viele Eier müssen sie verwenden?

Zucker: ______________ Eier: ____________

Pfannkuchen lecker und süß

200 g Butter mit 400 g Zucker und 4 Pck. Vanillezucker vermengen.
16 Eigelbe hinzufügen und schaumig rühren.
800 ml Milch hinzugeben.
800 g Mehl und 4 TL Backpulver darüber sieben und gut durchrühren.
Zum Schluss Eiweiß steif schlagen und unterheben. Jetzt ist alles fertig für die Pfanne.

20 400-m-Lauf

Die Zeichnung stellt den Innenbereich eines Leichtathletikstadions dar. Rundherum sind die Laufbahnen angelegt.

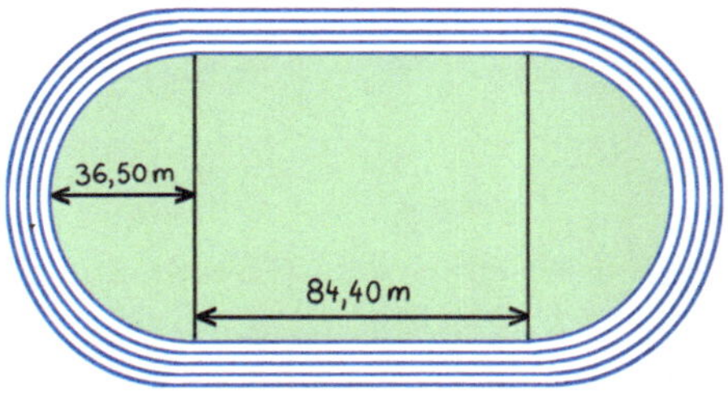

a) Berechne die Gesamtfläche des Innenbereichs.

____

b) Weise nach, dass eine Läuferin, die mit 30 cm Abstand von der Innenkante läuft, genau 400 m zurücklegt.

21 Veränderungen

Welche Darstellung passt am besten zum Sachverhalt (1), welche zum Sachverhalt (2)?

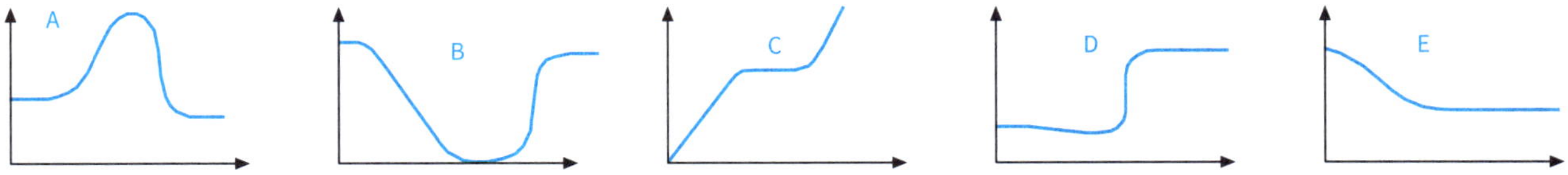

(1) Durch gesunde Ernährung und Sport gelang es einem Patienten zunächst, sein Gewicht zu reduzieren. Inzwischen nimmt er nicht mehr ab, aber auch nicht zu. Graph ___________

(2) Kurz nach Eröffnung eines Theaters nahm die Besucherzahl gleichmäßig ab, eine Zeitlang kam nicht eine einzige Person in die Vorstellung. Inzwischen erreichen die Besucherzahlen durch ein erfolgreiches Musical fast die Höhe wie zur Eröffnung. Graph ___________

Teil B Komplexe Aufgaben

Eingangstest

Bearbeite den Eingangstest zu den komplexen Aufgaben, um deinen Kenntnisstand besser einschätzen zu können. Die Aufgaben des Eingangstests zu den komplexen Aufgaben sind nicht thematisch sortiert. Ausführliche Lösungen zu jeder Aufgabe findest du hier im Arbeitsbuch (Kurzlösungen im Lösungsheft). Die Seite steht jeweils in Klammern hinter dem Namen der Aufgabe. Dort sind auch weitere Übungsaufgaben zu dem jeweiligen Thema.

1 Abtransport von Boden (Lösung Seite 52)

Das abgebildete Grundstück ist rechteckig. Leider ist der Boden verschmutzt und muss 50 cm tief entfernt werden. Eine Firma erhält den Auftrag dazu. Sie hat einen Lkw, der 12 t transportieren kann. Ein Kubikmeter Boden wiegt 1 650 kg.

a) Wie oft muss der Lkw fahren?

b) Das Ausheben des Bodens können zwei Bagger in vier Tagen erledigen. Ab dem zweiten Tag wird ein dritter Bagger eingesetzt. Wie lange dauert das Ausheben des Bodens insgesamt?

2 Geänderte Preise (Lösung Seite 53)

a) Die Ladenmiete von 2 500 € wird im nächsten Jahr um 8 % erhöht. Berechne die neue Miete.

b) Ein Laptop kostet 640 €. Im Ausverkauf wird der Preis um 25 % gesenkt. Berechne den neuen Preis.

3 Straßenbahnfahrplan (Lösung Seite 54)

Der grafische Fahrplan gibt Auskunft über die Fahrt einer Straßenbahn vom Bahnhof (Bhf.) bis zum Tierpark mit den Zwischenhalten Rosentor, Nordheide und Stadion.

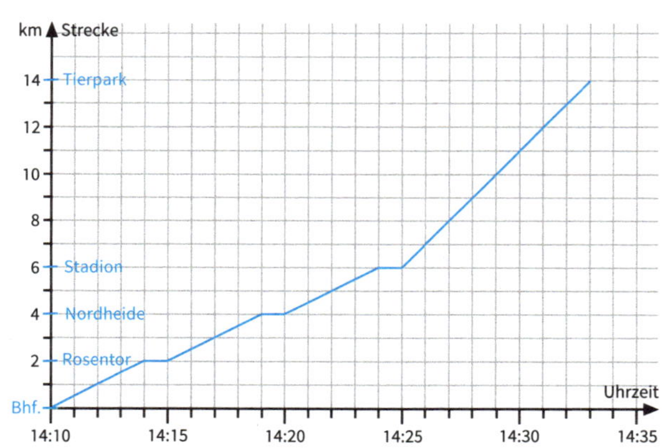

a) Gib die Entfernung zwischen den Haltestellen Bahnhof und Tierpark an.

____

b) Bestimme mithilfe der Grafik die Durchschnittsgeschwindigkeiten zwischen den Haltestellen.

____

c) Vervollständige mithilfe der Grafik den Fahrplan mit Ankunfts- und Abfahrtzeiten.

Haltestelle	Bahnhof	Rosentor		Nordheide		Stadion		Tierpark
	ab	an	ab	an	ab	an	ab	an
Uhrzeit								

4 Fahrradurlaub (**Lösung Seite 55**)

Die nebenstehende Grafik zeigt, wie sich der Verbrauch eines Autos ändert, wenn man einen Dach- oder Heckträger (mit Fahrrädern) montiert.

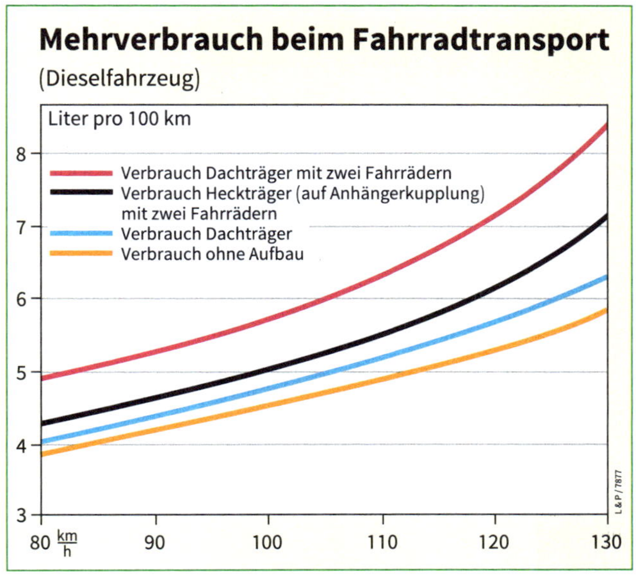

a) Wie viel verbraucht ein Auto ohne Aufbau, das 85 $\frac{km}{h}$ schnell fährt?

____

____

____

b) An einem Auto ist ein Dachträger mit zwei Fahrrädern montiert. Um wie viel Prozent steigt der Verbrauch, wenn es statt 80 $\frac{km}{h}$ nun 130 $\frac{km}{h}$ schnell fährt?

____

____

c) Lennard behauptet: Bei 80 $\frac{km}{h}$ ist der Verbrauch eines Autos mit Dachträger und zwei Fahrrädern ungefähr doppelt so hoch wie bei einem Auto ohne Aufbau. Erkläre, warum das nicht stimmt.

____

____

____

____

5 Jugend-Triathlon (**Lösung Seite 56**)

Jan absolvierte beim Jugend-Triathlon die Schwimmstrecke in 9 min 45 s. Für die Radrennstrecke benötigte er 19 min 30 s, für den abschließenden 3-km-Lauf brauchte er 14 min 5 s.

Jugend-Triathlon

Schwimmen	300 m	Laufen	3 km
Radfahren	10 km	Start:	9:00 Uhr

a) Wie lange brauchte Jan für alle drei Sportarten zusammen?

b) Mit welcher Geschwindigkeit fuhr Jan die Radrennstrecke? Kreuze den Wert an, der diese Geschwindigkeit am besten angibt.

15 $\frac{km}{h}$ ☐ 25 $\frac{km}{h}$ ☐ 35 $\frac{km}{h}$ ☐

20 $\frac{km}{h}$ ☐ 30 $\frac{km}{h}$ ☐ 40 $\frac{km}{h}$ ☐

6 Konservendosen **(Lösung Seite 57)**

Sechs Konservendosen werden von einem Plastikband umfasst.
Jede Dose hat einen Radius von 4 cm.
Zu berechnen ist die Länge b des Plastikbandes.

I. So löst Karim die Aufgabe:
Ich rechne den Umfang des Rechtecks aus:
$b = 2 \cdot \text{Länge} + 2 \cdot \text{Breite}$; also $b = 2 \cdot 24\ \text{cm} + 2 \cdot 16\ \text{cm}$

II. So löst Anke die Aufgabe:
Ich rechne von jeder Dose den Umfang aus:
$u = \pi \cdot d$, also $u \approx 3{,}14 \cdot 8\ \text{cm}$; dann ist $b = 6 \cdot u$

III. So löst Mia die Aufgabe:
Ich fange oben in der Mitte an und gehe rechts herum:
$b = 4\ \text{cm} + 4\ \text{cm} + \frac{1}{4}u + 4\ \text{cm} + 4\ \text{cm} + \frac{1}{4}u + 4\ \text{cm} + \ldots$

a) Beende die Rechnungen von Karim, Anke und Mia.

b) Alle Ergebnisse sind verschieden. Es kann aber nur eins richtig sein. Ist der richtige Lösungsweg dabei? Begründe.

7 Statistik **(Lösung Seite 58)**

Im Diagramm sind die Besucherzahlen der Dauerausstellung „Gesunde Ernährung" dargestellt. Die Darstellung erweckt den Eindruck, dass sich die Besucherzahlen halbiert haben.

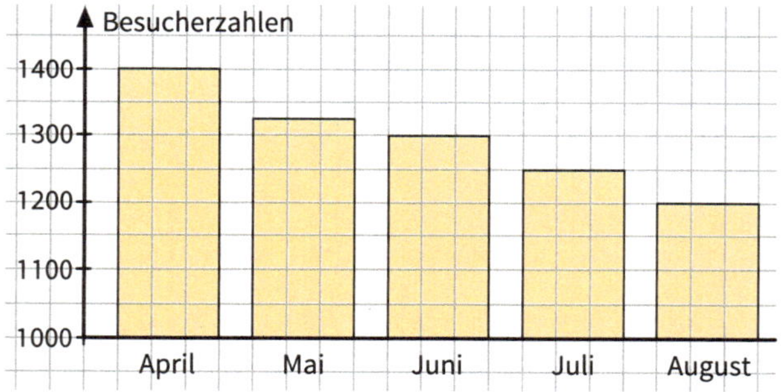

a) Stimmt das? Begründe.

b) Zeichne ein Säulendiagramm, das keinen falschen Eindruck vermittelt.

8 Agenturmeldung **(Lösung Seite 59)**

> Laut einer Umfrage besitzt fast jede neunte Frau (87,4%) eine weiße Bluse.

Die Meldung ist fehlerhaft. Begründe und korrigiere den Text.

9 Erdgaskosten **(Lösung Seite 60)**

Familie Firat hat die Wahl zwischen zwei Tarifen für die Erdgaslieferung:

Tarif I	Grundpreis pro Monat 10 €
	Arbeitspreis 7 ct pro kWh
Tarif II	Grundpreis pro Monat 25 €
	Arbeitspreis 4 ct pro kWh

a) Berechne für beide Tarife die Kosten für einen monatlichen Verbrauch von 1 000 kWh.

b) Stelle beide Tarife bis zu einem Monatsverbrauch von 1 000 kWh grafisch dar.

c) Familie Firat verbraucht durchschnittlich 600 kWh pro Monat. Welchen Tarif sollte sie wählen?

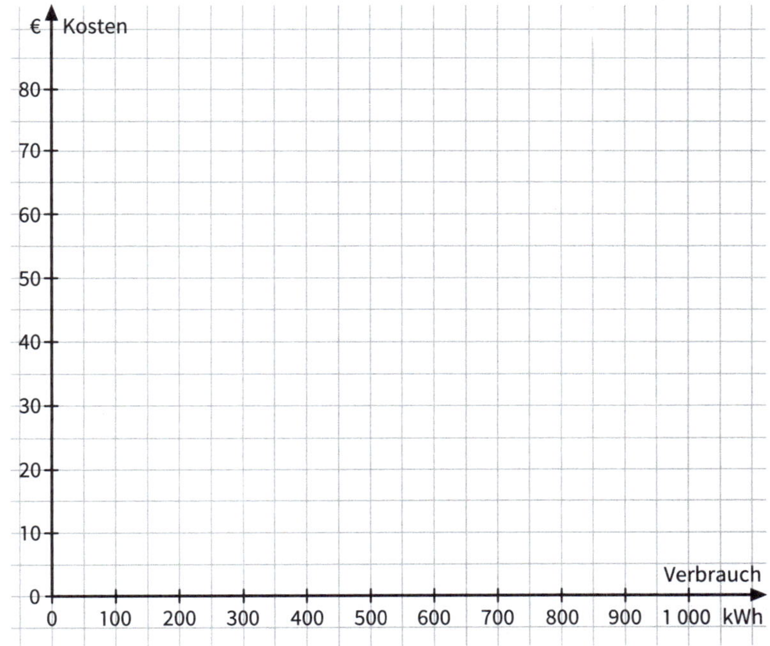

d) Bei welchem Monatsverbrauch sind beide Tarife gleich teuer?

10 Elfmeter **(Lösung Seite 61)**

Fußballweltmeisterschaft 2014 in Brasilien: Im ersten Spiel gegen Portugal verwandelte Thomas Müller einen Elfmeter zum 1 : 0.
Der Ball traf ganz flach unmittelbar neben dem Pfosten ins Tor. Ein Fußballtor ist 7,32 m breit und 2,44 m hoch.
Der Ball hat einen Durchmesser von ca. 20 cm.
Welche Strecke legt der Ball vom Elfmeterpunkt bis zur Torlinie zurück?

TIPP

Eine Skizze mit den angegebenen Maßen kann dir helfen.

11 Kontakte **(Lösung Seite 62)**

688 Jugendliche zwischen 10 und 18 Jahren wurden befragt, welche Möglichkeiten sie nutzen, um mit ihren Freunden in Kontakt zu bleiben. Die Grafik zeigt das Ergebnis der Umfrage.

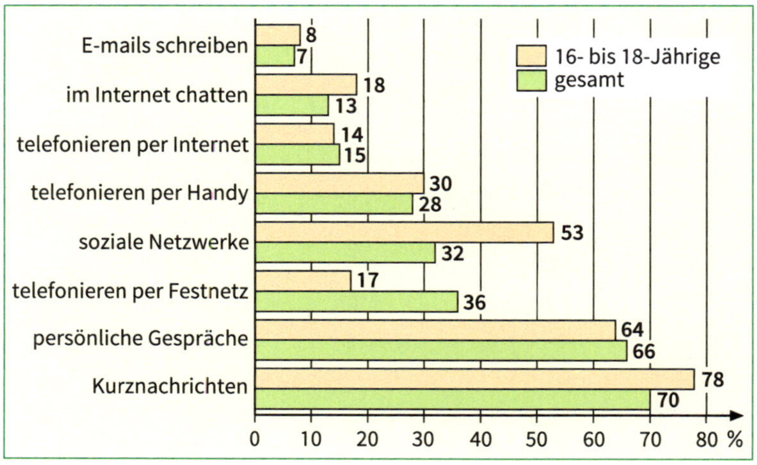

a) Wie viel Prozent der 16- bis 18-Jährigen nutzen das Handy, um zu telefonieren?

b) Bei welchen beiden Kontakt-Möglichkeiten unterscheidet sich das Nutzungsverhalten der 16- bis 18-Jährigen am stärksten von dem aller befragten Jugendlichen?

c) Wie viele aller 688 befragten Jugendlichen schicken sich Kurznachrichten?

12 Pkw-Antriebe und Kosten **(Lösung Seite 63)**

Fahrzeughersteller bieten ihre Modelle mit alternativen Antrieben an.

Modell	Antrieb	Energiekosten pro 100 km
Eco B	Benzin	14,28 €
Eco D	Diesel	10,74 €
Eco E	Elektro	5,95 €
Eco A	Autogas	7,10 €

a) Berechne, wie weit man mit den verschiedenen Antrieben für 100 € kommen könnte. Stelle die Ergebnisse in einem geeigneten Diagramm dar.

b) Im Preis von einem Liter Super (2,04 €) ist eine Energiesteuer von 65,45 ct enthalten. Berechne den Anteil in Prozent.

c) Berechne die Kostenersparnis bei einer Fahrleistung von 100 000 km für einen Elektromotor gegenüber einem Benzinmotor.

13 Werkstück (Lösung Seite 64)

Der abgebildete Körper ist aus Stahl. 1 cm^3 wiegt 7,9 g.

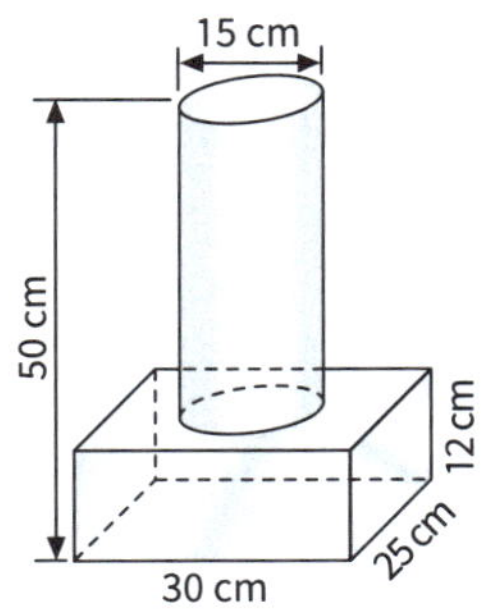

a) Wie viel Kilogramm wiegt er? Runde auf ganze kg.

____

b) Der Körper wird ringsum lackiert. Für einen Quadratmeter braucht man eine kleine Dose Farbe. Kommt man mit einer halben kleinen Dose Farbe aus?

____

14 Stundenlohn (Lösung Seite 65)

Herr Adrian, Herr Kemaly und Frau Meis haben denselben Stundenlohn. Für eine Person wurde hier ein falscher Lohn berechnet.

Herr Adrian:
465,00 € für 30 Stunden

Herr Kemaly:
für 25 Stunden 387,50 €

"Ich habe zwei Stunden mehr als Herr Kemaly gearbeitet und bekomme deshalb 410,40 €."

a) Welchen Stundenlohn erhielt Herr Adrian?

____

b) Bei wem wurde ein falscher Lohn berechnet? Begründe mit einer Rechnung.

____

c) Wie viel Lohn erhalten alle drei Personen zusammen, wenn jede 40 Stunden arbeitet?

____

15 Würfel (Lösung Seite 66)

(1)

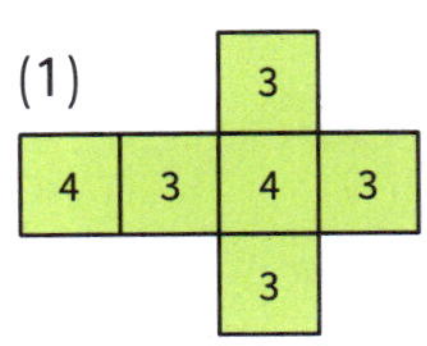

(2)

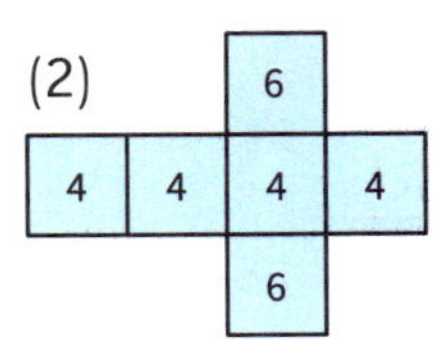

(1) Wie groß ist die Wahrscheinlichkeit, mit dem Würfel (1) eine Vier zu würfeln?

____

(2) Wie groß ist die Wahrscheinlichkeit, mit Würfel (2) eine Vier zu würfeln?

____

(3) Mit einem der beiden Würfel wurde 500-mal gewürfelt und dabei 350-mal die Vier erzielt. Mit welchem der beiden Würfel wurde deiner Meinung nach vermutlich gewürfelt? Begründe.

____

____

16 **Behälter mit Kugeln** (**Lösung Seite 67**)

Aus einem Behälter mit 5 blauen und 4 roten Kugeln wird verdeckt eine Kugel gezogen.

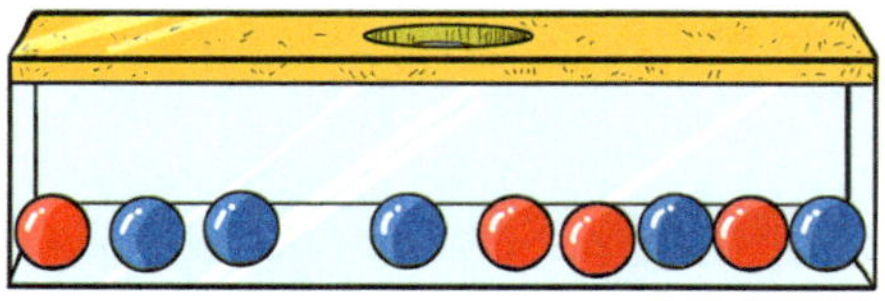

a) Wie groß ist die Wahrscheinlichkeit, eine blaue Kugel zu ziehen?

____

b) Kim hat dreimal hintereinander eine blaue Kugel gezogen und nicht zurückgelegt. Wie groß ist die Wahrscheinlichkeit, beim nächsten Mal wieder eine blaue Kugel zu ziehen?

____

17 **Fußballduell** (**Lösung Seite 68**)

Die abgebildete Grafik vergleicht, wie viel Euro in Deutschland in der Bundesliga und wie viel Euro in England in der Premier League durch internationale und nationale Medienerlöse eingenommen wurden.

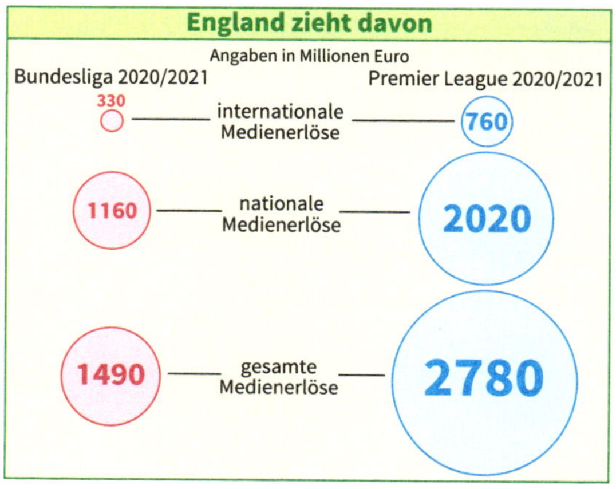

a) Betrachte die Medienerlöse in Deutschland. Berechne den Anteil der nationalen Erlöse an den gesamten Medienerlösen in Prozent.

____

b) Um das Wievielfache müssten die internationalen Medienerlöse in Deutschland steigen, damit sie ungefähr so groß wären wie in England?

____

c) Christiano Ronaldo war einer der Spitzenverdiener der englischen Liga. Er soll etwa 1,1% der gesamten Medienerlöse in England als Jahresgehalt bekommen haben. Berechne den Jahresverdienst von Ronaldo.

____

18 Zahlenrätsel **(Lösung Seite 69)**

(1) Subtrahierst du vom Dreifachen einer Zahl 7, erhältst du 23 mehr als die Zahl selbst.	(2) Subtrahierst du von 23 das 7-Fache einer Zahl, erhältst du das 3-Fache von 3.	(3) Subtrahierst du vom 7-Fachen einer Zahl das 3-Fache dieser Zahl, erhältst du 3 weniger als 23.

a) Welches Zahlenrätsel gehört zur Gleichung $3x - 7 = x + 23$?

____

b) Löse die Gleichung $3x - 7 = x + 23$. $x =$ ____________

c) Notiere zu den beiden anderen Zahlenrätseln die passende Gleichung.

______________________ ______________________

19 Zwei Würfel **(Lösung Seite 70)**

Es wird gleichzeitig mit einem gelben und einem roten Würfel gewürfelt.
Das Ergebnis (3;5) bedeutet: Mit dem gelben Würfel wurde eine 3 und mit dem roten Würfel eine 5 gewürfelt.

a) Wie viele Ergebnisse sind möglich?

____

b) Wie groß ist die Wahrscheinlichkeit für das Ergebnis (3;5)?

____

c) Wie groß ist die Wahrscheinlichkeit, einen Pasch, d. h. zwei gleiche Zahlen, zu würfeln?

____

20 Fläche NRW **(Lösung Seite 71)**

Der Kartenausschnitt zeigt das Bundesland Nordrhein-Westfalen. Bestimme näherungsweise die Größe der Fläche von Nordrhein-Westfalen. Benutze den Maßstab der Karte. Begründe dein Vorgehen.

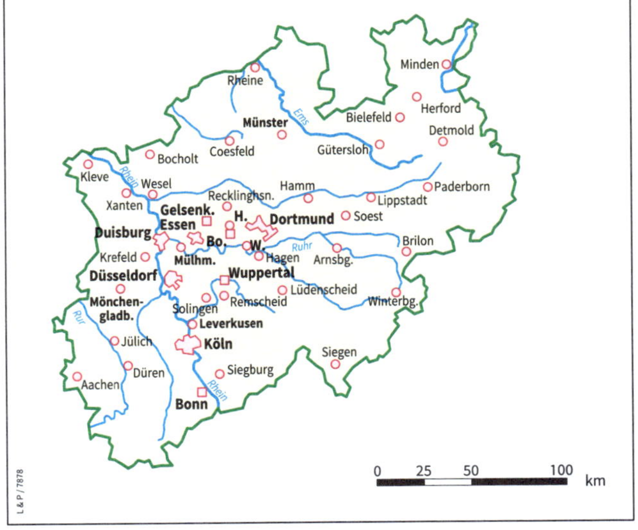

21 **Fahrradreparatur** **(Lösung Seite 72)**

Perinur will ihr Fahrrad reparieren und mit einem Nabendynamo ausstatten lassen. Ein Fahrradhändler bietet im Internet ein Tabellenblatt an, um die Kosten zu kalkulieren.

	A	B	C	D
1	**Fahrradreparatur**			
2				
3	**Posten**	**Menge**	**Einzelpreis**	**Gesamtpreis**
4	Schalt-/Bremszug	3	8,00 €	
5	Nabendynamo	1	54,00 €	
6	Arbeitsstunden	2,5	40,00 €	
7		Zwischensumme		**178,00 €**
8		MwSt.	19%	33,82 €
9		Rechnungsbetrag		**211,82 €**
10				

a) Berechne die fehlenden Zahlenwerte und trage sie in die Tabelle ein.

b) Bestätige rechnerisch, dass die Mehrwertsteuer 33,82 € beträgt.

c) Gib eine Formel an, mit der in der Zelle D7 die Zwischensumme berechnet werden kann. ____________________

22 **Glücksrad** **(Lösung Seite 73)**

Auf einem Schulfest kann man am Stand von Annas Klasse für einen Einsatz von 1 € einmal das abgebildete Glücksrad drehen. Bleibt es auf *blau* stehen, gewinnt man einen Trostpreis im Wert von 0,40 € und auf *schwarz* einen Sachpreis von 6 €.

a) Bestimme die Wahrscheinlichkeit für

(1) blau: ____________________

(2) schwarz: ____________________

b) Mit welchem Gewinn kann Annas Klasse rechnen, wenn 480-mal gespielt wird?

Gewinn: ____________________

23 **Angebote** **(Lösung Seite 74)**

Frau Kurt kann für zwei Jahre einen Lottogewinn von 100 000,– € anlegen. Sie hat drei Angebote:

(A) A-Bank: 1. Jahr 1 %, 2. Jahr 2 % Zinsen
(B) B-Bank: 1. Jahr 1,2 %, 2. Jahr 1,8 % Zinsen
(C) C-Bank: 1. Jahr 1,5 %, 2. Jahr 1,5 % Zinsen

a) Wie viel Geld hätte Frau Kurt bei der A-Bank nach zwei Jahren?

____

b) Welche Bank hat das beste Angebot für Frau Kurt? Begründe.

____

24 **Haus mit Satteldach** (**Lösung Seite 75**)

Der Zeichnung kannst du die Außenmaße eines Einfamilienhauses entnehmen.

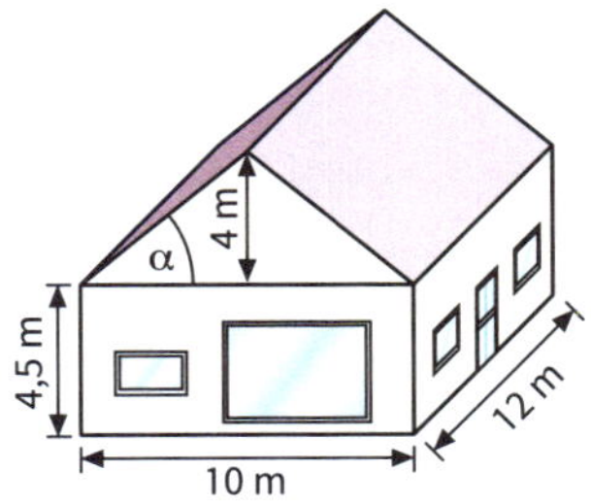

a) Berechne das Volumen des Hauses (umbauter Raum).

____

b) Wie groß ist die gesamte Dachfläche?

____

c) Bestimme anhand einer maßstabsgetreuen Zeichnung den Neigungswinkel α des Dachs.

____

25 **Fehler** (**Lösung Seite 76**)

Ahmed, Bernd und Clemens haben beim Lösen von Gleichungen Fehler gemacht. Markiere die Fehler und löse die Gleichungen richtig.

(1)	(2)	(3)
$10 - 5x = 2x + 24 \quad \vert -10$	$6y - 33 = y + 7 \quad \vert +33$	$8x - 15 = 3x + 35 \quad \vert -15$
$5x = 2x + 24 \quad \vert -2x$	$6y = y + 40 \quad \vert -y$	$8x = 3x + 20 \quad \vert -3x$
$3x = 24 \quad \vert :3$	$5y = 40 \quad \vert -5$	$5x = 20 \quad \vert :5$
$x = 8$	$y = 35$	$x = 4$

26 **Riesenmaschine** (**Lösung Seite 77**)

Das Fahrzeug wird auf der Landwirtschaftsmesse von jung und alt bestaunt.

a) Wie hoch muss der Fahrer klettern, um seine Fahrerkabine zu erreichen?

b) Wie oft hat sich ein Rad gedreht, wenn das Fahrzeug einen Kilometer zurückgelegt hat?

Lösungen zum Eingangstest und Übungsaufgaben

Auf den folgenden Seiten findest du die ausführlichen Lösungen zu den komplexen Aufgaben des Eingangstests und passende Übungsaufgaben. Kontrolliere deine Ergebnisse und bearbeite auf jeden Fall die Aufgaben, in denen du noch nicht sicher bist. Die Lösungen der Übungsaufgaben findest du im Lösungsheft.

1 Abtransport von Boden (von S. 42)

Das abgebildete Grundstück ist rechteckig. Leider ist der Boden verschmutzt und er muss 50 cm tief entfernt werden. Eine Firma erhält den Auftrag dazu. Sie hat einen Lkw, der 12 t transportieren kann. Ein Kubikmeter Boden wiegt 1 650 kg.

a) Wie oft muss der Lkw fahren?

b) Das Ausheben des Bodens können zwei Bagger in vier Tagen erledigen. Ab dem zweiten Tag wird ein dritter Bagger eingesetzt. Wie lange dauert das Ausheben des Bodens insgesamt?

Zu a)

(1) *Volumen des Bodens bestimmen*

Das Volumen des verschmutzten Bodens entspricht dem Volumen eines Quaders mit folgenden Maßen:

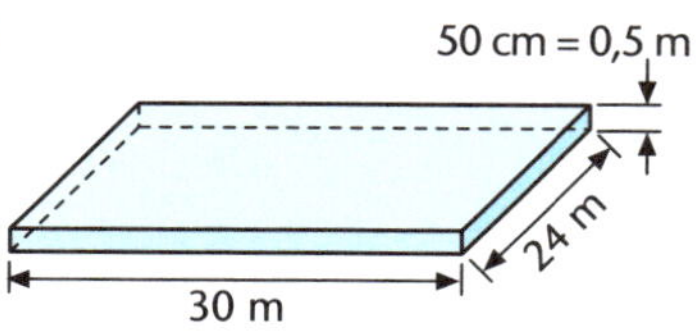

V = 30 m · 24 m · 0,5 m = **360 m³**

(2) *Masse des Bodens berechnen*

Ein Kubikmeter Boden wiegt 1 650 kg.
Dann wiegen 360 Kubikmeter Boden
360 · 1 650 kg = 594 000 kg = **594 t**

(3) *Anzahl der benötigten Fahrten bestimmen*

Der Lkw der Firma kann pro Fahrt 12 t befördern.
Nebenrechnung: 594 t : 12 t = 49,5
Richtig ist daher: Der Lkw benötigt **50 Fahrten,** bei der letzten Fahrt ist er nicht komplett gefüllt.

Zu b)

Wir wissen: Zwei Bagger erledigen das Ausheben des Bodens in vier Tagen. Insgesamt werden für diese Arbeit also 2 · 4 = 8 Baggertage benötigt. Am ersten Tag werden zwei Baggertage geleistet. Die restlichen sechs Baggertage leisten drei Bagger dann in 6 : 3, also zwei weiteren Tagen. Richtig ist daher: Insgesamt dauert das Ausheben **drei Tage.**

1 Svenja und Silke sind begeiserte Kart-Fahrerinnen. Svenja zahlt für sechs Runden 10,50 €, Silke zahlt 14 €.
Wie viele Runden ist Silke gefahren?

2 Zwei Pumpen gleicher Leistung füllen ein Schwimmbecken in 10 Stunden. In welcher Zeit können 5 dieser Pumpen das Becken füllen?

3 Jede Seite des quadratischen Sandkastens ist 120 cm lang. Der Kasten soll 30 cm hoch mit Sand befüllt werden.

a) Wie viel Kubikmeter Sand werden benötigt?

b) Der Baumarkt bietet Sand in 25-*l*-Säcken an. Wie viele Säcke müssen gekauft werden?

4 Für eine Schallschutzmauer entlang eines Autobahnabschnittes sollen 11 Pfosten in einem Abstand von 2,10 m aufgestellt werden.
Der Bauleiter ordnet an, den Abstand auf 1,50 m zu verringern.
Wie viele Pfosten werden jetzt gebraucht?

5 Vier Müllfahrzeuge benötigen 6 h, um 840 Hausmülltonnen aus einem Neubaugebiet zu leeren. Jede Hausmülltonne enthält durchschnittlich 19 kg Abfall. Nach einer Stunde wird ein weiteres Müllfahrzeug eingesetzt. In welcher Zeit sind jetzt alle Hausmülltonnen im Neubaugebiet geleert?

6 Zum Schulabschluss planen drei Schulklassen eine gemeinsame Planwagenfahrt. Jeder Planwagen bietet Platz für 12 Personen. 88 Schülerinnen und Schüler wollen teilnehmen.

a) Wie viele Planwagen müssen für die Fahrt gemietet werden?

b) Für die Fahrt muss jede Person 6 € zahlen. Wie hoch wären die Kosten pro Person, wenn jeder Planwagen voll besetzt wäre?

1 Um wie viel Euro erhöht sich der alte Preis? Berechne auch den neuen Preis.

a) alter Preis: 450 €
   Preiserhöhung: 4 %
b) alter Preis: 3800 €
   Preiserhöhung: 12 %
c) alter Preis: 900 €
   Preiserhöhung: 25 %
d) alter Preis: 8500 €
   Preiserhöhung: 100 %

2 Um wie viel Euro wird der alte Preis gesenkt? Berechne auch den neuen Preis.

a) alter Preis: 900 €
   Preissenkung: 5 %
b) alter Preis: 1 800 €
   Preissenkung: 20 %
c) alter Preis: 6400 €
   Preissenkung: 50 %

3 Auf den Warenpreis von 82,20 € werden noch 19 % Mehrwertsteuer aufgeschlagen. Berechne den Endpreis und runde auf Cent.

4

Stimmen die neuen Preise?

2 Geänderte Preise (von S. 42)

a) Die Ladenmiete von 2500 € wird im nächsten Jahr um 8 % erhöht. Berechne die neue Miete.
b) Ein Laptop kostet 640 €. Im Ausverkauf wird der Preis um 25 % gesenkt. Berechne den neuen Preis.

Zu a)

Lösungsweg 1:

100 % ≙ 2500 € |: 100
1 % ≙ 25 € | · 8
8 % ≙ 200 €

neue Ladenmiete:
2500 € + 200 € = **2700 €**

Lösungsweg 2:

Die Miete wird um 8 % erhöht, die neue Miete beträgt damit 108 % der alten Miete.
2500 € · 1,08 = **2700 €**

Zu b)

Lösungsweg 1:

100 % ≙ 640 € |: 4
25 % ≙ 160 €

neuer Preis:
640 € – 160 € = **480 €**

Lösungsweg 2:

Der Preis wird um 25 % gesenkt, der neue Preis beträgt also 75 % des alten Preises.
640 € · 0,75 = **480 €**

5 Ein Preis wird um den vorgegebenen Bruchteil reduziert. Wie viel Prozent des alten Preises sind noch zu zahlen?

a) $\frac{1}{2}$ b) $\frac{1}{4}$ c) $\frac{3}{10}$ d) $\frac{2}{5}$

6 Im Sportgeschäft „EasySport" kostet ein Ski 250 €. Zu Beginn der Saison erhöht der Inhaber den Preis um 20 %. Nach vier Monaten wird der geänderte Preis des Skis um 20 % gesenkt.
Mara meint, dass sie nicht rechnen muss, da der Ski nun wieder 250 € kostet.
Hat Mara recht?
Begründe deine Antwort mit einer Rechnung.

7 Eine Maschine wird in eine Holzkiste verpackt. Die Holzkiste und die Maschine wiegen zusammen 7,2 t, wobei der Anteil der Holzkiste 23 % des Gesamtgewichts ausmacht.
Wie schwer ist die Maschine?
Wie viel wiegt die Holzkiste?

3 Straßenbahnfahrplan (von S. 42)

Der grafische Fahrplan gibt Auskunft über die Fahrt einer Straßenbahn vom Bahnhof (Bhf.) bis zum Tierpark mit den Zwischenhalten Rosentor, Nordheide und Stadion.

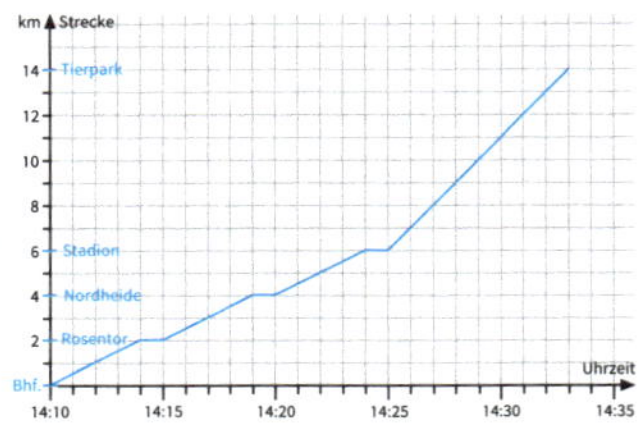

a) Bestimme die Entfernung zwischen den Haltestellen Bahnhof und Tierpark.

b) Bestimme mithilfe der Grafik die Durchschnittsgeschwindigkeiten zwischen den Haltestellen.

c) Vervollständige mithilfe der Grafik den Fahrplan mit Ankunfts- und Abfahrtzeiten.

Zu a)

Die Entfernung zwischen den Haltestellen Bahnhof und Tierpark lässt sich aus dem Weg-Zeit-Diagramm ablesen. Sie **beträgt 14 km.**

Zu b)

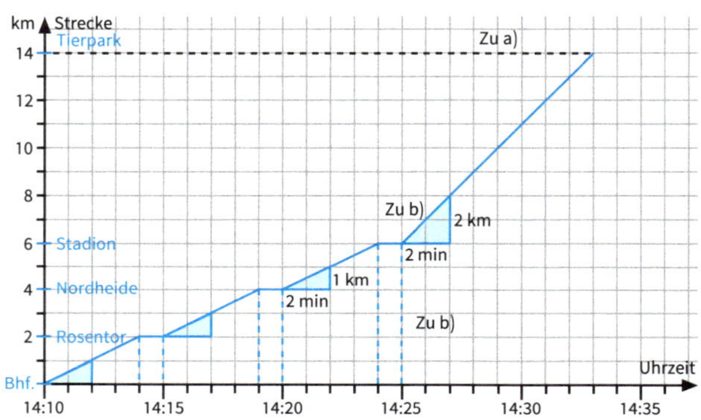

Je schneller die Straßenbahn fährt, desto steiler steigt der Graph an. Drei der vier Steigungsdreiecke sind kongruent, d.h., vom Bahnhof bis Stadion fährt die Straßenbahn zwischen den Haltestellen mit gleicher Durchschnittsgeschwindigkeit ($\frac{1\,km}{2\,min}$, **also 30** $\frac{km}{h}$). Vom Stadion bis zum Tierpark fährt sie schneller ($\frac{2\,km}{2\,min}$, **also 60** $\frac{km}{h}$).

Zu c)

Haltestelle	Uhrzeit	
Bahnhof	ab	**14:10**
Rosentor	an	**14:14**
	ab	**14:15**
Nordheide	an	**14:19**
	ab	**14:20**
Stadion	an	**14:24**
	ab	**14:25**
Tierpark	an	**14:33**

1 Inas Klasse unternimmt am Wandertag eine Radtour. Ina fährt um 8:00 Uhr von zu Hause los, um pünktlich um 9:00 Uhr den vereinbarten Treffpunkt zu erreichen.
Ihre Fahrt ist in dem unten abgebildeten Koordinatensystem dargestellt.

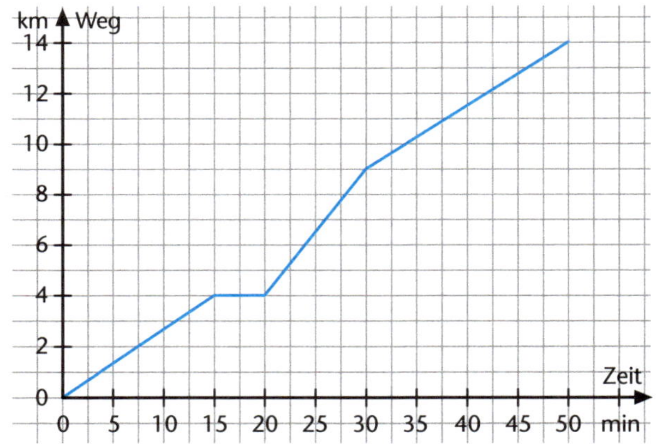

Beurteile anhand dieser Darstellung, ob die folgenden Aussagen zutreffen können.

Nach einer Viertelstunde hat Ina bereits 5 km zurückgelegt.	☐ Ja	☐ Nein
Zwischendurch macht Ina eine Rast von fünf Minuten.	☐ Ja	☐ Nein
Anfangs fährt Ina am schnellsten.	☐ Ja	☐ Nein

2 Eine 8 km lange Wanderung führt die Klasse von Paul auf das Nebelhorn.

> Anfangs geht es nur leicht bergauf, und die Gruppe kommt gut voran. Dann fordert ein Klettersteig (K) die Kondition heraus. Gut, dass am Ende des Steigs eine Hütte (H) zur Rast einlädt. Von hier aus führt ein fast ebener Weg zum Gipfelkreuz (G).

a) Paul hat begonnen, einen zu der Bergwanderung passenden Graphen im Koordinatensystem zu skizzieren. Setze den Graphen fort.

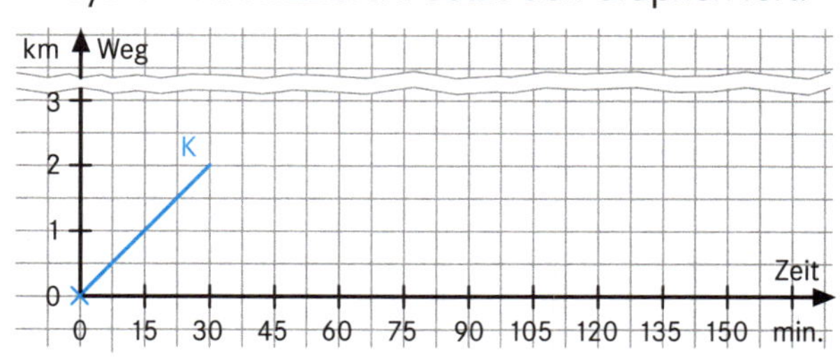

b) Trage auch H und G am Graphen ein.

1 Die Grafik zeigt die Entwicklung der Aktie der Firma UV in den Monaten Januar bis Juni.

a) Um wie viel Prozent hat die Aktie der Firma UV vom 1.5. bis 1.6. an Wert verloren?

b) Im letzen Jahr hatte die Aktie der Firma durchschnittlich einen Wert von 33,65 €. Hat sie diesen Durchschnittswert auch in den dargestellten sechs Monaten erreicht?

c) Die Grafik vermittelt den Eindruck, als sei die Aktie der Firma UV vom 1.5. bis 1.6. so abgestürzt, dass sie fast nichts mehr wert ist. Wodurch entsteht dieser Eindruck?

d) Zeichne ein Säulendiagramm, das die Entwicklung des Aktienkurses vom 1.1. bis 1.6. realistisch darstellt.

2 Die Klasse 10a führte eine Befragung zur Computernutzung in zwei 9. Klassen durch.

	9a	davon befragt	9b	davon befragt
Mädchen	14	11	16	14
Jungen	16	13	16	12

a) Wie viel Prozent der Schülerinnen und Schüler aus der Klasse 9a haben an der Umfrage teilgenommen?

b) Stelle für die Klasse 9b in einem Säulendiagramm die Anzahl der Jungen und Mädchen in der Klasse und die Anteile der Mädchen und Jungen, die befragt wurden, dar.

c) Von den Befragten nutzten den Computer 38 % für Emails, 92 % zum Chatten, 77 % zum Spielen und 52 % für Internetrecherchen. Ist es sinnvoller, diese Umfrageergebnisse in einem Kreisdiagramm oder in einem Säulendiagramm darzustellen? Begründe deine Antwort.

4 Fahrradurlaub (von S. 43)

Die Grafik zeigt, wie sich der Verbrauch eines Autos ändert, wenn man einen Dach- oder Heckträger (mit Fahrrädern) montiert.

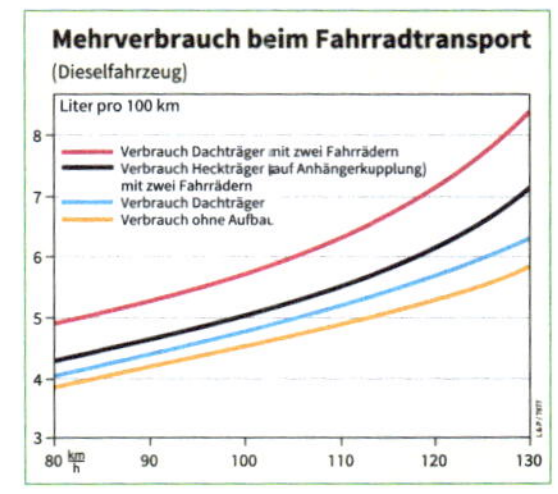

a) Wie viel verbraucht ein Auto ohne Aufbau, das 85 $\frac{km}{h}$ schnell fährt?

b) An einem Auto ist ein Dachträger mit zwei Fahrrädern montiert. Um wie viel Prozent steigt der Verbrauch, wenn es statt 80 $\frac{km}{h}$ nun 130 $\frac{km}{h}$ schnell fährt?

c) Lennard behauptet: Bei 80 $\frac{km}{h}$ ist der Verbrauch eines Autos mit Dachträger und zwei Fahrrädern ungefähr doppelt so hoch wie bei einem Auto ohne Aufbau. Erkläre, warum das nicht stimmt.

Zu a)
Hierbei muss man senkrecht zur x-Achse beim Wert 85 (in der Mitte von 80 und 90) nach oben gehen und dort den zugehörigen y-Wert des untersten Graphen ablesen. Es ergibt sich ein Verbrauch von **ca. 4 Liter pro 100 km.**

Zu b)
Ein Auto, das einen Dachträger mit zwei Fahrrädern montiert hat, verbraucht bei 80 $\frac{km}{h}$ ungefähr 4,9 Liter pro 100 km. Bei einer Geschwindigkeit von 130 $\frac{km}{h}$ verbraucht es ungefähr 8,4 Liter pro 100 km. Mit dem Dreisatz kann man nun den prozentualen Anstieg bestimmen:

4,9 Liter ≙ 100 %) : 4,9
1,0 Liter ≙ 20,41 %) · 8,4 (≈ 100 % : 4,9)
8,4 Liter ≙ 171,44 % (≈ 20,41 % · 8,4)

Der Verbrauch steigt um **ungefähr 71 %.**

Alternativer Lösungsweg:
Mehrverbrauch: $8{,}4\,l - 4{,}89\,l = 3{,}5\,l$

$3{,}5\,l$ von $4{,}9\,l = \frac{3{,}5\,l}{4{,}9\,l} \approx 0{,}71 = 71\,\%$

Zu c)
Lennards Aussage stimmt nicht, weil zwar bei 80 $\frac{km}{h}$ die Distanz des einen Graphen (Auto mit Dachgepäckträger und zwei Fahrrädern) zur x-Achse doppelt so groß ist wie die Entfernung des anderen Graphen (Auto ohne Aufbau). Man muss aber beachten, dass die y-Achse nicht bei 0 beginnt. Entsprechend muss man die Werte von 4 Liter bzw. 5 Liter pro 100 km vergleichen. 5 Liter ist nicht das Doppelte von 4 Litern.

5 Jugend-Triathlon (von S. 43)

Jan absolvierte beim Jugend-Triathlon die Schwimmstrecke in 9 min 45 s. Für die Radrennstrecke benötigte er 19 min 30 s, für den abschließenden 3-km-Lauf brauchte er 14 min und 5 s.

Jugend-Triathlon

Schwimmen	300 m
Radfahren	10 km
Laufen	3 km
Start:	9:00 Uhr

a) Wie lange brauchte Jan für alle drei Sportarten zusammen?

b) Mit welcher Geschwindigkeit fuhr Jan die Radrennstrecke? Kreuze den Wert an, der diese Geschwindigkeit am besten angibt.

$15\,\frac{km}{h}$ ☐ $25\,\frac{km}{h}$ ☐ $35\,\frac{km}{h}$ ☐

$20\,\frac{km}{h}$ ☐ $30\,\frac{km}{h}$ ☐ $40\,\frac{km}{h}$ ☐

Zu a)

Wir kennen die Zeitspannen, die Jan für die einzelnen Sportarten benötigte:

Sportart	Jans Zeiten
300 m Schwimmen	9 min 45 s
10 km Rad fahren	19 min 30 s
3 km Laufen	14 min 5 s

Jetzt addieren wir die Zeitangaben getrennt nach den angegebenen Einheiten:

9 min + 19 min + 14 min = 42 min

45 s + 30 s + 5 s = 80 s

80 s entsprechen 1 min 20 s.

Die Gesamtzeit ergibt sich aus:

42 min + 1 min 20 s = **43 min 20 s**

Jan benötigte für alle drei Sportarten zusammen **43 min 20 s.**

Zu b)

Geschwindigkeiten in $\frac{km}{h}$ geben an, wie viel km in einer Stunde zurückgelegt werden.

Wir wissen:

Jan absolvierte die 10 km lange Radrennstrecke in 19 min und 30 s.

Er benötigte also für eine Strecke von 10 km ungefähr 20 min.

Berechnung derGeschwindigkeit:

20 min → 10 km

60 min → 30 km

Jan fuhr die Radrennstrecke also mit einer Geschwindigkeit von etwas mehr als **30** $\frac{km}{h}$.

1 Laut Kalender geht am 18. Juni die Sonne um 5:15 Uhr auf und um 21:38 Uhr unter.
Wie viel Zeit liegt an diesem Tag zwischen Sonnenaufgang und Sonnenuntergang?

2 Jürgen kommt um 16:07 Uhr am Dortmunder Hauptbahnhof an. Insgesamt war er 1 Stunde und 24 Minuten mit dem Zug unterwegs.
Wann hat Jürgen seine Zugfahrt begonnen?

3 Im November 2014 gewann der deutsche Triathlet Sebastian Kienle den legendären Ironman auf Hawaii. Kienle benötigte 54 Minuten 38 Sekunden für die 3,86 km lange Schwimmstrecke. Die anschließende 180 km lange Radstrecke legte er in 4 h 20 min 46 s zurück. Den letzten Teil des Wettbewerbs, einen Marathonlauf über 42,195 km, bewältigte Kienle in 2 h 54 min 36 s.
Berechne die Gesamtzeit für alle drei Sportarten von Sebastian Kienle.

4 Martinas Flug nach Rom geht um 15:10 Uhr. Für die Fahrt zum Flughafen plant sie 45 Minuten ein. Mindestens eine Stunde vor Abflug der Maschine muss sie am Schalter der Fluggesellschaft einchecken.
Wann muss Martina spätestens aufbrechen, um pünktlich am Check-in-Schalter zu sein?

5 Ein 500 m langer Personenzug durchfährt mit gleichbleibender Geschwindigkeit von $150\,\frac{km}{h}$ den abgebildeten 10 km langen Tunnel.

a) Tim sitzt in der Mitte des Zuges am Fenster. Wie lange dauert für Tim die Fahrt durch den Tunnel?

b) Welche der folgenden Überlegungen von Tim sind richtig? Kreuze an.

☐ (1) Bei doppelter Geschwindigkeit dauert die Tunneldurchfahrt doppelt so lang.

☐ (2) Bei doppelter Geschwindigkeit dauert die Tunneldurchfahrt halb so lang.

☐ (3) Bei $75\,\frac{km}{h}$ dauert die Tunneldurchfahrt doppelt so lang.

1

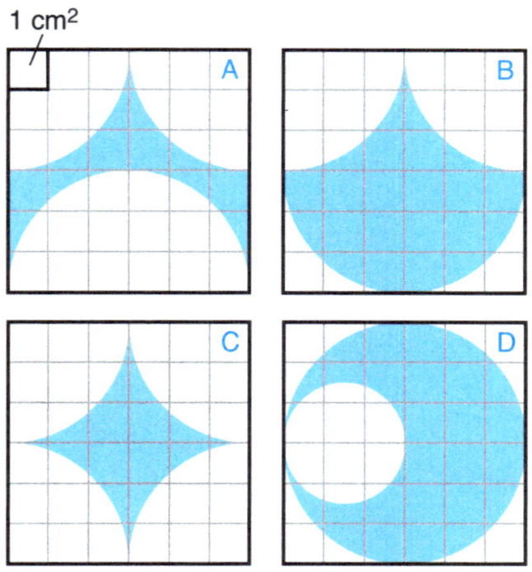

a) Ordne die Umfänge u der blau gefärbten Figuren A, B, C und D der Größe nach. Setze > oder = ein.

u_D □ $u\_$ □ $u\_$ □ $u\_$

b) Bestimme den Flächeninhalt von Figur D. Beschreibe, wie du vorgegangen bist.

2 Der Kreis hat einen Radius von r = 8 cm.

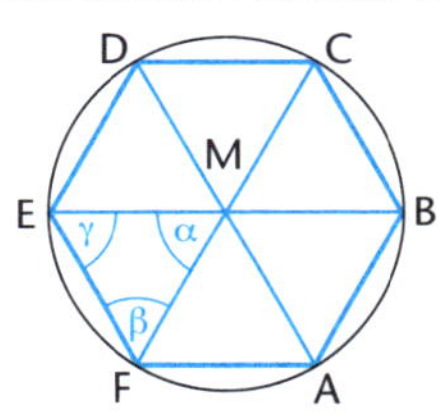

a) Berechne im Dreieck FME die Größe der Winkel.

b) Berechne den Umfang des regelmäßigen Sechsecks ABCDEF.

c) Um wie viel Prozent ist der Umfang des Kreises größer als der Umfang des regelmäßigen Sechsecks?

3 Aus einer quadratischen Sperrholzplatte mit einer Fläche von 0,25 m² wird der größtmögliche Kreis ausgeschnitten.

a) Berechne Flächeninhalt und Umfang des Kreises.

b) Wie viel Prozent der ursprünglichen Platte beträgt der entstehende Abfall?

6 Konservendosen (von S. 44)

Sechs Konservendosen werden von einem Plastikband umfasst. Jede Dose hat einen Radius von 4 cm.
Zu berechnen ist die Länge b des Plastikbandes.

a) Beende die Rechnungen von Karim, Anke und Mia.

b) Alle Ergebnisse sind verschieden. Es kann aber nur eins richtig sein. Ist der richtige Lösungsweg dabei? Begründe.

I. So löst Karim die Aufgabe:
Ich rechne den Umfang des Rechtecks aus:
b = 2 · Länge + 2 · Breite; also b = 2 · 24 cm + 2 · 16 cm

II. So löst Anke die Aufgabe:
Ich rechne von jeder Dose den Umfang aus:
u = π · d, also u ≈ 3,14 · 8 cm; dann ist b = 6 · u

III. So löst Mia die Aufgabe:
Ich fange oben in der Mitte an und gehe rechts herum:
$b = 4\text{ cm} + 4\text{ cm} + \frac{1}{4}u + 4\text{ cm} + 4\text{ cm} + \frac{1}{4}u + 4\text{ cm} + \ldots$

Zu a)

Karim: $2 \cdot 24\text{ cm} + 2 \cdot 16\text{ cm} = \mathbf{80\text{ cm}}$

Anke: $u \approx 3{,}14 \cdot 8\text{ cm} = 25{,}12\text{ cm}$
$b \approx 6 \cdot 25{,}12\text{ cm} = \mathbf{150{,}72\text{ cm}}$

Mia:
$$b = 4\text{ cm} + 4\text{ cm} + \frac{1}{4}u + 4\text{ cm}$$
$$+ 4\text{ cm} + \frac{1}{4}u + 4\text{ cm} + 4\text{ cm}$$
$$+ 4\text{ cm} + 4\text{ cm} + \frac{1}{4}u + 4\text{ cm}$$
$$+ 4\text{ cm} + \frac{1}{4}u + 4\text{ cm} + 4\text{ cm}$$
$$b = 4 \cdot \frac{1}{4}u + 12 \cdot 4\text{ cm}$$
$$b = u + 48\text{ cm}$$
$$b \approx 3{,}14 \cdot 8\text{ cm} + 48\text{ cm}$$
$$b = \mathbf{73{,}12\text{ cm}}$$

Zu b)

Karim hat den Umfang des Rechtecks berechnet und die Rundungen nicht berücksichtigt.

Anke hat jede Dose einzeln mit dem Band umfasst.

Mia hat alle Teilstücke richtig addiert. Bei ihr sind die Rundungen berücksichtigt, deshalb ist ihr Ergebnis auch etwas kleiner als das von Karim.

7 Statistik (von S. 44)

Im Diagramm sind die Besucherzahlen der Dauerausstellung „Gesunde Ernährung“ dargestellt. Die Darstellung erweckt den Eindruck, dass sich die Besucherzahlen halbiert haben.

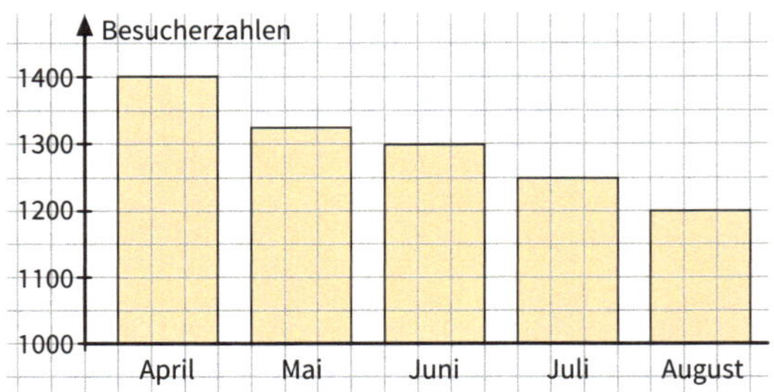

a) Stimmt das? Begründe.
b) Zeichne ein Säulendiagramm, das keinen falschen Eindruck vermittelt.

Zu a)
Die Besucherzahlen haben sich nicht halbiert. Im Diagramm ist die Säule für August zwar nur halb so hoch wie für April. Aber wenn man die Zahlen vergleicht, stellt man fest, dass es im April 1 400 und im August 1 200 Besucher waren. Bei einer Halbierung hätten es im August 700 Besucher sein müssen. Der falsche Eindruck wird dadurch vermittelt, dass die Achse mit den Besucherzahlen nicht bei Null beginnt.

Zu b)

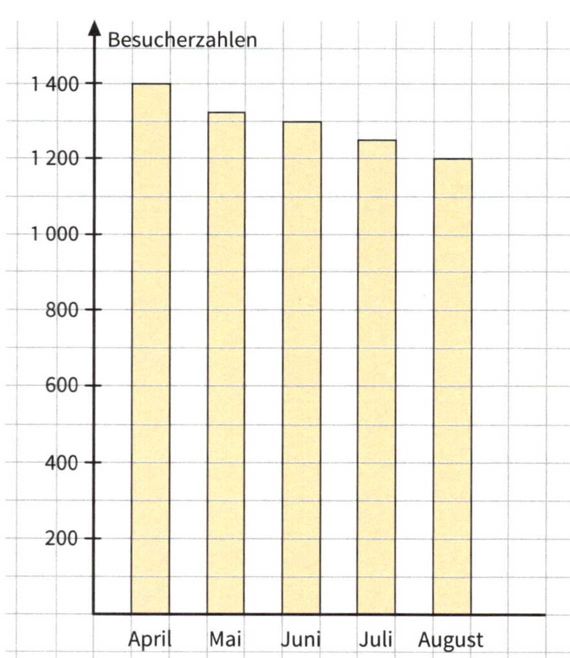

1 Eine Stadt befragt regelmäßig ihre Bürger, ob sie zufrieden sind oder nicht. Verändere das Diagramm so, dass der Anstieg des Anteils zufriedener Bürger deutlicher wird.

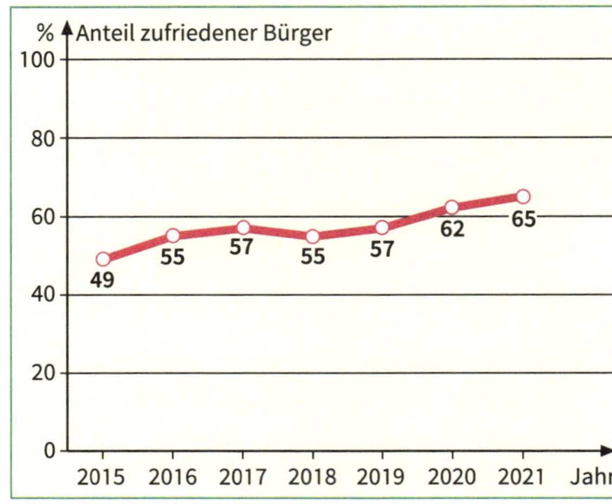

2 Von 2010 bis 2014 wurde erfasst, wie häufig in einer Stadt bestimmte weibliche Vornamen bei Neugeborenen vergeben wurden.

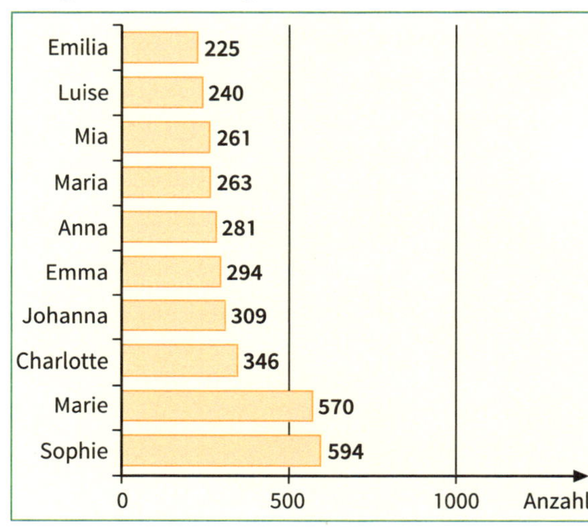

a) Beurteile die Darstellung.

b) Wähle eine bessere Form der Darstellung.

3 Im Jahr 2015 ist der Preis für Rohkaffee um ein Viertel gesunken. Gibt die abgebildete Grafik A oder B diesen Sachverhalt korrekt wieder? Begründe.

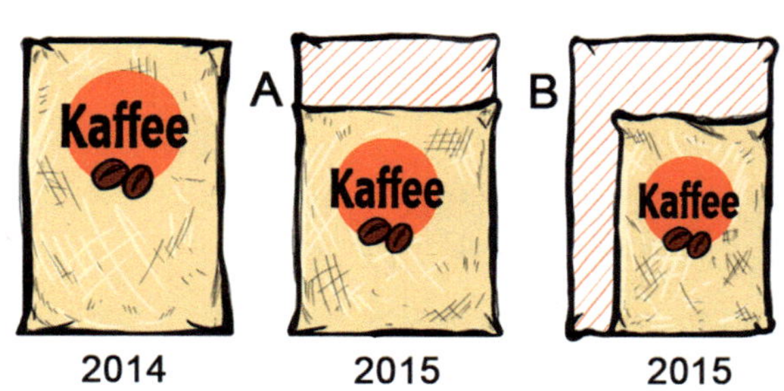

1 Aus dem Mitteilungsblatt des FC Dribbel:

> In der vorletzten Saison gewann unsere 1. C-Jugend-Mannschaft jedes dritte Spiel. Die letzte Saison fiel dagegen deutlich besser aus. Nach jedem sechsten Spiel verließ unsere Mannschaft als Sieger den Platz. Der Vereinsvorsitzende äußerte daher stolz: „Dies ist eine Steigerung um 50 %."

Was sagst du dazu?

2

> Fuhr vor einigen Jahren noch jeder zehnte Autofahrer zu schnell, so ist es heute ‚nur noch' jeder fünfte. Doch auch fünf Prozent sind zu viele, und so wird weiterhin kontrolliert, und die Schnellfahrer haben zu zahlen.

Die Meldung ist fehlerhaft. Begründe.

3 Der Fußballspieler Markus Lukaschewski verhandelt mit seinem Verein über sein Monatsgehalt in der neuen Saison. Der Verein bietet ein Fünftel mehr, Markus Lukaschewski fordert ein Zehntel mehr.

a) Bisher verdiente Lukaschewski 20 000 € im Monat. Berechne das neue Gehalt beim Vereinsangebot und bei Lukaschewskis Forderung.

b) Vergleiche Vereinsangebot und Forderung ohne Kenntnis des bisherigen Gehalts.

4 Till hat sich folgende Liste zu Bruchteilen und Prozentsätzen angefertigt.

$\frac{1}{2} = 2\,\%$ $\quad \frac{1}{4} = 4\,\%$ $\quad \frac{1}{5} = 5\,\%$

$\frac{1}{10} = 10\,\%$ $\quad \frac{1}{20} = 20\,\%$ $\quad \frac{1}{25} = 25\,\%$

$\frac{1}{50} = 50\,\%$ $\quad \frac{1}{100} = 1\,\%$

a) Ist sie völlig falsch oder befindet sich auch Richtiges darunter?

b) Korrigiere die Liste dadurch, dass du die Prozentsätze richtig zuordnest.

8 Agenturmeldung (von S. 44)

> Laut einer Umfrage besitzt fast jede neunte Frau (87,4 %) eine weiße Bluse.

Die Meldung ist fehlerhaft. Begründe und korrigiere den Text.

Die Meldung ist fehlerhaft, denn „jede neunte Frau" bedeutet:

Bei einer von neun Frauen hängt eine weiße Bluse im Schrank.

1 von 9 $= \frac{1}{9} \approx 0{,}11 = \frac{11}{100} = 11\,\%$

Unter 100 Frauen sind dann etwa elf Frauen zu finden, bei denen eine weiße Bluse im Schrank hängt, also 11 von 100 oder 11 %.

Laut Agenturmeldung ist die weiße Bluse als Kleidungsstück sehr beliebt, nämlich bei 87,4 % der Frauen, d. h. unter 100 Frauen gibt es etwa 87, unter zehn Frauen sind etwa neun zu finden, bei denen eine weiße Bluse im Schrank hängt.

Richtig müsste die Meldung also lauten: „Laut einer Umfrage besitzen **etwa neun von zehn Frauen (87,4 Prozent)** eine weiße Bluse."

Die Ursache für den Fehler in der Agenturmeldung ist wahrscheinlich so entstanden. Zunächst hat der Redakteur 87,4 % richtig auf 90 % gerundet. Dann aber hat er diesen Wert mit Worten falsch beschrieben: 90 % bedeutet 90 von 100 bzw. 9 von 10 und nicht 1 von 9.

9 Erdgaskosten (von S. 45)

Familie Firat hat die Wahl zwischen zwei Tarifen für die Erdgaslieferung:

Tarif I Grundpreis pro Monat 10 €
Arbeitspreis 7 ct pro kWh
Tarif II Grundpreis pro Monat 25 €
Arbeitspreis 4 ct pro kWh

a) Berechne für beide Tarife die Kosten für einen monatlichen Verbrauch von 1 000 kWh.
b) Stelle beide Tarife bis zu einem Monatsverbrauch von 1 000 kWh grafisch dar.
c) Familie Firat verbraucht durchschnittlich 600 kWh pro Monat. Welchen Tarif sollte sie wählen?
d) Bei welchem Monatsverbrauch sind beide Tarife gleich teuer, und welcher ist bei geringerem Verbrauch günstiger?

Zu a)
Tarif II: 10 € + 1 000 · 0,07 € = 80 €
Tarif II: 25 € + 1 000 · 0,04 € = 65 €
Bei einem monatlichen Verbrauch von 1 000 kWh sind nach **Tarif I 80 €** und nach **Tarif II 65 €** zu bezahlen.

Zu b)

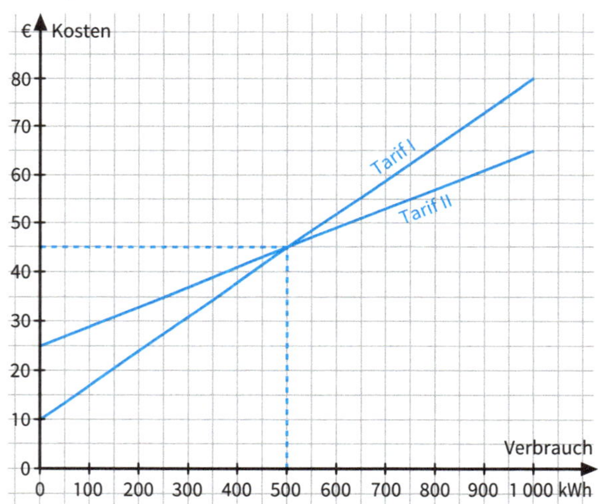

Zu c)
Familie Firat sollte **Tarif II** wählen. Das zeigt die grafische Darstellung und auch die folgende Rechnung:
Tarif II: 10 € + 600 · 0,07 € = 52 €
Tarif II: 25 € + 600 · 0,04 € = 49 €

Zu d)
Bei einem Monatsverbrauch von 500 kWh sind **beide Tarife gleich teuer.** Das zeigt die grafische Darstellung (Schnittpunkt) und auch die folgende Überprüfung durch Rechnung:
Tarif II: 10 € + 500 · 0,07 € = 45 €
Tarif II: 25 € + 500 · 0,04 € = 45 €

1 Familie Buchholz hat einen jährlichen Stromverbrauch, der zwischen 3 200 kWh und 3 600 kWh schwankt. Die folgenden beiden Angebote stehen zur Auswahl:

(1) Ökoset:
Paketpreis pro Jahr 574,98 € bis 3 600 kWh Verbrauch, jede weitere kWh kostet 21,6 ct.

(2) RSHW:
Grundpreis 5,72 € pro Monat
jede kWh kostet 0,1623 €

a) Übertrage das Achsenkreuz in dein Heft und stelle beide Tarife grafisch dar.

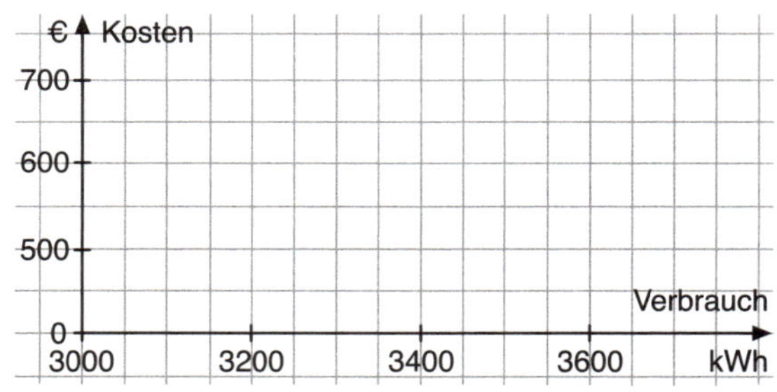

b) Zu welchem Anbieter würdest du raten, wenn der Verbrauch der Familie zwischen 3 200 kWh und 3 600 kWh bleibt? Begründe mit der Grafik zu Teilaufgabe a).

c) Begründe rechnerisch: Welcher Anbieter ist zu empfehlen, wenn der Verbrauch
– bei 3 100 kWh,
– bei 5 800 kWh liegt?

2 In der Tabelle stehen die Wasserpreise aus zwei benachbarten Gemeinden.

Ort	Grundgebühr pro Jahr	Preis pro Kubikmeter
Ahlstadt	90,00 €	2,25 €
Bündhausen	160,00 €	1,85 €

a) Stelle in einer Grafik die Jahreskosten in beiden Orten für einen Wasserverbrauch pro Jahr zwischen 0 m^3 und 300 m^3 dar.

b) Die vierköpfige Familie Lenz verbraucht durchschnittlich 375 *l* Wasser pro Tag und wohnt in Ahlstadt. Welche Jahresrechnung hat sie zu erwarten?

c) Für welchen Jahresverbrauch ist die Jahresrechnung in beiden Gemeinden gleich hoch?

1 Der Anstoßkreis eines Fußballfeldes hat einen Durchmesser von 18,30 m.

a) Wenn sich die 22 Spieler beider Mannschaften innerhalb des Anstoßkreises versammeln würden, wie viel Platz hätte dann jeder Spieler ungefähr?

☐ 3 m² ☐ 5 m² ☐ 8 m² ☐ 12 m²

b) Wenn sich die Spieler beider Mannschaften eines Fußballspiels mit gleichem Abstand voneinander auf dem Anstoßkreis verteilen würden, wie weit stünden dann jeweils benachbarte Spieler voneinander entfernt?

2 Die Grafik zeigt den Querschnitt durch einen Hochwasserdeich.

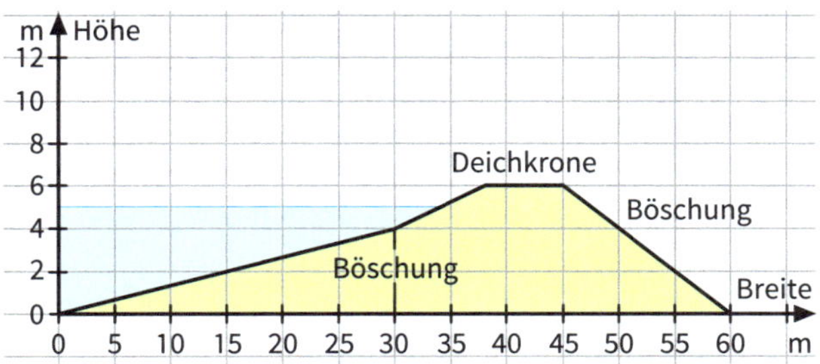

Die Deichkrone ist 7 m breit. Berechne die Längen der Böschungen auf beiden Seiten.

3 Die Größe von (rechteckigen) Bildschirmen wird häufig durch die Länge ihrer Diagonalen beschrieben.
In der Werbung für ein Tablet wird die Diagonale mit 25 cm angegeben bei einer Auflösung von 1024 x 768 Bildpunkten.

a) Länge und Breite des Bildschirms verhalten sich wie 4 : 3. Zeige, dass dieses Verhältnis auch für die angegebene Anzahl von Bildpunkten gilt.

b) Berechne die Länge der Diagonalen in einem Rechteck mit den Seitenlängen von 4 cm und 3 cm.

c) Vergleiche die Längen der Diagonalen des Tablet-Bildschirms und des Rechtecks aus Teilaufgabe b).
Wie lang und wie breit muss damit der Tablet-Bildschirm sein?

10 Elfmeter (von S. 45)

Fußballweltmeisterschaft 2014 in Brasilien:
Im ersten Spiel gegen Portugal verwandelte Thomas Müller einen Elfmeter zum 1 : 0.
Der Ball traf ganz flach unmittelbar neben dem Pfosten ins Tor.
Ein Fußballtor ist 7,32 m breit und 2,44 m hoch.
Der Ball hat einen Durchmesser von 20 cm.
Welche Strecke legt der Ball vom Elfmeterpunkt bis zur Torlinie zurück?

Die Hälfte der Torbreite beträgt 3,66 m. Zieht man noch den Radius des Balles ab, so ergeben sich rund 3,56 m.

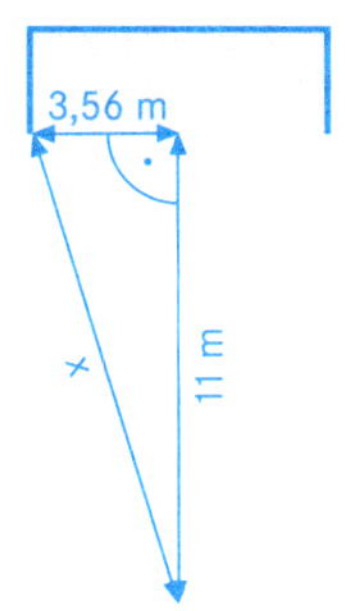

Satz des Pythagoras:

$x^2 = 3{,}56^2 + 11^2$

$x^2 \approx 133{,}67$

$x \approx 11{,}56$

Der Ball legte bis zur Torlinie ungefähr **11,60 m** zurück.

4 Abgebildet sind die Maße von Tor, Torraum und Strafraum eines Fußballfeldes. Das Tor ist 2,44 m hoch.

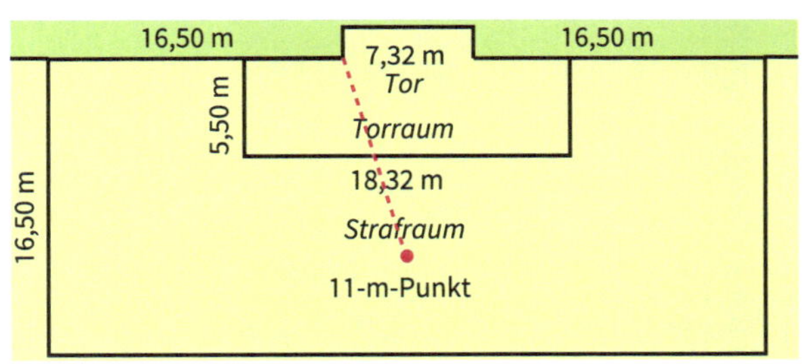

a) Wie groß ist der Strafraum eines Fußballfeldes außerhalb des Torraumes?

b) Vom Elfmeterpunkt wird ein Ball in gerader Linie gegen die obere linke Ecke geschossen, wo Pfosten und Latte zusammentreffen. Welchen Weg legt der Ball zurück?

11 Kontakte (von S. 46)

688 Jugendliche zwischen 10 und 18 Jahren wurden befragt, welche Möglichkeiten sie nutzen, um mit ihren Freunden in Kontakt zu bleiben. Die Grafik zeigt das Ergebnis der Umfrage.

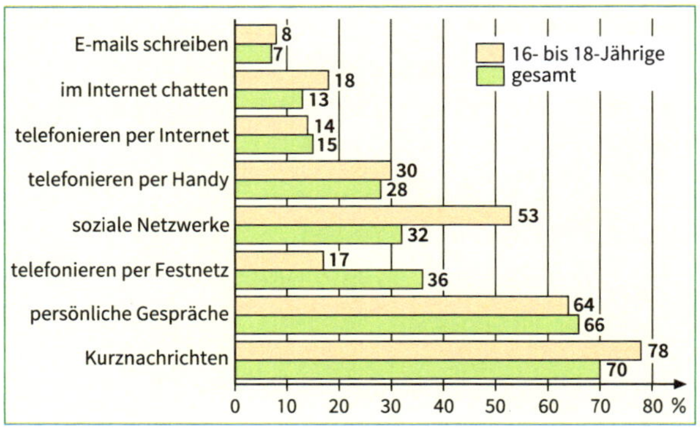

a) Wie viel Prozent der 16- bis 18-Jährigen nutzen das Handy, um zu telefonieren?
b) Bei welchen beiden Kontakt-Möglichkeiten unterscheidet sich das Nutzungsverhalten der 16- bis 18-Jährigen am stärksten von dem aller befragten Jugendlichen?
c) Wie viele aller 688 befragten Jugendlichen schicken sich Kurznachrichten?

Zu a)
Die Umfrageergebnisse der 16- bis 18-Jährigen werden im Diagramm durch die oberen Balken „16- bis 18-Jährige“ dargestellt. Am Balken neben „telefonieren per Handy“ steht 30. Da alle Angaben Prozentzahlen sind, bedeutet dies, dass **30 %** aller 16- bis 18-Jährigen das Handy nutzen, um zu telefonieren.

Zu b)
Hier müssen die Längen der Balken „16- bis 18-Jährige“ und „gesamt“ verglichen werden. Die größten Unterschiede treten auf bei **„soziale Netzwerke“** und bei **„telefonieren per Festnetz“**.

Zu c)
Da sich die Frage auf alle befragten Jugendlichen bezieht, muss man die Prozentzahl am Balken „gesamt“ ablesen, also 70.
70 % von 688 = 0,7 · 688 = 481,6
Rund **482** der befragten Jugendlichen schicken sich Kurznachrichten.

1 Ein Hamburger enthält 8,3 % Fett, 28 % Kohlenhydrate und 12 % Eiweiß, außerdem noch sonstige Stoffe, wie z. B. Wasser.
Eine Portion Pommes frites enthält 15 % Fett, 37 % Kohlenhydrate und 3,4 % Eiweiß.
Eine Portion Mayonnaise besteht zu 81 % aus Fett, zu 3,7 % aus Kohlenhydraten und zu 1,2 % aus Eiweiß.

a) Stelle die Informationen über „Fett“, „Kohlenhydrate“ und „Eiweiß“ in einem gemeinsamen Balkendiagramm dar.

b) Zeichne für den Hamburger, die Pommes frites und die Mayonnaise jeweils ein Streifendiagramm.

2 In einer Umfrage wurden Internetnutzer befragt, welche Geräte sie für den Zugang nutzen. Das Diagramm zeigt die Ergebnisse der Umfrage (Angaben in Prozent).

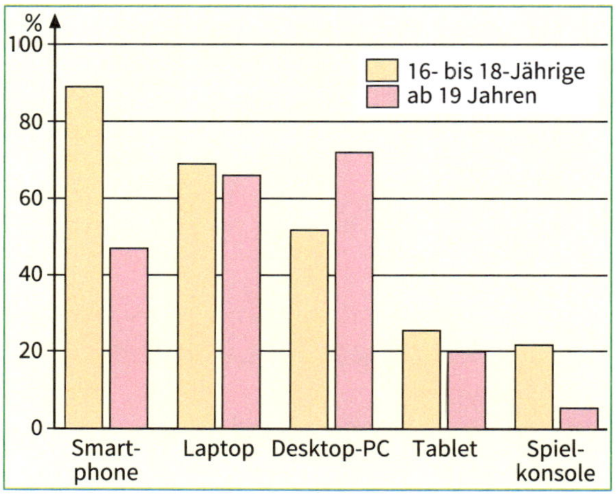

a) Welches ist das bevorzugte Gerät
(1) bei den 16- bis 18-Jährigen
(2) bei den älteren Befragten?
Gib an, wie viel Prozent dieses Gerät jeweils genannt haben.

b) Es wurden 936 Personen ab 19 Jahren befragt.
Berechne, wie viele davon ein Tablet für den Internetzugang nutzen.

c) Erkläre, warum man die Daten der beiden Altersgruppen nicht durch zwei Streifendiagramme darstellen kann.

1 Ein Routenplaner zeigt für die Strecke von Köln nach Dortmund mit dem Auto 95 km an und nennt eine Fahrtzeit von 1 Stunde 30 Minuten. Der Regionalexpress fährt die etwas längere Bahnstrecke mit einer Durchschnittsgeschwindigkeit von 72 $\frac{km}{h}$ in der gleichen Zeit. Wie lang ist die Bahnstrecke?

2 Das Schaubild gibt an, wie viel die Bundesbürger für Waren und Dienstleistungen des täglichen Bedarfs ausgeben, wenn 1 000 € zu Grunde liegen.

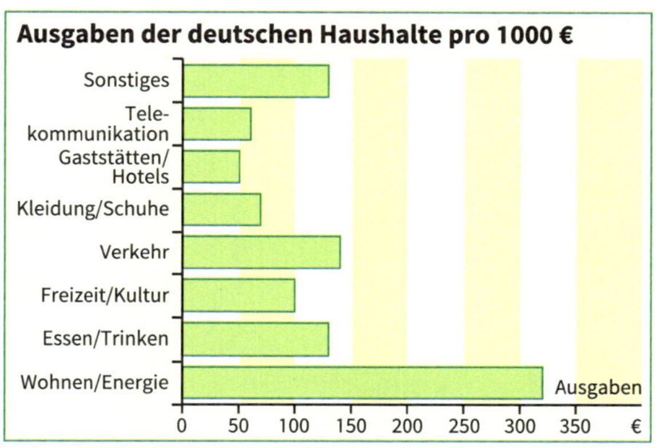

a) Aus dem Schaubild kann folgender Vergleich herausgelesen werden: „Für Wohnen/Energie geben die Bundesbürger etwa dreimal so viel aus wie für Freizeit/Kultur.“ Stelle mithilfe des Schaubilds mindestens drei weitere Vergleiche an.

b) Familie Wagner hat jährlich rund 30 000 € zur Verfügung. Ihre Ausgaben entsprechen ungefähr den durchschnittlichen Ausgaben deutscher Haushalte. Wie viel Geld würde Familie Wagner nach dem abgebildeten Modell für Wohnen/Energie im Jahr ausgeben, wie viel für Verkehr?

3 Der Regionalexpress R1 legt jedes Jahr fast 3,4 Mio. km zurück. Für die 215 km lange Strecke benötigt er knapp 3 h. Berechne, wie viel Zeit ein einziger Zug mindestens für diese Jahresleistung benötigen würde.

12 Pkw-Antriebe und Kosten (von S. 46)

Modell	Antrieb	Energiekosten pro 100 km
Eco B	Benzin	14,28 €
Eco D	Diesel	10,74 €
Eco E	Elektro	5,95 €
Eco A	Autogas	7,10 €

Fahrzeughersteller bieten ihre Modelle mit alternativen Antrieben an.

a) Berechne, wie weit man mit den verschiedenen Antrieben für 100 € kommen könnte. Stelle die Ergebnisse in einem geeigneten Diagramm dar.

b) Im Preis von einem Liter Super (2,04 €) ist eine Energiesteuer von 65,45 ct enthalten. Berechne den Anteil in Prozent.

c) Berechne die Kostenersparnis bei einer Fahrleistung von 100 000 km für einen Elektromotor gegenüber einem Benzinmotor.

Zu a) Benzin: 14,28 € → 100 km

$1\ € \rightarrow \frac{100\ km}{14{,}28}$

$100\ € \rightarrow \frac{100\ km \cdot 100}{14{,}28} \approx$ **700 km**

Diesel: 10,74 € → 100 km

$1\ € \rightarrow \frac{100\ km}{10{,}74}$

$100\ € \rightarrow \frac{100\ km \cdot 100}{10{,}74} \approx$ **931 km**

Elektro: 5,95 € → 100 km

$1\ € \rightarrow \frac{100\ km}{5{,}95}$

$100\ € \rightarrow \frac{100\ km \cdot 100}{5{,}95} \approx$ **1681 km**

Autogas: 7,10 € → 100 km

$1\ € \rightarrow \frac{100\ km}{7{,}10}$

$100\ € \rightarrow \frac{100\ km \cdot 100}{7{,}10} \approx$ **1408 km**

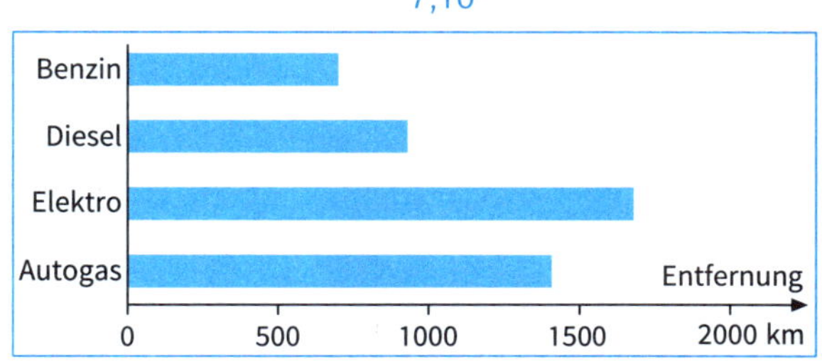

Zu b) $\frac{0{,}6545\ €}{2{,}04\ €} \approx 0{,}32$

Der Anteil der Energiesteuer beträgt **32 %.**

Zu c) Für die Kraftstoffkosten ergibt sich ein Unterschied von 14,28 € – 5,95 € = 8,33 €
Die Ersparnis gilt für 100 km.
Für 100000 km ergibt sich deshalb eine Ersparnis von 8,33 € · 100 = **8 330 €.**

13 Werkstück (von S. 47)

Der abgebildete Körper ist aus Stahl. 1 cm^3 wiegt 7,9 g.

a) Wie viel Kilogramm wiegt er? Runde auf ganze kg.

b) Der Körper wird ringsum lackiert. Für einen Quadratmeter braucht man eine kleine Dose Farbe. Kommt man mit einer halben kleinen Dose Farbe aus?

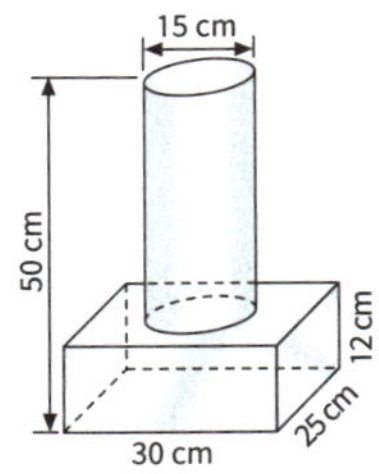

Zu a)

Der Körper besteht aus zwei Teilen, einem Quader und einem Zylinder. Zunächst müssen das Volumen V_Q und V_Z von Quader und Zylinder ausgerechnet werden.

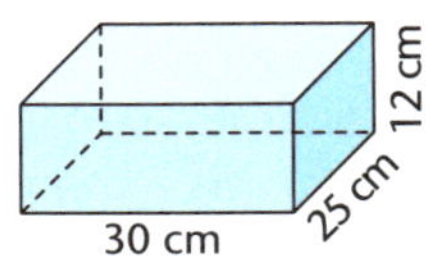

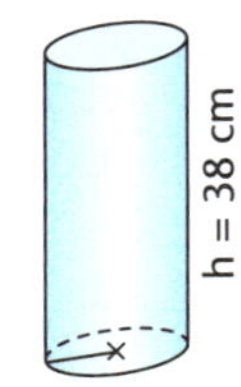

$V_Q = 30\text{ cm} \cdot 25\text{ cm} \cdot 12\text{ cm}$
$V_Q = 9000\text{ cm}^3$
$V_Z = \pi \cdot (7{,}5\text{ cm})^2 \cdot 38\text{ cm} \approx 6715{,}154\text{ cm}^3$
$V = V_Q + V_Z \approx 15715{,}154\text{ cm}^3$

Da jeder Kubikzentimeter 7,9 g wiegt, ergibt sich für die Masse m des Körpers folgende Rechnung:

$m = 15715{,}154 \cdot 7{,}9\text{ g}$
$m \approx 124150\text{ g} = 124{,}15\text{ kg}$

Der Körper wiegt **rund 124 kg**.

Zu b)

Zur Oberfläche des Körpers gehört die gesamte Oberfläche des Quaders und der Mantel des Zylinders (die kreisförmige Deckfläche entfällt, da die gleichgroße Grundfläche des Zylinders abgezogen werden muss).

Zur Beantwortung der Frage muss berechnet werden, ob die zu streichende Fläche größer oder kleiner als ein halber Quadratmeter ist.

$O_Q = 2 \cdot 30\text{ cm} \cdot 25\text{ cm} + 2 \cdot 30\text{ cm} \cdot 12\text{ cm} +$
$\quad 2 \cdot 25\text{ cm} \cdot 12\text{ cm}$
$O_Q = 2820\text{ cm}^2$
$M_Z = 2 \cdot \pi \cdot 7{,}5\text{ cm} \cdot 38\text{ cm} \approx 1790{,}7\text{ cm}^2$
$O = O_Q + M_Z \approx 4610{,}7\text{ cm}^2 \approx 0{,}461\text{ m}^2$

Die Oberfläche ist weniger als $\frac{1}{2}$ m^2 groß, also **reicht eine halbe kleine Dose.**

1 Dieser Turm aus Holz steht als Modell vor dem Eingang zu einer Ausstellung.

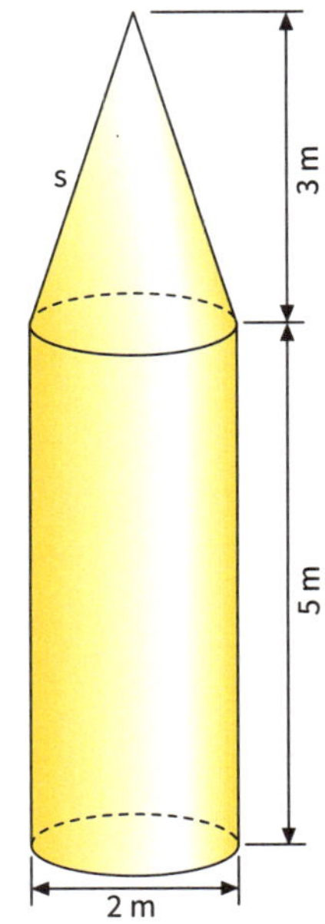

a) Jeder Kubikmeter Holz wiegt 0,7 t. Wie schwer ist das Modell insgesamt? Runde auf zehntel Tonne.

b) Das Modell soll einen Schutzanstrich erhalten, damit es vor der Witterung geschützt ist. Pro Quadratmeter wird ein halber Liter Farbe gebraucht. Wie viel Liter Farbe werden insgesamt benötigt?

Hinweis: Berechne zunächst s.

2 Aus dem Quader wurde ein Zylinder ausgebohrt. Der Körper ist aus Aluminium; 1 cm^3 wiegt 2,7 g. Wie viel wiegt der Körper?

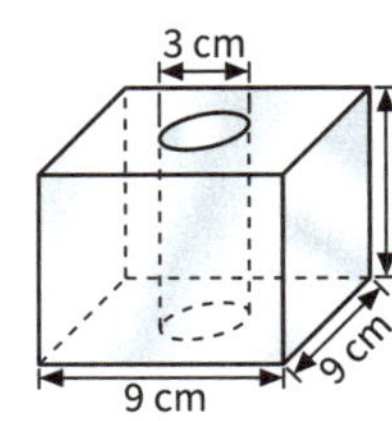

3 Der Körper besteht aus einem Würfel mit aufgesetzter Pyramide. Berechne die Mantelfläche dieses Körpers.

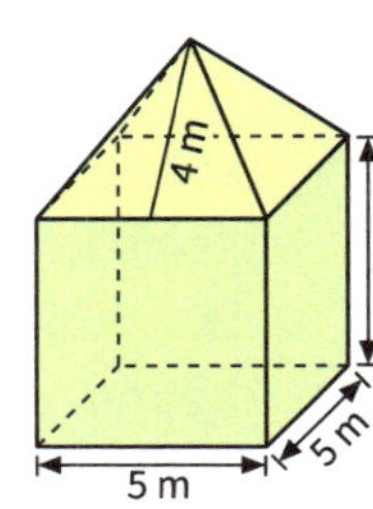

4 Das abgebildete Fass ist 1,50 m lang. Die beiden Deckel links und rechts sind kreisförmig. In der Mitte hat das Fass einen kreisförmigen Querschnitt mit einem Durchmesser von 80 cm.

Welche Inhaltsangabe für dieses Fass trifft ungefähr zu?

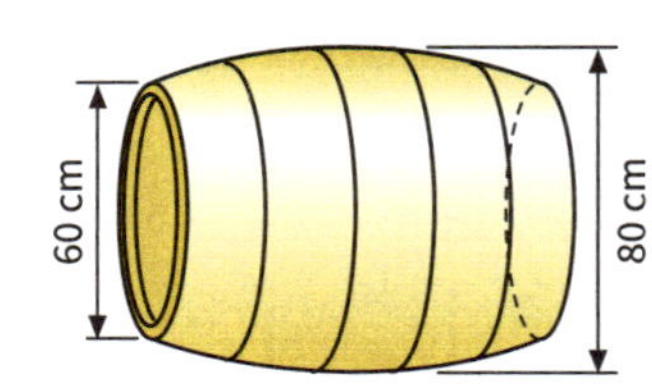

☐ 15 *l* ☐ 120 *l* ☐ 580 *l*

☐ 930 *l* ☐ 1440 *l* ☐ 2180 *l*

1 Am Montag tankt Herr Maier 35 *l* Super und bezahlt 45,50 €. Freitags zahlt er an derselben Tankstelle 58,80 € für 42 *l* Super.

a) War der Preis pro Liter Super am Montag oder Freitag höher?

b) An welchem der beiden Graphen A oder B lässt sich der Preis vom Freitag für 10 *l* Superbenzin ablesen?

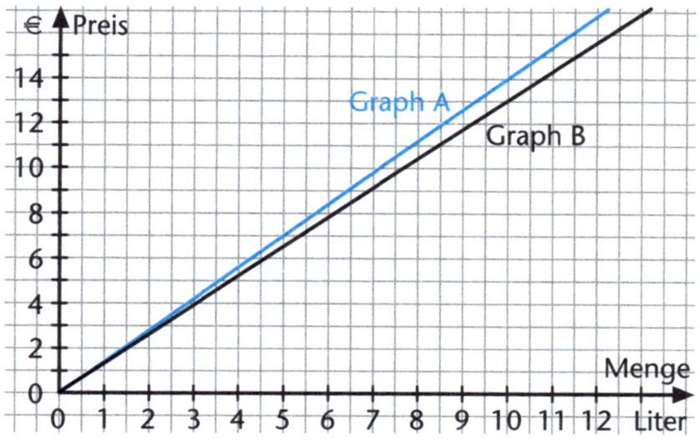

c) Frau Schmidt stellt fest: „Ich habe am Montag und am Freitag die gleiche Menge Super getankt, aber die Rechnungen unterscheiden sich um 1 €."
Wie viel Liter hat Frau Schmidt am Montag und am Freitag getankt?

2 Im Supermarkt wird Erdbeerkonfitüre in Gläsern verschiedener Größe angeboten.

a) Welches Angebot ist am günstigsten?

b) Auf dem Etikett der Konfitüregläser ist vermerkt: 55 g Früchte je 100 g.
Wie viel Gramm Früchte enthält das 300-g-Glas?

3 Welcher Zug fährt am schnellsten? Berechne die Durchschnittsgeschwindigkeit.

Land	Zug	Entfernung (in km)	Fahrzeit (in min)
Japan	Nozomi	378	90
Deutschland	ICE	120	30
Frankreich	TGV-R	176	40

14 Stundenlohn (von S. 47)

Herr Adrian, Herr Kemaly und Frau Meis haben denselben Stundenlohn. Für eine Person wurde hier ein falscher Lohn berechnet.

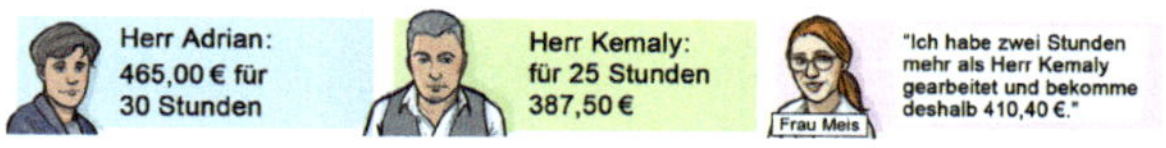

a) Welchen Stundenlohn erhielt Herr Adrian?
b) Bei wem wurde ein falscher Lohn berechnet? Begründe mit einer Rechnung.
c) Wie viel Lohn erhalten alle drei Personen zusammen, wenn jede 40 Stunden arbeitet?

Zu a)
Herr Adrian erhält für 30 Stunden 465 €. Den Lohn für eine Stunde berechnet man so:

:30	30 h	465 €	:30
	1 h	**15,50 €**	

Sein Stundenlohn beträgt somit **15,50 €**.

Zu b)
Herr Kemaly erhält für 25 Stunden 387,50 €. Sein Stundenlohn beträgt dann
387,50 € : 25 = **15,50 €**
Der für Frau Meis berechnete Lohn ist fehlerhaft. Für die Begründung der Lösung gibt es verschiedene Lösungswege:

1. Möglichkeit:
Da Herr Kemaly denselben Stundenlohn wie Herr Adrian hat, muss der Lohn von Frau Meis fehlerhaft sein.

2. Möglichkeit:
Frau Meis arbeitet zwei Stunden mehr als Herr Kemaly, also 25 + 2 = 27 Stunden. Hierfür erhält sie 410,40 €. Ihr Stundenlohn beträgt dann 410,40 € : 27 = 15,20 € und nicht 15,50 €.

3. Möglichkeit:
Frau Meis arbeitet zwei Stunden mehr als Herr Kemaly. Ihr Lohn müsste also um 2 · 15,50 € = 31 € höher sein als der von Herrn Kemaly.
Aber: 410,40 € – 387,50 € = 22,90 €
Frau Meis erhält 8,10 € zu wenig Lohn.

Zu c)
Alle drei Personen gemeinsam arbeiten 3 · 40 h = 120 h. Bei einem Stundenlohn von 15,50 € ergibt sich ein Gesamtlohn von 120 · 15,50 € = **1 860 €.**

15 Würfel (von S. 47)

(1)

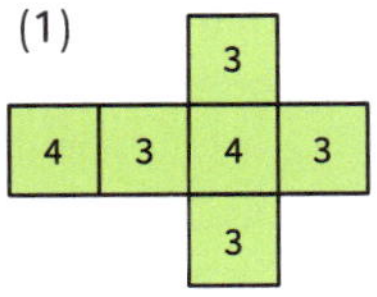

(2)

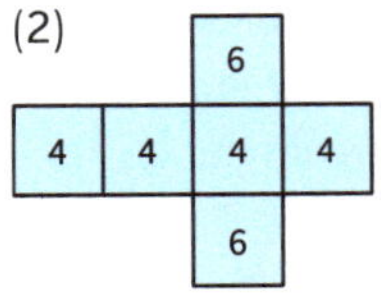

(1) Wie groß ist die Wahrscheinlichkeit, mit dem Würfel (1) eine Vier zu würfeln?
(2) Wie groß ist die Wahrscheinlichkeit, mit Würfel (2) eine Vier zu würfeln?
(3) Mit einem der beiden Würfel wurde 500-mal gewürfelt und dabei 350-mal die Vier erzielt. Mit welchem der beiden Würfel wurde deiner Meinung nach vermutlich gewürfelt? Begründe.

Zu (1)
Von den sechs Feldern der Würfeloberfläche (1) sind zwei mit der Zahl 4 beschriftet, also gilt
Würfel (1): P (4) = $\frac{2}{6} = \frac{1}{3} \approx 33\,\%$

Zu (2)
Von den sechs Feldern der Würfeloberfläche (2) sind vier mit der Zahl 4 beschriftet, also gilt
Würfel (2): P (4) = $\frac{4}{6} = \frac{2}{3} \approx 67\,\%$

Zu (3)
Die relative Häufigkeit (rH) eines bestimmten Ereignisses in 1 000 Würfen ist ein guter Schätzwert für die Wahrscheinlichkeit dieses Ereignisses.
$rH(4) = \frac{350}{500} = 0{,}7 \approx 70\,\%$

Es gilt für Würfel (1): P (4) = $\frac{1}{3}$ und
für Würfel (2): P (4) = $\frac{2}{3}$

Da die relative Häufigkeit knapp über $\frac{2}{3}$ liegt, ist mit großer Berechtigung davon auszugehen, dass mit dem **Würfel (2)** gewürfelt wurde. Ganz sicher kann man sich aber nicht sein.

Hinweis: Bei der Wiederholung von Zufallsversuchen können – zwar ganz selten – völlig unerwartete Ergebnisse auftreten.

1 a) Wie groß ist die Wahrscheinlichkeit, mit Würfel (1) eine Vier zu würfeln?

(1)

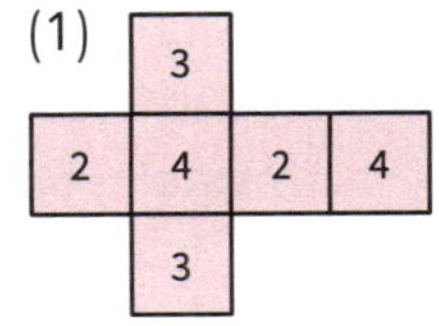

b) Wie groß ist die Wahrscheinlichkeit, mit Würfel (2) eine gerade Zahl zu würfeln?

(2)

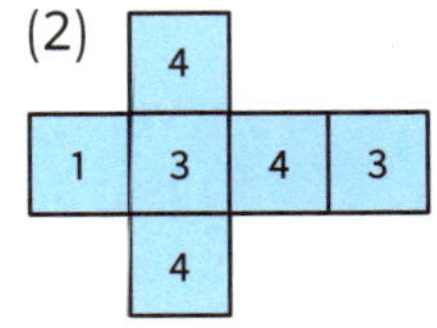

c) Wie groß ist die Wahrscheinlichkeit, mit Würfel (3) keine Sechs zu würfeln?

(3)

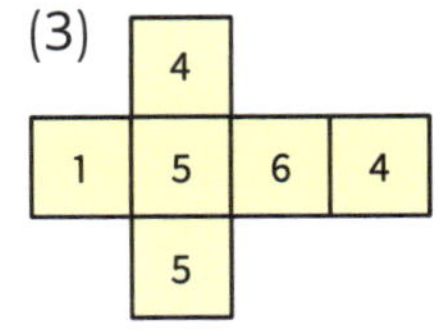

d) Mit einem der Würfel (1), (2) oder (3) wurde 800-mal gewürfelt. Dabei lag 548-mal eine Primzahl oben.
Welcher Würfel war das deiner Meinung nach?

2 Rechts siehst du ein Glücksrad mit den Zahlen 1 bis 4.
Es bleibt auf einer Zahl stehen.

a) Berechne die Wahrscheinlichkeit für folgende Ereignisse:
(1) Die Zahl ist 3.
(2) Die Zahl ist kleiner als 4.
(3) Die Zahl ist gerade.

b) Das Rad wird 100-mal gedreht.
(1) Wie oft erwartest du ungefähr die 1?
(2) Kann es auch sein, dass das Rad dabei gar nicht auf der 1 stehen bleibt?

3 In einem Gefäß sind neun Kugeln mit den Zahlen 1 bis 9. Es wird zufällig eine Kugel gezogen und zurückgelegt.

a) Wie groß ist die Wahrscheinlichkeit, eine Sechs zu ziehen?

b) Wie groß ist die Wahrscheinlichkeit, eine ungerade Zahl zu ziehen?

c) Tom behauptet: „Ich habe bei 20 Versuchen nur gerade Zahlen gezogen."
Sein Freund Felix meint: „Das geht gar nicht." Was meinst du?

1 Aus dem abgebildeten Behälter wird Uwe mit verbundenen Augen eine Kugel ziehen.

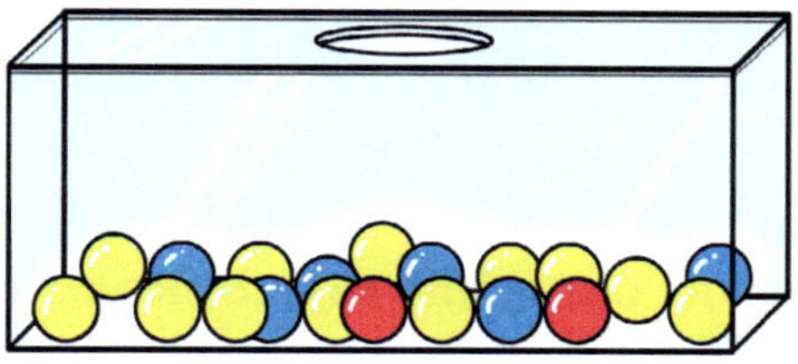

a) Wie groß ist die Wahrscheinlichkeit, eine blaue Kugel zu ziehen?

b) Wie groß ist die Wahrscheinlichkeit, keine rote Kugel zu ziehen?

c) Marc hat schon vier Kugeln gezogen und zur Seite gelegt; und zwar zwei gelbe und zwei blaue Kugeln. Wie groß ist die Wahrscheinlichkeit, bei der fünften Ziehung eine rote Kugel zu greifen?

2 Färbe die Kugeln im Behälter so, dass beim Ziehen mit verbundenen Augen die angegebenen Wahrscheinlichkeiten bestehen.

a)

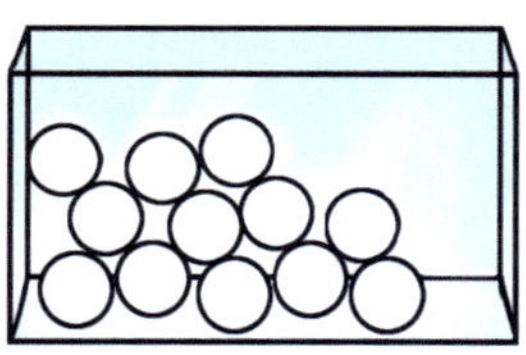

P (rot) = $\frac{1}{2}$

P (blau) = $\frac{1}{2}$

b)

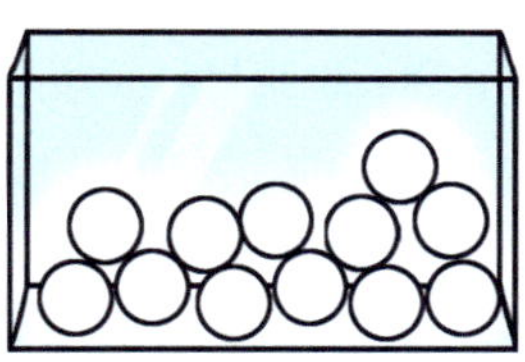

P (rot) = $\frac{1}{3}$

P (blau) = $\frac{2}{3}$

c)

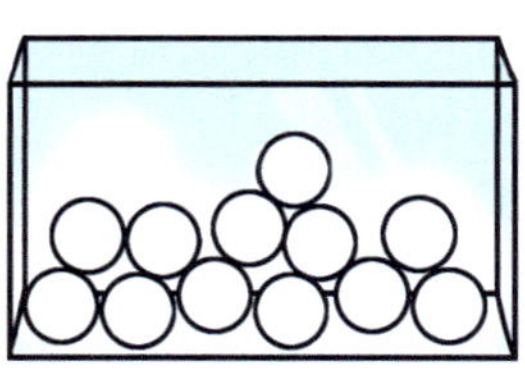

P (rot) = $\frac{1}{6}$

P (blau) = $\frac{1}{3}$

P (grün) = $\frac{1}{2}$

16 Behälter mit Kugeln (von S. 48)

Aus einem Behälter mit 5 blauen und 4 roten Kugeln wird verdeckt eine Kugel gezogen.

a) Wie groß ist die Wahrscheinlichkeit, eine blaue Kugel zu ziehen?

b) Kim hat dreimal hintereinander eine blaue Kugel gezogen und nicht zurückgelegt. Wie groß ist die Wahrscheinlichkeit, beim nächsten Mal wieder eine blaue Kugel zu ziehen?

Jede Kugel aus dem Behälter wird mit derselben Wahrscheinlichkeit gezogen. In diesem Fall gilt für die Wahrscheinlichkeit P eines Ereignisses E:

$$P\ (E) = \frac{\text{Anzahl der günstigen Ergebnisse}}{\text{Anzahl der möglichen Ergebnisse}}$$

Zu a)
Möglich sind neun Ergebnisse, denn es befinden sich neun Kugeln im Behälter.
Günstig sind fünf Ergebnisse, denn es befinden sich fünf blaue Kugeln im Behälter.

P (blaue Kugel) = $\frac{5}{9} = 0{,}\overline{5}$

P (blaue Kugel) ≈ 56 %

Zu b)
Man soll bei dieser Aufgabe davon ausgehen, dass Kim dreimal hintereinander eine blaue Kugel gezogen hat.
Vor der vierten Ziehung sind im Behälter somit noch sechs Kugeln und zwei davon sind blau.

P (blaue Kugel) = $\frac{2}{6} = \frac{1}{3}$

P (blaue Kugel) ≈ 33 %

3 Ute zieht aus einem Behälter mit fünf weißen, vier blauen und drei roten Kugeln, die gleich groß und gleich schwer sind, verdeckt zwei Kugeln heraus und legt sie zur Seite. Vor dem dritten Ziehen ist die Wahrscheinlichkeit für „weiß“ und „blau“ gleich – und zwar doppelt so groß wie für „rot“. Welche Farben hatten die Kugeln bei den ersten beiden Ziehungen?

4 Aus dem Behälter der Aufgabe 16 werden eine blaue und eine rote Kugel entfernt. Wie groß ist anschließend die Wahrscheinlichkeit, eine rote Kugel zu ziehen?

17 Fußballduell (von S. 48)

Die abgebildete Grafik vergleicht, wie viel Euro in Deutschland in der Bundesliga und wie viel Euro in England in der Premier League durch internationale und nationale Medienerlöse eingenommen wurden.

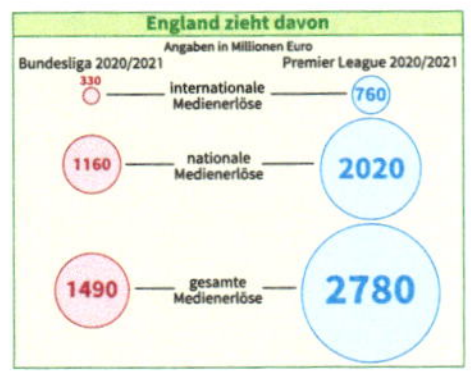

a) Betrachte die Medienerlöse in Deutschland. Berechne den Anteil der nationalen Erlöse an den gesamten Medienerlösen in Prozent.

b) Um das Wievielfache müssten die internationalen Medienerlöse in Deutschland steigen, damit sie ungefähr so groß wären wie in England?

c) Christiano Ronaldo war einer der Spitzenverdiener der englischen Liga. Er soll etwa 1,1 % der gesamten Medienerlöse in England als Jahresgehalt bekommen haben. Berechne den Jahresverdienst von Ronaldo.

Zu a)
Gegeben:
gesamte Medienerlöse in Deutschland:
Grundwert: G = 1 490 000 000 €
nationale Medienerlöse in Deutschland:
Prozentwert: W = 1 160 000 000 €
Gesucht: Prozentsatz p %

$p\,\% = \frac{1\,160\,000\,000\text{ €}}{1\,490\,000\,000\text{ €}} \approx 0{,}78 = \mathbf{78\,\%}$

Zu b)
internationale Medienerlöse in England:
760 Mio. €
internationale Medienerlöse in Deutschland:
330 Mio. €

$\frac{760\text{ Mio. €}}{330\text{ Mio. €}} \approx \mathbf{2{,}3}$

Die Medienerlöse in Deutschland müssten um das 2,3-Fache steigen.

Zu c)
Gegeben:
gesamte Medienerlöse in England:
Grundwert: G = 2 780 000 000 €
Prozentsatz: p % = 1,1 %
$W = G \cdot p\,\% = 2\,780\,000\,000\text{ €} \cdot 1{,}1\,\%$
$= \mathbf{30\,580\,000\text{ €}}$
Ronaldo verdiente etwa 30,58 Mio. € im Jahr.

1 Die Anzahl der Millionenstädte hat sich seit 1960 etwa verfünffacht, von 105 auf mehr als 500 weltweit. In Asien liegen die bevölkerungsreichsten Metropolen der Welt, und sie wachsen besonders stark.
Die Grafik stellt die Veränderung der Einwohnerzahl der drei größten Städte der Welt (in Millionen) dar. Die gesamte Kreisfläche bzw. die fett gedruckte Zahl daneben stehen für das Jahr 2021, die innere Kreisfläche bzw. die Zahl in Klammern für das Jahr 1960.

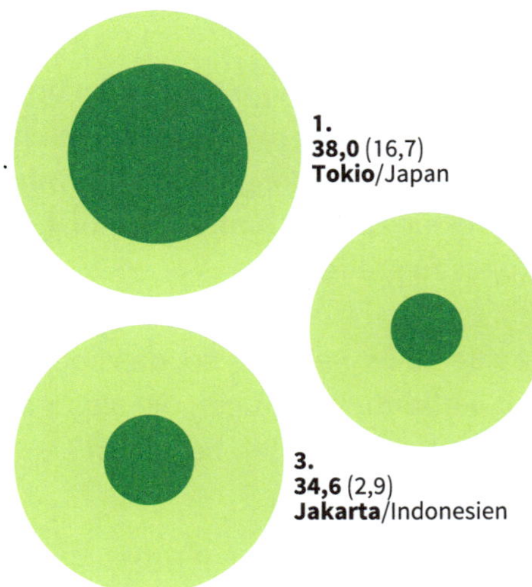

a) Welche Stadt hat die größte Zahl an Einwohnern seit 1960 hinzugewonnen? Berechne den Zuwachs.

b) Bestimme für die Stadt Tokio, um wieviel Prozent die Bevölkerung in der Zeit von 1960 bis 2021 angestiegen ist.

2 Zur Geburt ihres ersten Kindes überlegen die Eltern, 10 Cent in eine Spardose zu werfen und die Höhe des Geldgeschenks bei jedem weiteren Geburtstag zu verdoppeln.

a) Bestimme mithilfe einer Tabellenkalkulation, wie viel Geld die Eltern am 10. Geburtstag ihres Kindes in die Spardose werfen müssten.

	A	B	C	D	E
1		**Tag der Geburt**			
2	Geburtstag	0	1	2	3
3	Geldgeschenk in Cent	10			

b) Gib eine Formel für C3 an. ______________

1 Ordne jedem Zahlenrätsel die passende Gleichung zu und bestimme die Lösung.

Die Differenz aus dem 8-Fachen einer Zahl a und 4 ist 20. ④

$2a \cdot 2 = 20$ (C)

$8a - 4 = 20$ (B)

$8 - 4a = 20$ (D)

Die Summe aus einer Zahl a und dem 3-Fachen dieser Zahl a ergibt 8. ①

Multipliziere das 4-Fache einer Zahl a mit 2, so erhältst du 8. ③

$a + 3a = 8$ (E)

$4a \cdot 2 = 8$ (A)

Das Produkt aus dem Doppelten einer Zahl a und 2 ist 20. ②

2 Welche Terme bezeichnen genau die Hälfte einer beliebigen Zahl a? Kreuze an!

☐ $a : 2$ ☐ $a - \frac{1}{2}$ ☐ $50\,\% \cdot a$

☐ $a - \frac{1}{2}a$ ☐ $\frac{50}{100}$ ☐ $\frac{a}{2}$

3 Mit Termen lassen sich auch geometrische Sachverhalte beschreiben.
Skizziere das vierte Muster und schreibe einen Term auf, mit dem sich die Anzahl der Stäbe im n-ten Muster berechnen lässt.

a)

Nummer	n = 1	n = 2	n = 3
Muster		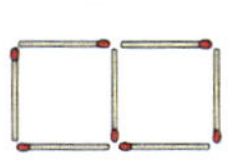	
Hölzer	4 = 1 + 3	7 = 1 + 2 · 3	10 = 1 + 3 · 3

b)

Nummer	n = 1	n = 2	n = 3
Muster	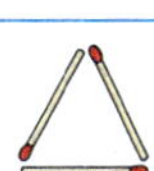	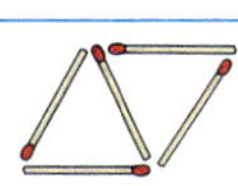	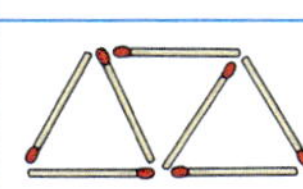
Hölzer	3	5 = 3 + 2	7 = 3 + 2 · 2

4 a) Schreibe für das Zahlenrätsel eine Gleichung auf und löse sie: „Subtrahiere vom Siebenfachen einer Zahl das Doppelte der Zahl, dann erhältst du 200."

b) Erfinde ein Zahlenrätsel zur Gleichung $3x + 48 = 4x$. Löse auch die Gleichung.

18 Zahlenrätsel (von S. 49)

(1) Subtrahierst du vom Dreifachen einer Zahl 7, erhältst du 23 mehr als die Zahl selbst.
(2) Subtrahierst du von 23 das 7-Fache einer Zahl, erhältst du das Dreifache von 3.
(3) Subtrahierst du vom 7-Fachen einer Zahl das 3-Fache dieser Zahl, erhältst du 3 weniger als 23.

a) Welches Zahlenrätsel gehört zur Gleichung $3x - 7 = x + 23$?
b) Löse die Gleichung $3x - 7 = x + 23$.
c) Notiere zu den beiden anderen Zahlenrätseln die passende Gleichung.

Zu a)
Um zu überprüfen, welches Zahlenrätsel zu der Gleichung $3x - 7 = x + 23$ gehört, „übersetzen" wir die Terme rechts und links vom Gleichheitszeichen.
„3x" heißt „das 3-Fache einer Zahl"; „3x – 7" heißt „vom 3-Fachen einer Zahl 7 subtrahieren".
„x + 23" heißt „zu einer Zahl 23 addieren" oder „23 mehr als die Zahl".
Vergleichen wir unsere Übersetzungen mit den Texten der Zahlenrätsel, stellen wir fest:
Die Gleichung $\mathbf{3x - 7 = x + 23}$ gehört zum **Zahlenrätsel (1).**

Zu b)

$$3x - 7 = x + 23 \quad | +7$$
$$3x = x + 30 \quad | -x$$
$$2x = 30 \quad | :2$$
$$\mathbf{x = 15}$$

Die gesuchte Zahl lautet **15.**

Zu c)
Zahlenrätsel (2):
„Subtrahierst du von 23 das 7-Fache einer Zahl" heißt in der mathematischen Sprache: „23 – 7x".
„Das 3-Fache von 3" heißt „3 · 3".
„erhältst du" steht für das Gleichheitszeichen.
Zum **Zahlenrätsel (2)** lautet die passende Gleichung also: $\mathbf{23 - 7x = 3 \cdot 3}$
Zahlenrätsel (3):
„Subtrahierst du vom 7-Fachen einer Zahl das 3-Fache dieser Zahl" heißt in mathematischer Sprache: „7x – 3x".
„3 weniger als 23" heißt „23 – 3".
Zum **Zahlenrätsel (3)** lautet die passende Gleichung also: $\mathbf{7x - 3x = 23 - 3}$

19 Zwei Würfel (von S. 49)

Es wird gleichzeitig mit einem gelben und einem roten Würfel gewürfelt.

Das Ergebnis (3;5) bedeutet: Mit dem gelben Würfel wurde eine 3 und mit dem roten Würfel eine 5 gewürfelt.

a) Wie viele Ergebnisse sind möglich?

b) Wie groß ist die Wahrscheinlichkeit für das Ergebnis (3;5)?

c) Wie groß ist die Wahrscheinlichkeit, einen Pasch, d. h. zwei gleiche Zahlen, zu würfeln?

Zu a)
Die möglichen Ergebnisse kann man in einer Tabelle darstellen:

	1	2	3	4	5	6
1	(1;1)	(1;2)	(1;3)	(1;4)	(1;5)	(1;6)
2	(2;1)	(2;2)	(2;3)	(2;4)	(2;5)	(2;6)
3	(3;1)	(3;2)	(3;3)	(3;4)	(3;5)	(3;6)
4	(4;1)	(4;2)	(4;3)	(4;4)	(4;5)	(4;6)
5	(5;1)	(5;2)	(5;3)	(5;4)	(5;5)	(5;6)
6	(6;1)	(6;2)	(6;3)	(6;4)	(6;5)	(6;6)

Das blau unterlegte Feld zeigt das **Wurfergebnis:**
gelber Würfel 3, roter Würfel 5.

Es gibt 6 · 6 = **36 mögliche Ergebnisse.**

Zu b)
Von den 36 möglichen Ergebnissen ist nur ein einziges Ergebnis (3;5).

P (3;5) = $\frac{1}{36}$

Zu c)
Es gibt die sechs Pasche (1;1), (2;2), (3;3), (4;4), (5;5) und (6;6).

P (Pasch) = $\frac{6}{36} = \frac{1}{6}$

1 Es wird mit beiden Würfeln aus Aufgabe 19 geworfen und es wird die Summe der beiden Augenzahlen gebildet. Benutze zur Beantwortung der folgenden Fragen die Tabelle aus der Lösung links.

a) Wie groß ist die Wahrscheinlichkeit, die Augensumme 7 zu würfeln?
Gib zunächst alle günstigen Ergebnisse an.

b) Ist es wahrscheinlicher die Augensumme 10 oder die Augensumme 5 zu würfeln? Begründe.

c) Wie groß ist die Wahrscheinlichkeit, mindestens die Augensumme 10 zu würfeln?

d) Wie groß ist die Wahrscheinlichkeit, höchstens die Augensumme 6 zu würfeln?

e) Wie groß ist die Wahrscheinlichkeit, dass die gewürfelte Augensumme durch 4 teilbar ist?

f) Wie groß ist die Wahrscheinlichkeit, zwei ungerade Zahlen zu würfeln?

g) Wie groß ist die Wahrscheinlichkeit, zwei verschiedene Zahlen zu würfeln?

2 Das Glücksrad besitzt vier gleich große Sektoren mit dem Farben: Blau (B), Rot (R), Grün (G), Orange (O).
Es wird zweimal gedreht.

a) Wie viele Ergebnisse sind möglich?
Fülle die Tabelle aus.

1. \ 2.	B	R	G	O
B	(B;B)			
R				
G				
O				

b) Wie groß ist die Wahrscheinlichkeit für zweimal die gleiche Farbe?

c) Wie groß ist die Wahrscheinlichkeit für mindestens einmal Rot?

1 Wie viel Quadratkilometer ist Frankreich ungefähr groß?
Vergleiche dein Schätzergebnis mit Angaben aus dem Lexikon oder dem Internet.

Beachte: Zu Frankreich gehört auch die Mittelmeerinsel Korsika, die rechts abgebildet ist. Ihre Größe musst du beim Vergleich mit der offiziellen Größe Frankreichs berücksichtigen.

2 Ägypten ist im Maßstab 1:15 Mio. abgebildet. Bestimme näherungsweise die Größe der Fläche Ägyptens, das im Osten vom Roten Meer begrenzt wird. Die Sinai-Halbinsel gehört zu Ägypten. Vergleiche dein Ergebnis mit offiziellen Angaben über die Größe des Landes.

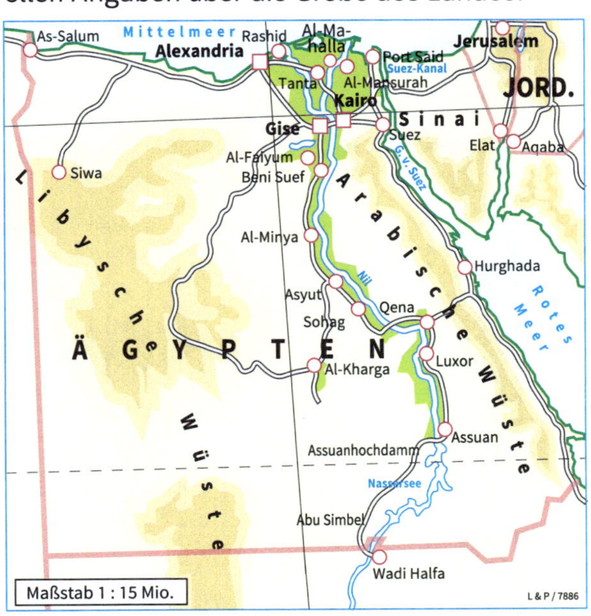

20 Fläche NRW (von S. 49)

Der Kartenausschnitt zeigt das Bundesland Nordrhein-Westfalen. Bestimme näherungsweise die Größe der Fläche von Nordrhein-Westfalen. Benutze den Maßstab der Karte. Begründe dein Vorgehen.

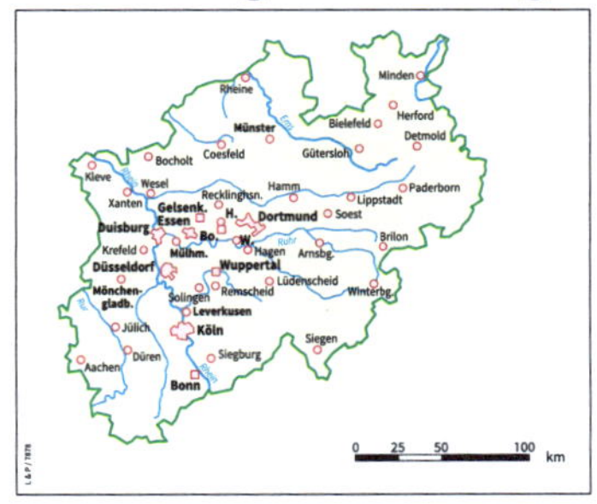

Man muss versuchen, die Fläche von NRW durch berechenbare Figuren (Vierecke, Dreiecke, ...) so abzudecken, dass sich „Gewinne“ und „Verluste“ ungefähr ausgleichen. Dafür gibt es sehr viele verschiedene Möglichkeiten; hier ist eine dargestellt.

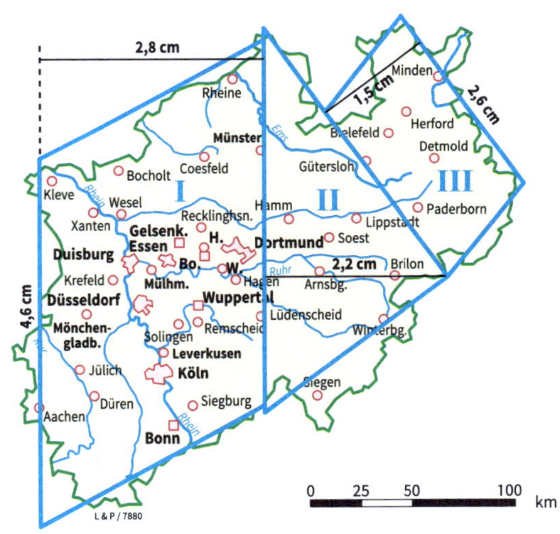

1 cm auf der Karte entspricht 40 km in Wirklichkeit.

$A_I = 184\text{ km} \cdot 112\text{ km}$ (Parallelogramm)

$A_{II} = \frac{192\text{ km} \cdot 88\text{ km}}{2}$ (Dreieck)

$A_{III} = 104\text{ km} \cdot 60\text{ km}$ (Parallelogramm)

$A_I + A_{II} + A_{III} \approx 35\,296\text{ km}^2$

Nach dieser Schätzung ist das Bundesland knapp **35 000 km²** groß.

Ein Blick auf offizielle Angaben zeigt, dass NRW etwas mehr als 34 600 km² groß ist. Die Schätzung ist also ein guter Wert.

21 Fahrradreparatur (von S. 50)

Perinur will ihr Fahrrad reparieren und mit einem Nabendynamo ausstatten lassen. Ein Fahrradhändler bietet im Internet ein Tabellenblatt an, um die Kosten zu kalkulieren.

a) Berechne die fehlenden Zahlenwerte und trage sie in die Tabelle ein.
b) Bestätige rechnerisch, dass die Mehrwertsteuer 33,82 € beträgt.
c) Gib eine Formel an, mit der in der Zelle D7 die Zwischensumme berechnet werden kann.

Zu a)

	A	B	C	D
1	**Fahrradreparatur**			
2				
3	**Posten**	**Menge**	**Einzelpreis**	**Gesamtpreis**
4	Schalt-/Bremszug	3	8,00 €	24,00 €
5	Nabendynamo	1	54,00 €	54,00 €
6	Arbeitsstunden	2,5	40,00 €	100,00 €
7		Zwischensumme		**178,00 €**
8		MwSt.	19%	33,82 €
9		Rechnungsbetrag		**211,82 €**
10				

Zu b)
Die Mehrwertsteuer ist eine in Deutschland auf alle Güter und Dienstleistungen erhobene Steuer. Zur Zeit beträgt sie meistens 19 % des Warenwerts, aber es gibt auch einige Ausnahmen wie Lebensmittel, Übernachtungen in einem Hotel oder auch Schnittblumen, die nur mit 7 % belastet werden.
In Zelle C8 des Tabellenblatts ist die Höhe der Mehrwertsteuer einheitlich mit 19 % angegeben. Man kann die Mehrwertsteuer für jeden Posten einzeln berechnen und dann addieren, also:
$24{,}00\,€ \cdot 0{,}19 + 54{,}00\,€ \cdot 0{,}19 + 100{,}00\,€ \cdot 0{,}19$
$= \mathbf{33{,}82\,€}$

Schneller aber geht es, wenn man die Zwischensumme in D7 verwendet:
19 % von $178{,}00\,€ = 0{,}19 \cdot 178{,}00\,€ = \mathbf{33{,}82\,€}$

Zu c)
In Zelle D7 werden die Preise für die drei verschiedenen Posten zusammengerechnet. Für die Formel gibt es zwei Möglichkeiten:
D7: =D4+D5+D6 oder
D7: =SUMME(D4:D6)

1 Tanja untersucht mit einer Tabellenkalkulation die Veränderung des Würfelvolumens beim Anwachsen der Kantenlänge.

	A	B	C	D	E	F	G
1	Kantenlänge a	2	3	4	5	6	7
2	Volumen V	8	27				

a) Mit welcher Formel berechnet das Programm den Wert in Zelle D2?

b) Wie verändert sich das Würfelvolumen, wenn sich die Kantenlänge verdoppelt? Welche Zellen würdest du vergleichen?

2 Frau König lässt ihr Auto in der Werkstatt auf den Winter vorbereiten. Für Materialien und Arbeitsleistungen erstellt die Werkstatt die Rechnung mithilfe einer Tabellenkalkulation.

	A	B	C	D
1	**Artikelbezeichnung**	**Menge**	**Einzelpreis**	**Gesamtpreis**
2				
3	Reifen 195/65 R WinterGrip	4	70,92 €	283,68 €
4	Glühlampen	2	2,03 €	4,06 €
5	Motoröl (in Liter)	1,5		24,75 €
6				
7	Winterräder montieren			18,91 €
8	Wintercheck durchführen			16,72 €
9				
10	Zwischensumme			348,12 €
11	Mehrwertsteuer (in %)	19		66,14 €
12				
13	**Rechnungsbetrag**			414,26 €

a) In welcher Zelle findest du den Einzelpreis für einen Reifen?

b) Wie teuer ist 1 Liter Motoröl (ohne MwSt.)?

c) Gib eine Formel für die Zelle D10 an.

3 Herr Berg schätzt, dass ein Auto im ersten Jahr ca. 35 % seines Wertes verliert und danach ca. 12 % auf den Wert des Vorjahres. Das Tabellenblatt zeigt ein Beispiel.

	A	B	C
1	**Jahr**	**Wertverlust (in %)**	**Wert**
2	0		23.500,00 €
3	1	35	15.275,00 €
4	2	12	13.442,00 €
5	3	12	11.828,96 €
6	4	12	

a) Herr Berg hat in Zelle C3 die Formel =C2*(1-B3/100) eingegeben. Begründe.

b) Wie lauten Formel und Wert in C6?

c) Wie viel Prozent des Neuwagenpreises ist das Auto nach vier Jahren noch wert?

1 Auf einem Schulfest setzt die Klasse 10b das abgebildete Glücksrad ein.

Der Einsatz für ein Spiel kostet 80 ct.
Bleibt das Rad auf „blau“ stehen, bekommt der Spieler einen Trostpreis im Wert von 25 ct.
Bei dem Ergebnis „schwarz“ gibt es einen Gewinn im Wert von 7,00 €.
Bei „weiß“ gewinnt man nicht.

a) Wie groß ist die Wahrscheinlichkeit, bei diesem Spiel zu verlieren?

b) Wie groß ist die Wahrscheinlichkeit, bei diesem Spiel einen Trostpreis zu gewinnen?

c) Wie groß ist die Wahrscheinlichkeit, bei diesem Spiel einen Gewinn im Wert von 7,00 € zu erreichen?

d) Im Laufe des Schulfestes wurde mit dem Glücksrad 768-mal gespielt. Einer der folgenden Beträge blieb der Klasse 10b am Ende als Gewinn.
Begründe, welchen Betrag du für den richtigen hältst.

☐ 222,40 € ☐ 370,20 € ☐ 415,80 €

2 Beim Glücksrad aus Aufgabe ① kostet der Einsatz 1 €. Bei „blau“ gibt es den Einsatz zurück und bei „schwarz“ werden 10 € ausgezahlt. 800 Spieler bringen zunächst 800 € Einnahmen in die Kasse.

a) Wie oft kann man bei 800 Spielern
(1) „blau“,
(2) „schwarz“ erwarten?

b) Mit welchem Gewinn kann der Veranstalter ungefähr rechnen?

22 Glücksrad (von S. 50)

Auf einem Schulfest kann man am Stand von Annas Klasse für einen Einsatz von 1 € einmal das abgebildete Glücksrad drehen. Bleibt es auf *blau* stehen, gewinnt man einen Trostpreis im Wert von 0,40 € und auf schwarz einen Sachpreis von 6 €.

a) Bestimme die Wahrscheinlichkeit für
(1) blau
(2) schwarz.

b) Mit welchem Gewinn kann Annas Klasse rechnen, wenn 480-mal gespielt wird?

Zu a)
Das Glücksrad hat 12 gleich große Felder. Davon ist eins schwarz gefärbt, drei sind blau gefärbt.

(1) $P(\text{blau}) = \frac{\text{Anzahl der günstigen Ergebnisse}}{\text{Anzahl der möglichen Ergebnisse}} = \frac{3}{12}$

$P(\text{blau}) = \frac{1}{4}$

(2) **$P(\text{schwarz}) = \frac{1}{12}$**

Zu b)
Bei einer relativ hohen Anzahl von Spielen ist davon auszugehen, dass die relative Häufigkeit für ein Gewinnergebnis der Wahrscheinlichkeit für ein solches Ergebnis nahe kommt.

Die Wahrscheinlichkeit für einen Trostpreis ist $\frac{1}{4}$.

Bei 480 Spielen ist zu erwarten, dass 120 Trostpreise ausgegeben werden müssen (480 : 4).
120 Trostpreise kosten 48 € (120 · 0,40 €).

Die Wahrscheinlichkeit für einen Sachpreis ist $\frac{1}{12}$; bei 480 Spielen ist zu erwarten, dass 40 Sachpreise ausgegeben werden müssen (480 : 12).
40 Sachpreise kosten 240 € (40 · 6 €).

Die Klasse nimmt bei 480 Spielen 480 € ein, davon sind die Kosten für Trost- und Sachpreise in Höhe von 288 € (240 € + 48 €) abzuziehen.
Die Klasse kann mit einem Gewinn von 192 € rechnen.

23 Angebote (von S. 50)

Frau Kurt kann für zwei Jahre einen Lottogewinn von 100 000,– € sparen. Sie hat drei Angebote:

(A) A-Bank: 1. Jahr 1 %, 2. Jahr 2 % Zinsen
(B) B-Bank: 1. Jahr 1,2 %, 2. Jahr 1,8 % Zinsen
(C) C-Bank: 1. Jahr 1,5 %, 2. Jahr 1,5 % Zinsen

a) Wie viel Geld hätte Frau Kurt bei der A-Bank nach zwei Jahren?
b) Gibt es unter den beiden anderen Angeboten ein besseres Angebot als Angebot (A) für Frau Kurt?

Zu a)
Nach einem Jahr hätte Frau Kurt folgenden Betrag:
100 000 € · 1,01 = 101 000 €
Nach einem weiteren Jahr hätte Frau Kurt folgenden Betrag:
101 000 € · 1,02 = **103 020 €**
Nach zwei Jahren hätte Frau Kurt bei der **A-Bank 103 020 €.**

Zu b)
Die entsprechenden Berechnungen wie bei a) müssen für die B-Bank und die C-Bank vorgenommen werden.

B-Bank
Nach einem Jahr:
100 000 € · 1,012 = 101 200 €
nach einem weiteren Jahr:
101 200 € · 1,018 = **103 021,60 €**

C-Bank
Nach einem Jahr:
100 000 € · 1,015 = 101 500 €
nach einem weiteren Jahr:
101 500 € · 1,015 = **103 022,50 €**

Eigentlich hätte man auch nur mit den Zinsfaktoren zu rechnen brauchen.
A-Bank: 1,01 · 1,02 = 1,0302
B-Bank: 1,02 · 1,018 = 1,030216
C-Bank: 1,015 · 1,015 = 1,030225

Die Angebote der B-Bank und der C-Bank sind beide besser als das Angebot der A-Bank.

Das Angebot der C-Bank ist für Frau Kurt das beste. Die Unterschiede zwischen den Angeboten sind allerdings sehr gering.

1 Berechne den fehlenden Wert mithilfe der Zinsformel
$Z = K \cdot p\,\% = K \cdot \frac{p}{100}$

	a)	b)	c)
Kapital (K)	1 800 €		3 000 €
Zinssatz (p %)	0,5 %	1,8 %	
Zinsen (Z)		81 €	19,50 €

2 Tom hat seine Ersparnisse in Höhe von 2 000 € für ein Jahr zu 0,5 % fest angelegt. Am Jahresende erhält er 10 € Zinsen. Wie viel Zinsen würde Tom nach einem Jahr erhalten,

a) wenn er doppelt so hohe Ersparnisse bei doppelt so hohem Zinssatz angelegt hätte?

b) wenn er doppelt so hohe Ersparnisse bei halb so großem Zinssatz angelegt hätte?

3 Welche Person hat in zehn Jahren den höchsten Zinssatz für ihr Kapital erzielt?

	Anfangskapital	Endkapital
☐ Anja	2 400 €	2 925,59 €
☐ Boris	1 800 €	2 281,77 €
☐ Pia	300 €	348,16 €
☐ Luca	600 €	798,83 €

4 Frau Winter bezahlt 900 € Miete. Nach Sanierungsarbeiten bietet ihr die Hausverwaltung zwei Formen des Staffelmietvertrages an:

Angebot A: 3,5% Mieterhöhung im 1. Jahr, 4,5 % im 2. Jahr

Angebot B: 4,5% Mieterhöhung im 1. Jahr, 3,5 % im 2. Jahr

Zu welchem Angebot würdest du Frau Winter raten?

5 Sina ersteigert beim Internetanbieter „1-2-3-Buy“ vier Eintrittskarten für ein Konzert. Sie bezahlt dafür insgesamt 80 €. Drei dieser Karten verkauft sie an Fans weiter und macht dabei einen Gewinn von 15 %. Bestimme, wie viel Euro Sina für ihren Konzertbesuch ausgibt.

1 Abgebildet ist eine der vier Dachflächen eines Turmes mit quadratischer Grundfläche.

a) Berechne den Flächeninhalt der Dachfläche.

b) Bestimme anhand einer maßstabsgetreuen Zeichnung die Innenwinkel der dreieckigen Dachfläche.

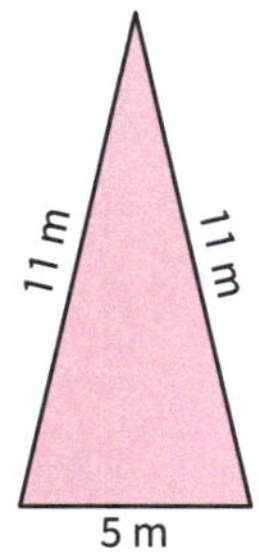

2 Das Werkstück aus Eisen ist ein Prisma mit einem gleichschenkligen Trapez als Grundfläche.

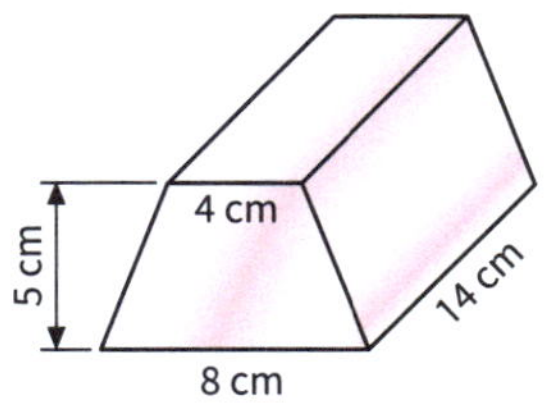

a) Berechne das Volumen des Werkstücks.

b) Berechne den Oberflächeninhalt des Werkstücks.

3 Das abgebildete Zelt hat eine quadratische Grundfläche mit 2,75 m Seitenlänge.
Es wird von einer Stahlstange in der Mitte aufrecht gehalten. Die Höhe des Zelts beträgt 2,50 m.
Sein Gewicht ist mit 5,2 kg angegeben.

a) Bestimme das Volumen des Zelts.

b) Die wasserdichten Seitenwände bestehen aus blauem Kunstfasergewebe, das pro m^2 etwa 200 g wiegt.
Bestimme den Anteil der Seitenwände am Gesamtgewicht des Zelts.

4 a) Berechne den Flächeninhalt des Parallelogramms.

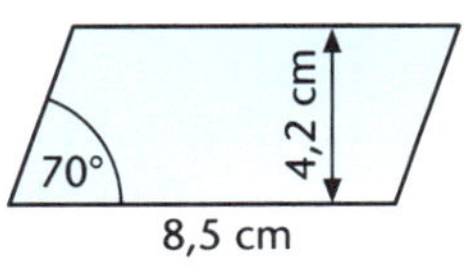

b) Zeichne das Parallelogramm und bestimme seinen Umfang.

24 Haus mit Satteldach (von S. 51)

Der Zeichnung kannst du die Außenmaße eines Einfamilienhauses entnehmen.

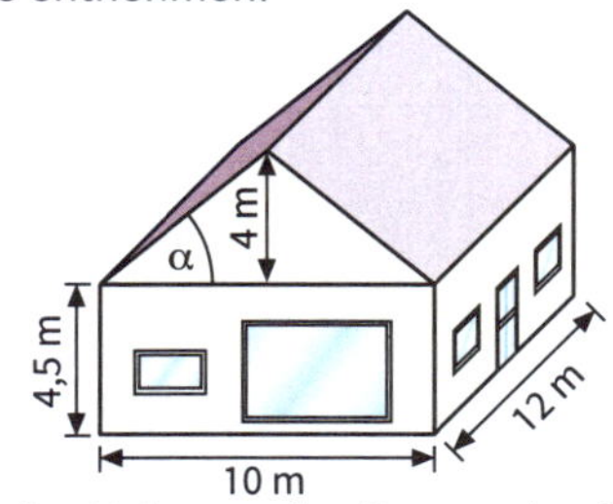

a) Berechne das Volumen des Hauses (umbauter Raum).
b) Wie groß ist die gesamte Dachfläche?
c) Bestimme anhand einer maßstabsgetreuen Zeichnung den Neigungswinkel α des Dachs.

Zu a)
Der untere Teil des Hauses ist ein Quader, der obere Teil ein Prisma.

$V_1 = a \cdot b \cdot c$ $\quad V_2 = G \cdot h$

$V_1 = 10\text{ m} \cdot 4{,}5\text{ m} \cdot 12\text{ m}$ $\quad V_2 = \frac{10\text{ m} \cdot 4\text{ m}}{2} \cdot 12\text{ m}$

$V_1 = 540\text{ m}^3$ $\quad V_2 = 240\text{ m}^3$

$V = V_1 + V_2$

$V = 540\text{ m}^3 + 240\text{ m}^3 = 780\text{ m}^3$

Das Volumen des Hauses beträgt **780 m³.**

Zu b)
Die Dachkante x wird mit dem Satz des Pythagoras berechnet.

$x^2 = 4^2 + 5^2$
$x^2 = 41$
$x = \sqrt{41} \approx 6{,}4031$
$x \approx 6{,}40\text{ m}$

$A = (6{,}40\text{ m} \cdot 12\text{ m}) \cdot 2 = 153{,}6\text{ m}^2$

Die gesamte Dachfläche ist ca. **154 m²** groß.

Zu c)
Maßstab 1 : 200
(1 cm sind in Wirklichkeit 2 m.)

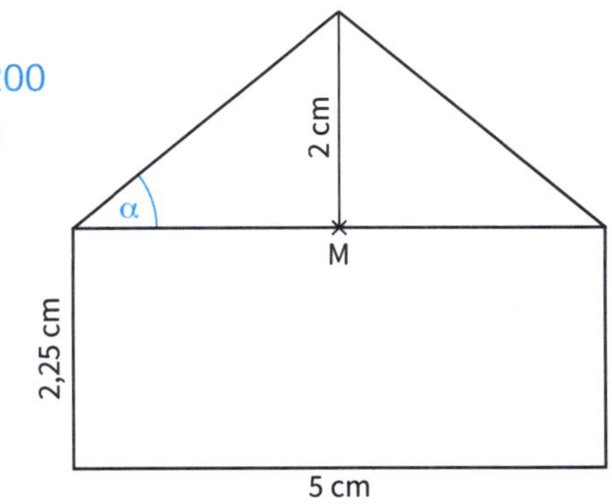

Der Neigungswinkel α beträgt ca. **39°.**

25 Fehler (von S. 51)

Ahmed, Bernd und Clemens haben beim Lösen von Gleichungen Fehler gemacht. Markiere die Fehler und löse die Gleichungen richtig.

(1)
$10 - 5x = 2x + 24 \quad |-10$
$5x = 2x + 24 \quad |-2x$
$3x = 24 \quad |:3$
$x = 8$

(2)
$6y - 33 = y + 7 \quad |+33$
$6y = y + 40 \quad |-y$
$5y = 40 \quad |-5$
$y = 35$

(3)
$8x - 15 = 3x + 35 \quad |-15$
$8x = 3x + 20 \quad |-3x$
$5x = 20 \quad |:5$
$x = 4$

Zu (1)
Hier ist die zweite Zeile falsch. Weil man auf beiden Seiten der Gleichung 10 subtrahieren muss, muss auf der rechten Gleichungsseite „+14" stehen (statt „+24"). Außerdem verändert sich das Vorzeichen bei „−5x" nicht.

Richtige Lösung:

$10 - 5x = 2x + 24 \quad |-10$
$-5x = 2x + 14 \quad |-2x$
$-7x = 14 \quad |:(-7)$
$\mathbf{x = -2}$

Zu (2)
5y in der dritten Zeile bedeutet 5 mal y. Deshalb muss auf beiden Seiten durch 5 dividiert werden.

Richtige Lösung:

$6y - 33 = y + 7 \quad |+33$
$6y = y + 40 \quad |-y$
$5y = 40 \quad |:5$
$\mathbf{y = 8}$

Zu (3)
Hier hätte in der ersten Zeile auf beiden Seiten +15 gerechnet werden müssen.

Richtige Lösung:

$8x - 15 = 3x + 35 \quad |+15$
$8x = 3x + 50 \quad |-3x$
$5x = 50 \quad |:5$
$\mathbf{x = 10}$

1 Die folgende Gleichung ist falsch gelöst. Markiere den Fehler und löse sie richtig.

$3x + 18 - 2x = 8 - 5x$
$x + 18 = 3x \quad |-x$
$18 = 2x \quad |:2$
$9 = x$

2 Die dargestellte Gleichungslösung enthält zwei Fehler. Markiere diese Fehler und löse die Gleichung richtig.

$5(2y - 3) = 8y - 27$
$10y - 3 = 8y - 27 \quad |-8y$
$2y - 3 = -27 \quad |+3$
$2y = -30 \quad |:2$
$y = -15$

3 Fahrid hat in der Klassenarbeit die Gleichung wie dargestellt gelöst. Sein Ergebnis stimmt mit dem Ergebnis seiner Nachbarin überein. Während Katrin, die alles richtig machte, 5 Punkte dafür bekommen hat, stehen bei Fahrid nur 3 Punkte.
Beschwert er sich zu Recht?

$7(3a + 6) = 15 - (13 - 16a)$
$21a + 42 = 15 - 13 - 16a$
$21a + 42 = 2 - 16a \quad |-16a$
$5a + 42 = 2 \quad |-42$
$5a = -40 \quad |:5$
$a = -8$

4 Damian soll folgende Sachaufgabe mit einer Gleichung lösen.
„Ein Rechteck ist 5 cm länger als breit. Subtrahiert man vom Umfang 46 cm, so erhält man die Breite. Wie breit ist das Rechteck?"
So hat Damian die Gleichung aufgestellt:

Breite: x Länge: $5x$
Umfang: $u = 2(x + 5x)$
Gleichung: $2(x + 5x) - 46 = x$

a) Was hat Damian falsch gemacht? Korrigiere die Gleichung und finde die richtige Lösung für die Sachaufgabe.

b) Schreibe eine Sachaufgabe auf, die zu Damians Gleichung passt.

1 Im Jahr 1834 bekam Frankreich vom ägyptischen Vizekönig den abgebildeten Obelisken aus Granit geschenkt. Der Obelisk wurde auf einen Sockel gestellt und mit einer 3,6 m hohen goldenen Spitze versehen.

a) Wie hoch ist der Obelisk ungefähr?

b) Durch welche geometrische Form kann das Volumen des Obelisken ungefähr bestimmt werden?

c) Berechne die ungefähre Masse des Obelisken (Dichte Granit: 2,8 Tonnen pro m^3).

2 Auf dem Fotokunstpfad in Zingst ist die Brille ein beliebtes Motiv.

a) Schätze die Maße der Brille (Breite, Höhe, Länge der Bügel).

b) Wie groß müsste eine Person ungefähr sein, zu der diese Brille passt?

3

Wie viele Personen sind auf dem Foto ungefähr versammelt?

26 Riesenmaschine (von S. 51)

Das Fahrzeug wird auf der Landwirtschaftsmesse von jung und alt bestaunt.

a) Wie hoch muss der Fahrer klettern, um seine Fahrerkabine zu erreichen?

b) Wie oft hat sich ein Rad gedreht, wenn das Fahrzeug einen Kilometer zurückgelegt hat?

Um die Aufgabe lösen zu können, muss eine Annahme zur Größe des Jungen getroffen werden. Wir nehmen an, dass er 1,4 m groß ist. Die folgenden Maßangaben beziehen sich auf das **Foto vorn im Text.** Da der Junge auf dem Foto 1,4 cm groß ist, sind also alle Längen in Wirklichkeit 100-mal so groß wie auf dem Foto.

Zu a)
Das Verhältnis der Körpergröße des Jungen und der Höhe des Einstiegs in die Fahrerkabine entspricht dem Größenverhältnis in Wirklichkeit.
Der Junge ist auf dem Foto 1,4 cm groß, die Höhe der letzten Stufe zur Fahrerkabine 2,8 cm
Der Einstieg ist also damit doppelt so hoch wie der Junge groß ist.
Daraus ergibt sich für die Höhe des Einstiegs:
$2 \cdot 1{,}4\ \text{m} = \mathbf{2{,}8\ m}$

Zu b)
Der Umfang des Rades muss bestimmt werden.

Das Rad hat auf dem Foto einen Durchmesser von 2,4 cm. In Wirklichkeit beträgt der Durchmesser deshalb 2,4 m.

Für den Umfang gilt: $u = \pi \cdot d$

$u = \pi \cdot 2{,}4\ \text{m} \approx 7{,}5\ \text{m}$

Bei einer Umdrehung legt also das Rad 7,5 m zurück.
$1000\ \text{m} : 7{,}5\ \text{m} \approx \mathbf{133}$
Für einen Kilometer muss sich das Rad also ungefähr **133-mal** drehen.

Beachte: Bei einer anderen Annahme für die Größe des Jungen ändern sich die Lösungen entsprechend.

Abschlusstest

Im Abschlusstest zu den komplexen Aufgaben kannst du zeigen, wie viel du im Vergleich zum Eingangstest dazugelernt hast. Die Lösungen zu diesen Aufgaben findest du im Lösungsheft.

1 Körper

Der abgebildete Körper aus Kupfer ist quaderförmig und weist eine zylindrische Ausbohrung auf. 1 cm^3 Kupfer wiegt 8,92 g.

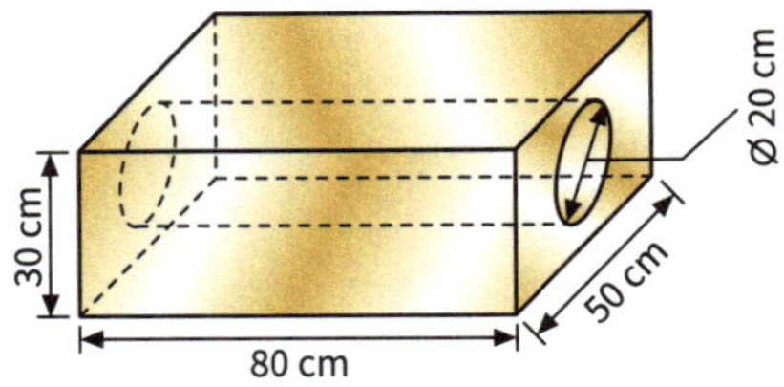

a) Wie viel Kilogramm wiegt der Körper ungefähr? Runde auf ganze kg.

____

b) Der Körper wird auf seinen Außenwänden, aber nicht auf der Zylinderwand lackiert. Für einen Quadratmeter braucht man eine Dose Farbe. Reichen zwei Dosen für die Lackierung?

____

2 Autofarben

Ein Autohändler führt Statistik darüber, welche Autofarben von den Käufern gewählt werden. Am beliebtesten sind silbergrau und schwarz (s. Tabelle).
Im letzten Jahr verkaufte der Autohändler 228 Autos.

a) Ergänze die Häufigkeitstabelle. Gib die Anteile als vollständig gekürzten Bruch und in Prozent an.

Farbe	Anzahl	Anteil	
		als Bruch	in %
silbergrau	76		
schwarz	57		
Sonstige			

b) Stelle die Anzahlen in einem Balkendiagramm dar.

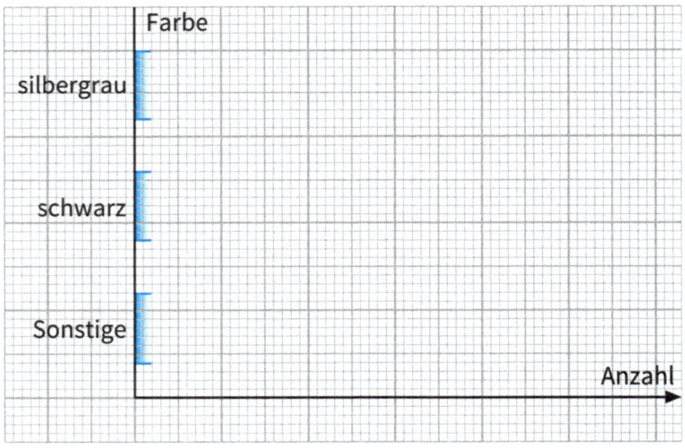

c) Angenommen, die Farbe silbergrau wird mit einer Wahrscheinlichkeit von $\frac{1}{3}$ und die Farbe schwarz mit einer Wahrscheinlichkeit von $\frac{1}{4}$ gewählt. Wie groß ist dann die Wahrscheinlichkeit, dass ein verkauftes Auto
(1) silbergrau oder schwarz ist,
(2) nicht silbergrau ist?

P(silbergrau oder schwarz) = ______________________________

P(nicht silbergrau) = ______________________________

3 Busfahrt

Das Reiseunternehmen „Grenzenlos" bietet Busfahrten nach Paris an. Die Abbildung zeigt die Tankfüllung des Reisebusses während der Fahrt von Köln nach Paris.

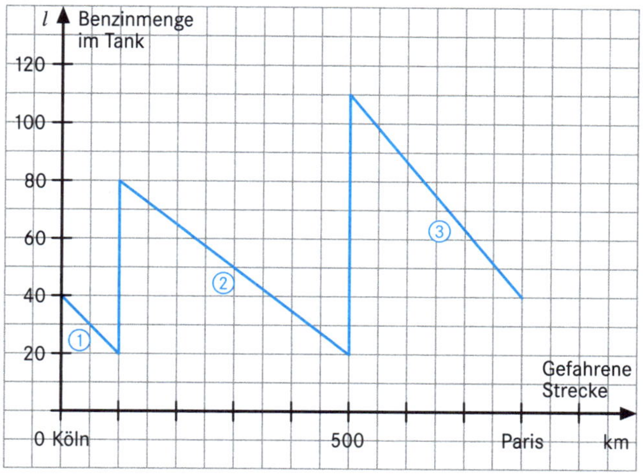

a) Wie oft wurde angehalten, um zu tanken? ______________________

b) Wie groß ist die Entfernung von Köln nach Paris ungefähr? ______________________

c) Auf welcher Teilstrecke ①, ② oder ③ war der Benzinverbrauch pro 100 km am größten? ________

d) Wie viel Liter Benzin verbrauchte der Bus auf der gesamten Fahrt? ______________________

4 Kreise

Hier siehst du eine Folge von Figuren, die aus blauen und weißen Kreise bestehen.

Figur	1	2	3	4	5	6
		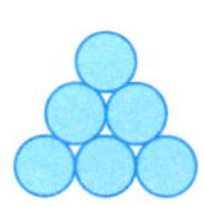	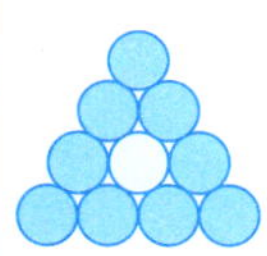	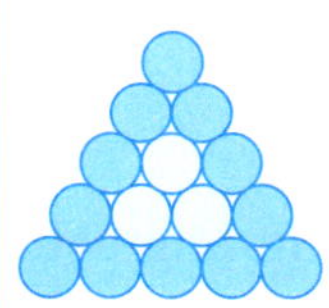	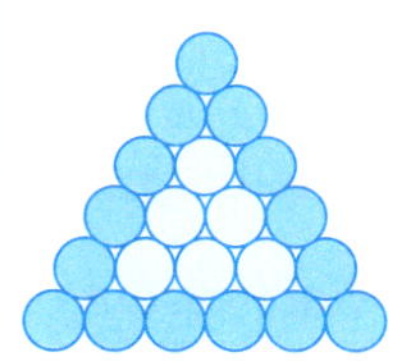	
Anzahl aller Kreise	3		10			
Anzahl der blauen Kreise	3	6	9			
Anzahl der weißen Kreise	0		1			

a) Skizziere die Figur 6 und ergänze die Tabelle.

b) Betrachte die Anzahl der blauen Kreise in der Tabelle. Was fällt dir auf? Wie viele blaue Kreise sind in der 7. Figur?

____

____

c) Die Figur 20 hat insgesamt 231 Kreise. Wie viele Kreise sind davon (1) blau, (2) weiß?

Anzahl der blauen Kreise: ______________ Anzahl der weißen Kreise: ______________

5 Taschengeld für den Urlaub

Mira hat Geld für den Urlaub gespart. Das Geld reicht soweit, dass sie bei zehn Tagen Urlaub jeden Tag 13,50 € davon ausgeben kann.
Wie viel kann sie täglich ausgeben, wenn sie gleich viel Geld hat, aber nur sechs Tage Urlaub plant?

6 Trampolin

Das Sprungtuch des Gartentrampolins hat einen Durchmesser von 2,10 m. Es wird am Rand von Federn gespannt, die sich unter der roten Abdeckung befinden. Diese Abdeckung am Rand ist 28 cm breit.

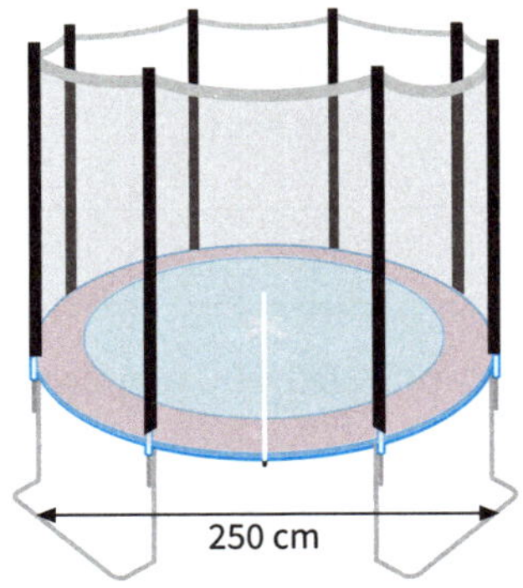

a) Wie viel Quadratmeter ist das Sprungtuch groß? Runde auf eine Nachkommastelle.

____

b) Wie viel Zentimeter überlappt die rote Abdeckung das Sprungtuch? __________

c) Berechne, wie viel Prozent des Sprungtuchs von der Abdeckung verdeckt werden.

____

7 Lottogewinn

Frau Maus hat 1 Million Euro im Lotto gewonnen. Eine Bank zahlt ihr 2 % Jahreszinsen.

a) Frau Maus braucht monatlich 2 500,– €. Kann sie von den Zinsen leben? Rechne und begründe.

____

b) Wie viel Euro hat Frau Maus nach zwei Jahren, wenn sie so lange ihr Geld bei der Bank lässt und in dieser Zeit nichts abhebt?

____

8 Ferienplanung

Die vierköpfige Familie Dogan sucht für ein bis zwei Wochen eine Ferienwohnung in Österreich. Die drei abgebildeten Angebote kommen in die engere Wahl.

Ferienwohnung Sonne
70 € pro Nacht • pauschale Nebenkosten (Strom und Endreinigung: 40 € pro Person)

Ferienwohnung Alpenblick
Endreinigung EUR 50,00 pro Aufenthalt, keine weiteren Nebenkosten
EUR 80 pro Nacht

Ferienappartement Höhenluft
90 € pro Nacht · Keine weiteren Nebenkosten

a) Beschreibe das Angebot „Ferienwohnung Sonne" durch eine Funktionsgleichung.

y = ____________________

b) Stelle die Zuordnungen im Koordinatensystem dar.

c) Familie Dogan will genau zwei Wochen bleiben. Begründe mithilfe der Grafik, für welches Angebot sich die Familie entscheiden sollte.

____

____

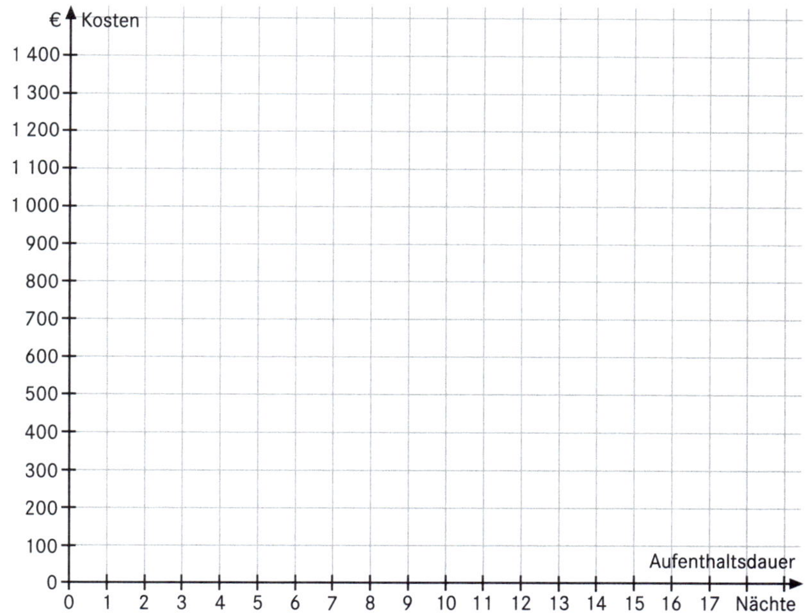

9 Fehlermeldung

„Noch engagieren sich 20 Prozent der Bundesbürger ehrenamtlich, doch laut der Deutschen Gesellschaft für Freizeit wird es bald nur noch jeder fünfte sein."

Die nebenstehende Meldung ist fehlerhaft. Begründe.

____

____

____

10 Sportfest

Ein großes Schulzentrum veranstaltet ein Sportfest. Im Anschluss wird ermittelt, in welchen Disziplinen die Schüler ihre Stärken hatten.

		beste Disziplin	
	Teilnehmer am Sportfest	Weitsprung	Sprint
Jungen	340	135	154
Mädchen	380	140	170

a) Die Schülerzeitung meldet zu der nebenstehenden Statistik: „Bei 45 % der Teilnehmer war der Sprint die beste Disziplin." Stimmt das denn? Begründe mit einer Rechnung.

____

b) Außerdem war zu lesen: „Mädchen sind im Weitsprung besser als Jungen." Erlaubt die Statistik diese Aussage? Begründe.

____

____

11 Erneuerbare Energien

Aus einer Pressemitteilung: „2021 hat der Anteil der erneuerbaren Energien an der gesamten Stromerzeugung in Deutschland zugenommen. Bereits 238 Milliarden kWh (Kilowattstunden) wurden aus erneuerbaren Energien erzeugt. Das Diagramm zeigt deren Anteile an der gesamten Stromerzeugung."

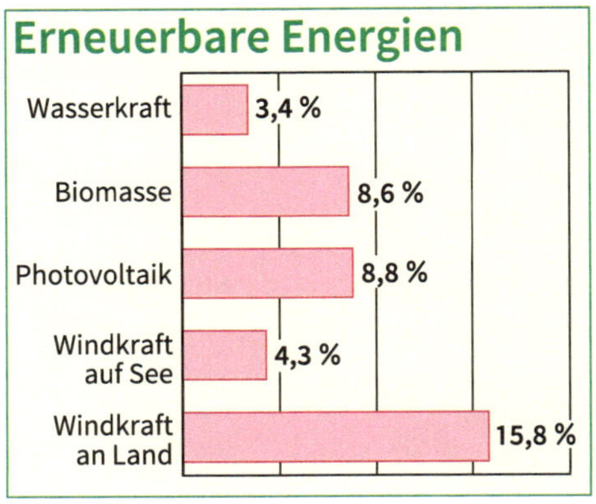

a) Berechne den prozentualen Anteil der erneuerbaren Energien an der gesamten Stromerzeugung.

____

b) Wie viel Strom wurde insgesamt 2021 in Deutschland erzeugt? ______________________________

c) Berechne, wie viel Kilowattstunden durch Windkraft erzeugt wurden.

____

12 Bildschirmdiagonale

Gerät	Bildschirmbreite	Bildschirmhöhe
A	56,0 cm	42,0 cm
B	40,8 cm	30,6 cm

Der abgebildete Bildschirm hat eine Diagonale von 70 cm.
Welches der Geräte ist es? Begründe rechnerisch.

13 Glücksräder

Rechts siehst du zwei Glücksräder. Das erste Glücksrad hat nur die Zahlen 2 und 5, das andere die Zahlen 2, 3, 4 und 5.

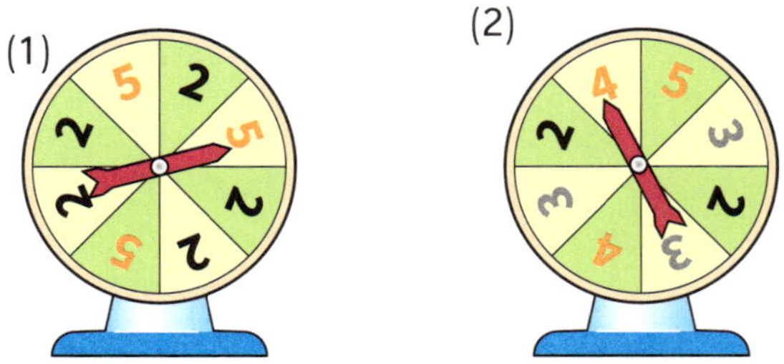

a) Wie groß ist die Wahrscheinlichkeit, mit dem Glücksrad (1) eine Fünf zu erzielen?

b) Wie groß ist die Wahrscheinlichkeit, dass die Zahl beim Glücksrad (2) kleiner als 4 ist?

c) Mit einem der beiden Glücksräder wurde 1 000-mal gespielt und dabei 117-mal die Fünf erzielt. Mit welchem der beiden Glücksräder wurde deiner Meinung nach vermutlich gespielt? Begründe.

14 Ölpreis

Der Preis für ein Barrel Öl ist um ein Drittel gesunken. Gibt die Grafik A oder B diesen Sachverhalt korrekt wieder? Begründe.

____

____

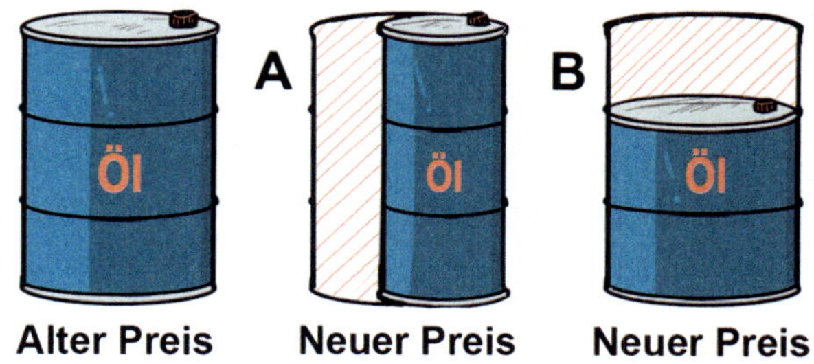

15 Aralsee

Der Aralsee war ein großer, abflussloser Salzsee in Kasachstan. Mit einer Größe von rund 68 000 km^2 war der Aralsee im Jahr 1960 der viertgrößte Binnensee der Erde.
Dann begann der See auszutrocknen. Um die Jahrtausendwende war die Austrocknung so stark fortgeschritten, dass der Aralsee in mehrere Teile zerfiel.
Das Bild zeigt die Größe des Sees im Jahr 2010.

a) Bestimme näherungsweise die Fläche des Sees im Jahr 2010.

____

____

b) Wie viel Prozent seiner ursprünglichen Größe im Jahr 1960 hatte der Aralsee im Jahr 2010 verloren?

____

____

____

16 Strom

Die nebenstehende Grafik zeigt die Entwicklung der Solarstromerzeugungskosten im Vergleich zum Verbraucherpreis für Strom aus Kohle- und Gaskraftwerken.

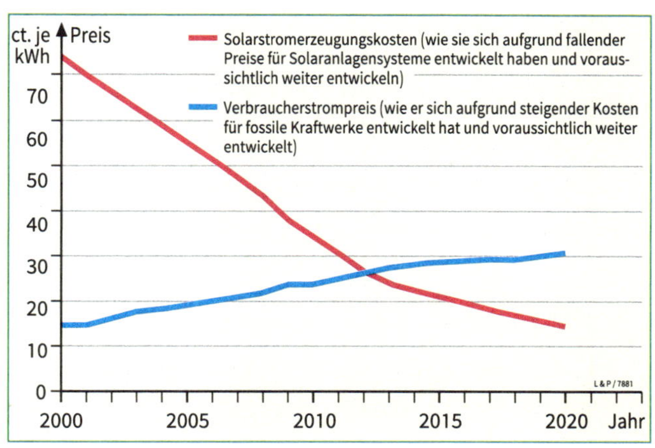

a) In welchem Jahr waren beide Strompreise gleich?

____

b) Wie viel mal so teuer war 1 kWh Solarstrom gegenüber dem Verbraucherpreis aus Kraftwerken im Jahr 2000 ungefähr?

____

c) Kreuze an: Im Jahr 2020 betrug der Preis für 1 kWh Solarstrom im Vergleich zu Strom aus Kraftwerken

☐ das Doppelte. ☐ 50 %. ☐ 15 %.

☐ knapp die Hälfte. ☐ weniger als 20 %. ☐ das Dreifache.

Es können auch mehrere Antworten zutreffen.

17 Lösungsmethoden

a) Alex und Bea sollen die Gleichung $5 \cdot (x - 3) + 9 = 34$ lösen.
Alex meint: „Ich löse zuerst die Klammern auf, dann forme ich um und löse die Gleichung.“ Bea sagt: „Ich probiere mit ganzen Zahlen zwischen 3 und 10.“
Bewerte die Vorschläge von Alex und Bea. Schreibe deinen Rechenweg auf und gib die Lösung an.

Lösung: ______________________

b) Löse die Gleichung $3(x - 15) - x = x + 10$.

Lösung: ______________________

Lösungsweg für $5 \cdot (x - 3) + 9 = 34$

18 Zahlenrätsel

a) Finde zu den Zahlenrätseln eine passende Gleichung und löse sie.

(1) Verdoppelst du die Summe aus einer Zahl und 7, so erhältst du das Dreifache der Zahl vermehrt um 1.

(A) $2(x + 7) = 3x + 1$

(B) $2x + 7 = 3(x + 1)$

(C) $2(x + 7) = 3x \cdot 1$

(2) Die Differenz aus einer Zahl und 8 entspricht dem Fünffachen der Zahl vermindert um 20.

(D) $x - 8 = 5x + 20$

(E) $x : 8 = 5x - 20$

(F) $x - 8 = 5x - 20$

(3) Max verringert das Vierfache einer Zahl um 17, Moritz verdreifacht diese Zahl und addiert 2. Beide erhalten das gleiche Ergebnis.

(G) $4x - 17 = 3x + 2$

(H) $4x - 17 = 3(x + 2)$

(I) $4(x - 17) = 3(x + 2)$

(1) ____________ (2) ____________ (3) ____________

Lösungen:

b) Paul hat mithilfe einer Tabellenkalkulation eine Gleichung durch Probieren gelöst. In den Zellen B2 und C2 hat er die verwendeten Formeln eingetragen.

	A	B	C
1	**für x eingesetzt**	**linke Seite**	**rechte Seite**
2	0	=2*A2+1	=4*A2-9
3	1		
4	2		
5	3		
6	4		
7	5		
8	6		
9	7		

– Finde die Gleichung heraus und notiere sie.

____

– Fülle die abgebildete Tabelle aus, indem du ohne Tabellenkalkulation die linke und rechte Seite der Gleichung für $x = 0$, $x = 1$ bis $x = 7$ berechnest.

– Wie lautet die Lösung der Gleichung?

____

19 Nerobergbahn

Seit mehr als 120 Jahren fährt in Wiesbaden die Nerobergbahn, die ausschließlich durch Schwerkraft einen Höhenunterschied von 83 m überwindet. Und das geht so: Der talwärts fahrende Wagen zieht den anderen Wagen 438 m nach oben. Das nötige Gewicht liefert das Wasser, das jeweils der nach unten fahrende Wagen in einem Tank mit sich führt. Wie weit sind auf einer Landkarte im Maßstab 1:10000 der Bergbahnhof und der Talbahnhof voneinander entfernt? Gib die Entfernung auf der Karte auch in mm an.

20 Parkhaus

Am Kassenautomat eines Parkhauses gibt ein Aufkleber Auskunft über die Parkgebühren.

Parkdauer	Gebühr
die ersten 60 Minuten	kostenlos
jede weitere angefangene Stunde	2,50 €

a) Herr Schulz bezahlt 5 €. Wie lange hat er geparkt?

____

b) Frau Siebert stöhnt: „Wäre ich um 14:15 Uhr statt um 14:20 Uhr zum Kassenautomat gekommen, hätte ich nur 2,50 € gezahlt!“ Wann löste Frau Siebert ihren Parkschein?

____

21 Schulfest

Die Schülervertretung der Schillerschule hat ein Schulfest organisiert. Die Abrechnung für den Grillstand erfolgt mit einer Tabellenkalkulation. Fülle die Lücken richtig aus.

a) Insgesamt wurden ________________ Würste verkauft.

b) Der Preis für ein Steak steht in Zelle __________.

Ein Steak kostete __________ €.

c) Die Einnahmen aus dem Verkauf von Softdrinks wurden in der Zelle __________ berechnet.

Die Formel __________ ergibt den richtigen Wert.

d) Die Gesamteinnahmen in Zelle D12 berechnet man mit der Formel ____________________.

	A	B	C	D
1		**Verkaufspreis**	**Stückzahl**	**Einnahmen**
2	**Essen**			
3	Bratwurst	2,00 €	48	96,00 €
4	Currywurst	2,50 €	72	180,00 €
5	Steak	3,50 €	38	133,00 €
6	Brötchen	0,50 €	172	86,00 €
7				
8	**Trinken**			
9	Softdrinks	2,00 €	198	396,00 €
10	Wasser	1,00 €	67	67,00 €
11				
12		**Gesamteinnahmen**		958,00 €

22 Lotterie

Die 1000 Lose einer Lotterie auf einer Wohltätigkeitsveranstaltung setzen sich so zusammen:

- 80 % Nieten
- 10 Hauptpreise von je 50,00 €
- Rest Trostpreise von je 0,50 €

Ein Los kostet 1,00 €.

a) Hat der Losverkäufer Recht? Begründe.

____

____

b) Es wurden alle Lose verkauft. Berechne den Gewinn der Lotterie.

____

23 Wohnmobil

Für die kommenden Sommerferien plant Familie Wiener drei Wochen (21 Tage) lang mit dem Wohnmobil Südfrankreich zu erkunden. Die geplante Reiseroute umfasst etwa 2 500 km. Welches der drei Angebote würdest du empfehlen? Begründe.

____

____

Die Angebote der beiden Verleihfirmen lauten:

	Mietgebühr pro Tag	Preis pro gefahrene Kilometer
Firma A:	48,00 €	0,20 €
Firma B:	72,00 €	0,10 €
Firma C:	80,00 €	–

24 Sonderpreis

a) Kreuze an, mit welchen Methoden (1), (2) oder (3) der Mofapreis bei Barzahlung richtig berechnet wird.

☐ (1) Man berechnet 15 % von 1 500 € und subtrahiert das Ergebnis von 1 500 €.

☐ (2) Man berechnet 15 % von 1 500 € und zieht das Ergebnis von 1 500 € ab. Dann berechnet man 3 % vom gesenkten Preis und reduziert ihn nochmals um diesen Betrag.

☐ (3) Man berechnet 85 % von 1 500 € und von diesem gesenkten Preis dann 97 %.

b) Was kostet das Mofa bei Barzahlung?

Preis: ______________________________

25 Haus mit Pultdach

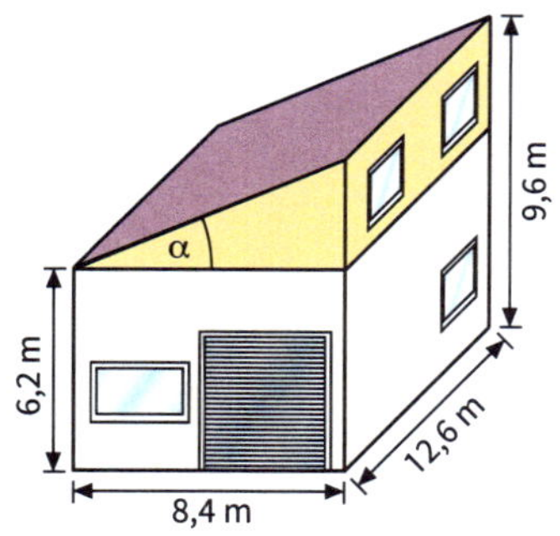

a) Berechne den umbauten Raum des Hauses.

____

b) Wie groß ist der Flächeninhalt der Seitenflächen?

____

c) Bestimme anhand einer Zeichnung den Neigungswinkel α des Daches.

26 Schülersprecherwahl

An einer Schülersprecherwahl nahmen 480 Schülerinnen und Schüler teil. Zur Wahl standen Marc, Vera und Tobias. Das Diagramm soll das Ergebnis dieser Wahl zeigen.

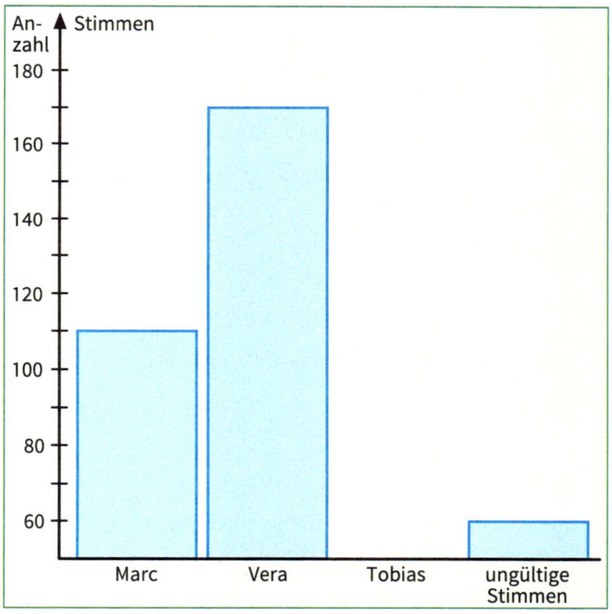

a) Wie viel Prozent der Schüler haben Vera gewählt?

____

____

b) Zeichne die fehlende Säule für Tobias in das Diagramm.

c) Carsten behauptet: „Vera hat doppelt so viele Stimmen erhalten wie Marc." Stimmt das? Begründe deine Meinung.

____

____

Teil C Zentrale Aufgaben

In diesem Teil deines Arbeitsbuches findest du die Original-Prüfungsarbeiten aus den letzten Jahren. Bearbeite mindestens eine dieser Arbeiten unter Prüfungsbedingungen, d. h. in der für jeden Prüfungsteil vorgeschriebenen Zeit und nur mit den zugelassenen Hilfsmitteln. Eine Formelsammlung findest du im Lösungsheft.

Beachte: In den letzten beiden Jahren konnten die Lehrkräfte im Prüfungsteil 1 zwischen zwei Versionen (V1, V2) wählen. Im Jahr 2022 und im Jahr 2021 unterschieden sich diese in zwei Aufgaben. Damit ihr alles üben könnt, stellen wir euch alle Aufgaben zur Verfügung. Entscheide dich zunächst für eine der beiden Versionen V1 oder V2. Die zusätzlichen Aufgaben aus der anderen Version kannst du im Anschluss bearbeiten. Im Jahr 2020 fand aufgrund der Corona-Pandemie keine Zentrale Prüfung statt.

Zentrale Prüfung NRW Hauptschulabschluss nach Klasse 10 2022

Bearbeitungszeit: 1. Prüfungsteil 30 Minuten; 2. Prüfungsteil 60 Minuten

Prüfungsteil 1

Aufgabe 1 (V1 und V2)

Ordne die Zahlen der Größe nach. Beginne mit der kleinsten Zahl.

$-2{,}2$ $-2{,}57$ $2{,}51$ $\sqrt{5}$

Aufgabe 2 (V1)

a) Berechne den Flächeninhalt des abgebildeten Quadrats.

b) Berechne die Länge der Diagonalen d.

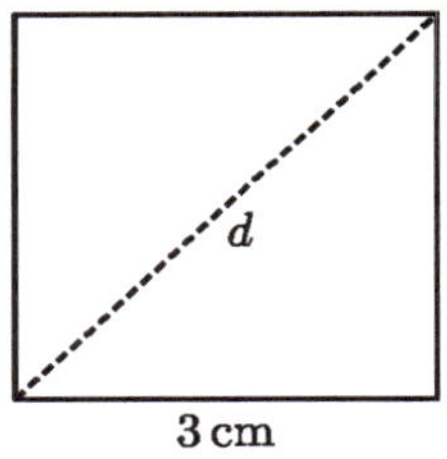

Aufgabe 2 (V2)

Im Folgenden gelten die im Dreieck üblichen Bezeichnungen.

a) Zeichne ein Dreieck Δ ABC mit den Seitenlängen b = 3,7 cm, c = 4 cm und dem Winkel α = 35°.

b) Kann das rechts abgebildete Dreieck mit den angegebenen Winkelmaßen gezeichnet werden?
Entscheide und begründe deine Entscheidung.

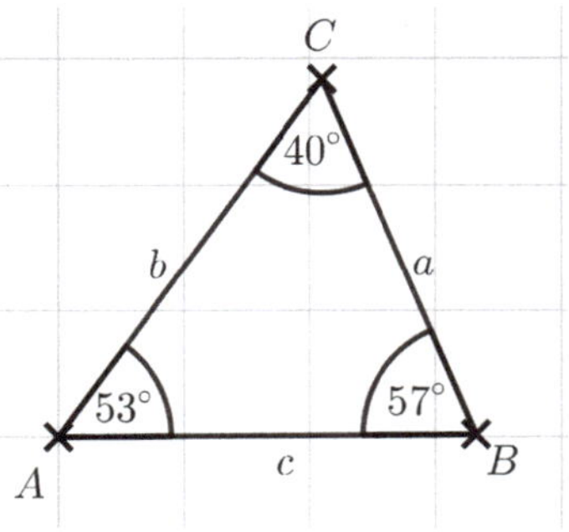

Quelle (Aufgaben): Qualitäts- und UnterstützungsAgentur – Landesinstitut für Schule, Soest 2022

Die Abbildung S. 90 Aufgabe 5, S. 91 Aufgabe 2 (oben), S. 93 Aufgabe 3 (unten), S. 94 Aufgabe 3 (oben) weichen aus lizenzrechtlichen Gründen von der Darstellung in der Original-Prüfungsarbeit ab.

Aufgabe 3 (V1 und V2)

Im Jahr 2017 wurde in Nordrhein-Westfalen ein neuer Landtag gewählt. Das Ergebnis der Wahl ist in der Abbildung dargestellt.

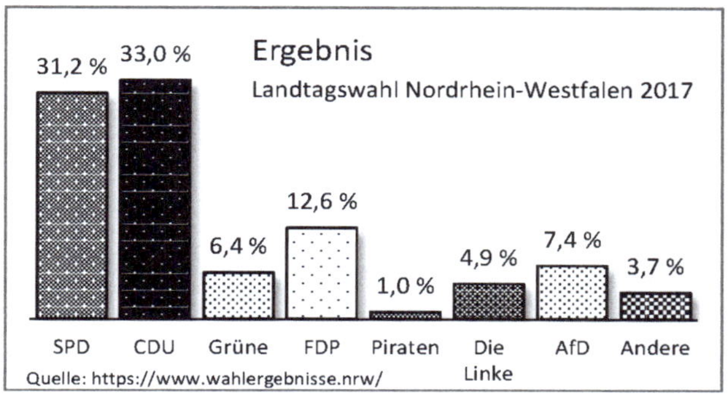

a) Bei der Landtagswahl gaben 8 487 413 Personen ihre Stimme ab.
Berechne, wie viele Stimmen die CDU erhielt.

b) Kreuze an, ob die Aussage wahr oder falsch ist.

Aussage	wahr	falsch
SPD und CDU erreichten zusammen über 50 % der Stimmen.	☐	☐
Jede fünfte Stimme wurde für „Die Linke“ gegeben.	☐	☐
SPD, Grüne und „Die Linke“ haben zusammen mehr Stimmen als CDU und FDP zusammen bekommen.	☐	☐

Aufgabe 4 (V1)

Die Klasse 10e bastelt für das Schulfest ein Glücksrad. Das Glücksrad wird in verschiedene Felder aufgeteilt (vgl. Abbildung).
H bedeutet „Hauptgewinn“.

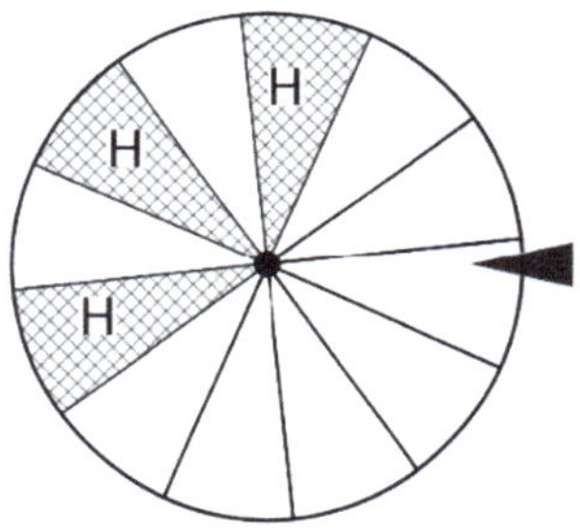

a) Das Glücksrad wird einmal gedreht. Gib die Wahrscheinlichkeit für einen Hauptgewinn (H) an.

b) Das Glücksrad soll weiter beschriftet werden. $\frac{1}{3}$ aller Felder sollen Nieten sein, die restlichen Felder sollen mit dem Wort „Trostpreis“ beschriftet werden.

Markiere im Glücksrad $\frac{1}{3}$ aller Felder als Niete (N).

Aufgabe 4 (V2)

Die abgebildeten Gefäße werden gleichmäßig gefüllt.
Welcher Füllgraph gehört zu welchem Gefäß?
Verbinde entsprechend.
Ein Graph bleibt übrig.

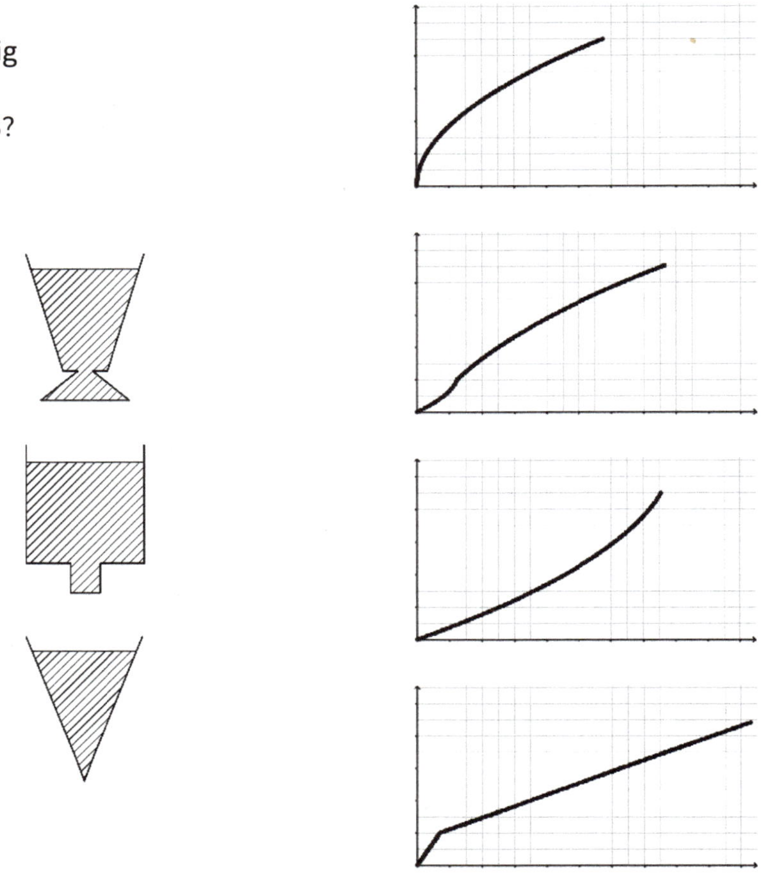

Aufgabe 5 (V1 und V2)

Schätze die Anzahl der Pinnwand-Nadeln. Notiere deinen Lösungsweg.

Prüfungsteil 2

Aufgabe 1: Hochbeet

Emma und Pierre aus der Schulgarten-AG planen den Bau eines quaderförmigen Hochbeets. Die vier Seitenwände des Hochbeets bestehen aus jeweils fünf durchgehenden Holzbrettern. Oben und unten bleibt das Hochbeet offen (Abbildung 1).

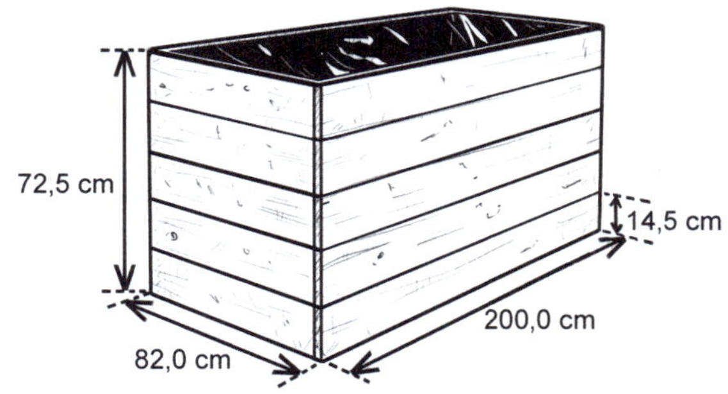

Abbildung 1: quaderförmiges Hochbeet mit Maßangaben

a) Im Baumarkt kaufen Emma und Pierre Holzbretter für das Hochbeet. Die Holzbretter sind 200 cm lang und 14,5 cm breit.
Bestimme die Anzahl der Holzbretter, die für den Bau des gesamten Hochbeets benötigt werden.

b) Emma möchte die Außenflächen des Hochbeets mit Farbe anstreichen. Ein Eimer Farbe reicht für eine Fläche von ca. 6,5 m^2.
Entscheide durch eine Rechnung, ob ein Eimer Farbe ausreicht.

c) Das Hochbeet wird zu einem Drittel mit Gartenerde befüllt.
Berechne die benötigte Gartenerde in Kubikmeter (m^3).

Emma und Pierre bepflanzen das neue Hochbeet mit Salat (Abbildung 2). Jeder Salat benötigt eine kreisförmige Fläche mit einem Durchmesser von 40 cm.

d) Bestätige durch Messen und Rechnen, dass der Maßstab der Skizze ca. 1 : 20 beträgt.

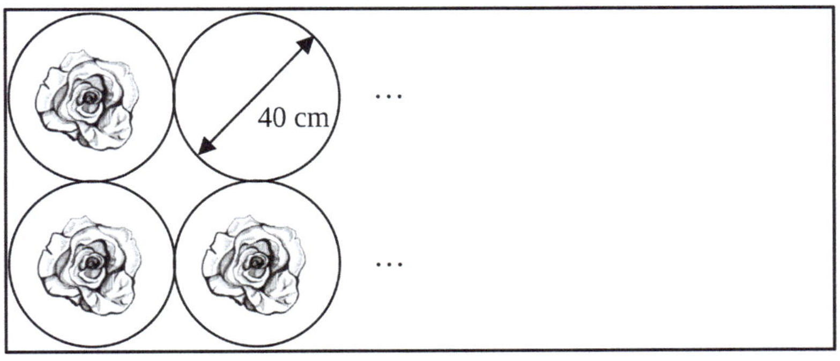

Abbildung 2: maßstabsgetreue Skizze zum Bepflanzen des Hochbeets

e) Es können höchstens zehn Salate in dem Hochbeet gepflanzt werden.
Begründe diese maximale Anzahl.

Aufgabe 2: Führerschein

Alina möchte ihren Autoführerschein machen. Zur Berechnung der Kosten für den Führerschein erstellt sie eine Tabelle mithilfe einer Tabellenkalkulation:

	A	B	C	D
1		Anzahl geplanter Fahrstunden	Einzelpreis in €	Gesamtpreis in €
2	Grundbetrag			300
3	Prüfung			210
4	Übungsstunden	10	45	
5	Sonderfahrten	12	60	720
6	Gesamtkosten			1 680

Abbildung 1: Tabellenkalkulation zur Berechnung der Fahrschulkosten

a) Alina hat bereits 1 500 € gespart. Sie kann jeden Monat weitere 40 € sparen.
Wie viele Monate muss sie noch für den Führerschein sparen? Notiere deinen Rechenweg.

b) Berechne den Gesamtpreis für die Übungsstunden.

c) Mit welcher Formel kann der Wert in Zelle D5 berechnet werden? Kreuze an.

Formel	**geeignet**	**nicht geeignet**
= B5*C5	❑	❑
= B5+C5	❑	❑
= SUMME(D2:D4)	❑	❑

Alina vermutet, dass sie mehr als zehn Übungsstunden benötigt.

d) Welche Werte ändern sich in der Tabellenkalkulation, wenn Alina mehr als zehn Übungsstunden benötigt? Gib alle Zellen an, deren Wert sich ändert.

e) Alina nimmt an, dass sie 15 Übungsstunden benötigt.
Bestimme die Gesamtkosten, die Alina für den Führerschein jetzt einplanen muss.

Die Fahrschule wirbt mit einem neuen Angebot (Abbildung 2).

f) Alina behauptet: „Ich spare damit etwa 33 % der Gesamtkosten für meinen Führerschein."
Hat Alina recht?
Begründe deine Entscheidung.

Abbildung 2: Angebot der Fahrschule

Aufgabe 3: Bambus

Der Riesenbambus ist eine besondere Bambuspflanze, die sehr schnell und sehr hoch wachsen kann. Unter idealen Bedingungen wächst sie ca. 70 cm pro Tag. Ein Riesenbambus kann bis zu 35 Meter hoch werden.

Abbildung 1: Riesenbambuspflanze

a) Eine Bambuspflanze hat eine Höhe von 3 m.
Bestimme die Höhe dieser Bambuspflanze nach 10 Tagen unter idealen Bedingungen.

b) Unter idealen Bedingungen kann das Wachstum der Bambuspflanze mit der Gleichung $y = \frac{7}{10}x + 3$ beschrieben werden.
Zeichne die Gerade in das Koordinatensystem ein (Abbildung 2).

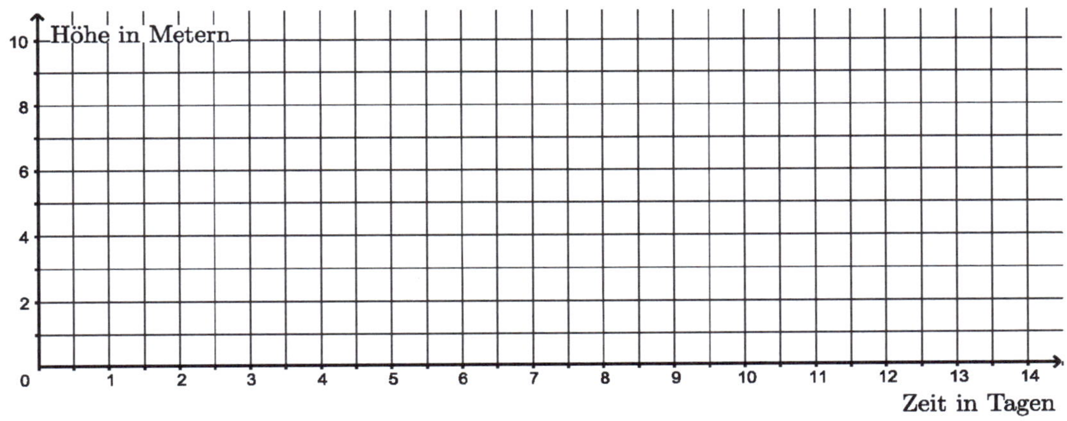

Abbildung 2: Koordinatensystem zu Aufgabenteil b)

c) Berechne mithilfe der Gleichung, nach wie vielen Tagen die Bambuspflanze eine Höhe von 17,5 m erreicht.

Herr Paulsen möchte einen Zaun aus Bambusrohren bauen (Abbildung 3). Der Zaun soll eine Länge von 6,5 m haben. Die Bambusrohre sind annähernd zylinderförmig und haben einen Durchmesser von etwa 5 cm.

d) Berechne die Anzahl an Bambusrohren, die für den Zaun benötigt werden.

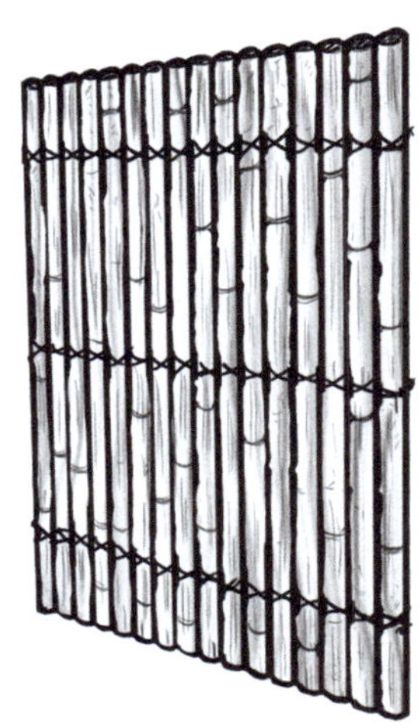

Abbildung 3: Zaun aus Bambusrohren

Bambusrohre sind innen hohl, außen bestehen sie aus Holz (Abbildung 4). Die Querschnittsfläche von einem Bambusrohr ist ein Kreisring (Abbildung 5).

Abbildung 4: Bambusrohr

e) Die Bambusrohre für den Zaun haben folgende Maße:
Der Außenkreis hat einen Radius von $r_1 = 2{,}5$ cm und der Innenkreis einen Radius von $r_2 = 2$ cm.
Zeige durch eine Rechnung, dass der Flächeninhalt des Kreisrings $A \approx 7{,}1\ cm^2$ beträgt.

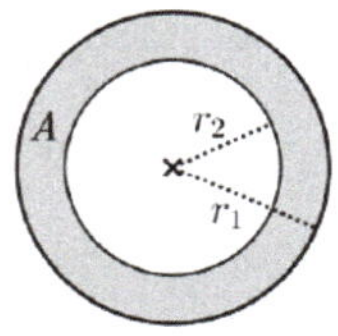

Abbildung 5: Modell des Querschnitts eines Bambusrohres

f) Herr Paulsen kauft 130 Bambusrohre, die jeweils eine Länge von 180 cm haben. Ein Kubikzentimeter (cm^3) Bambusholz wiegt 0,7 Gramm (g).
Zum Transport kann er einen Anhänger nutzen. Auf dem Anhänger dürfen bis zu 250 kg geladen werden.
(1) Berechne das Gewicht der gekauften Bambusrohre.
(2) Entscheide, ob das erlaubte Ladegewicht des Anhängers eingehalten wird.

Zentrale Prüfung NRW Hauptschulabschluss nach Klasse 10 2021

Bearbeitungszeit: 1. Prüfungsteil 30 Minuten; 2. Prüfungsteil 60 Minuten

Prüfungsteil I

Aufgabe 1 (V1 und V2)

Markiere die Zahlen auf dem Zahlenstrahl.

0,4 $\frac{6}{10}$ 1,8 $\frac{4}{5}$

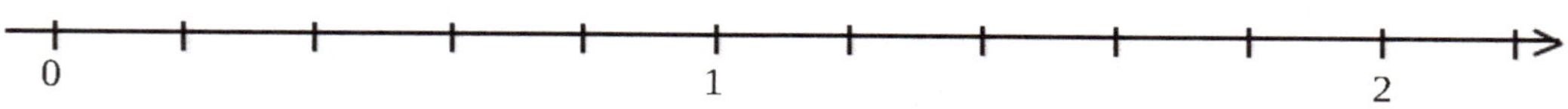

Aufgabe 2 (V1 und V2)

Rechne die Größen in die angegebene Einheit um.

250 cm = __________ m   0,75 ℓ = __________ dm^3 2,5 h = __________ min

Aufgabe 3 (V1 und V2)

Pia und Tom spielen Zahlenrätsel mit dem Term $(x + 19) \cdot 3$.

a) Tom setzt $x = 6$ in den Term ein. Berechne den Wert des Terms.

Quelle (Aufgaben): Qualitäts- und UnterstützungsAgentur – Landesinstitut für Schule, Soest 2021

b) Pia setzt für x eine Zahl ein und erhält das Ergebnis 63. Tom möchte Pias Zahl finden und notiert die folgende Rechnung:

$$(x + 19) \cdot 3 = 63 \quad |:3$$
$$\Leftrightarrow x + 19 = 63 \quad |-19$$
$$\Leftrightarrow x = 44$$

Pia stellt fest: „Die Rechnung ist falsch."

Markiere den Fehler und bestimme Pias Zahl.

Aufgabe 4 (V1)

In einem Beutel befinden sich acht schwarze, sieben weiße und fünf blaue Kugeln. Pedro zieht eine Kugel heraus.

a) Die Wahrscheinlichkeit, dass Pedro eine blaue Kugel zieht, beträgt $\frac{1}{4}$.
Bestätige dies durch eine Rechnung.

b) Bestimme die Wahrscheinlichkeit, eine schwarze oder eine blaue Kugel zu ziehen.

Aufgabe 4 (V2)

a) Berechne das Volumen des abgebildeten Körpers. Alle Maße sind in cm.

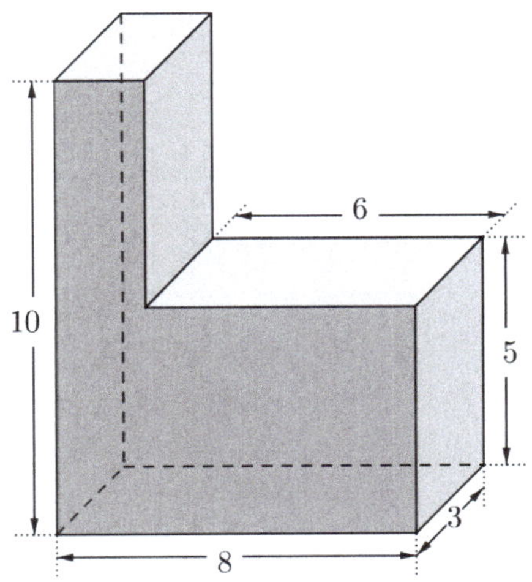

b) Welcher der beiden Würfelkörper hat das größere Volumen? Kreuze an.

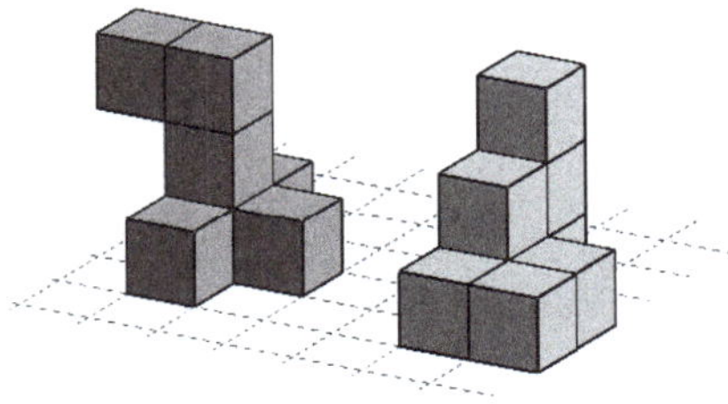

☐ A ☐ B

Aufgabe 5 (V1)

550 Personen wurden gefragt, wie sie ihren Weg zur Arbeit zurücklegen. Das Ergebnis ist in der Tabelle dargestellt:

zu Fuß	Fahrrad	öffentliche Verkehrsmittel	Auto (und sonstige Kraftfahrzeuge)
25 %	10 %	34 %	31 %

a) Berechne, wie viele der gefragten Personen mit öffentlichen Verkehrsmitteln zur Arbeit fahren.

b) Die Ergebnisse werden in einem Kreisdiagramm dargestellt.
Vervollständige das Kreisdiagramm.

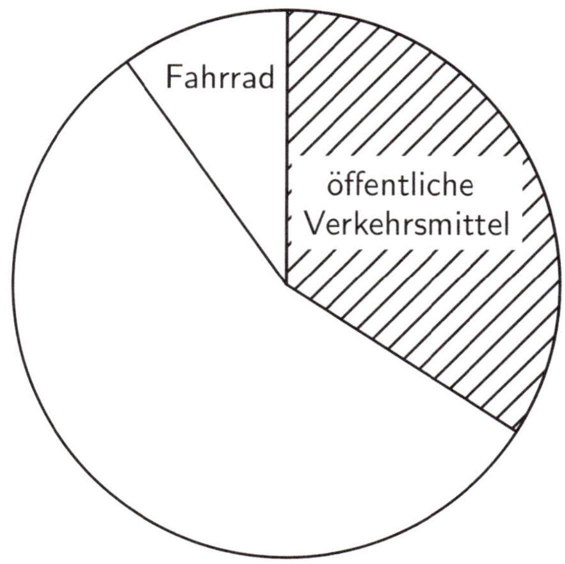

Abbildung 1: Verkehrsmittel für den Arbeitsweg

Aufgabe 5 (V2)

Im Dezember 2020 kostete 1 g Gold 48,46 €.

a) Ergänze in der Tabelle die fehlenden Werte dieser proportionalen Zuordnung.

Gold [g]	0,5	1		1 000
Preis [€]		48,46	96,92	

b) Eine Kugel aus Gold hat einen Radius von 2,5 cm. Ein Kubikzentimeter [cm^3] Gold wiegt 19,8 g.
Berechne das Volumen dieser Kugel aus Gold.

Prüfungsteil II

Aufgabe 1: Roller-Tour

Melike und Robin planen eine Tour mit einem Motorroller. Sie wollen eine Woche unterwegs sein.
Am ersten Tag wollen sie von Fröndenberg zu einem Campingplatz am Möhnesee fahren (Abbildung 1).

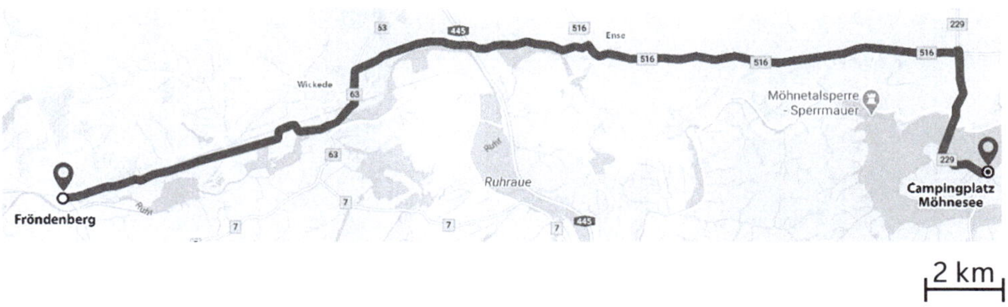

Abbildung 1: geplante Strecke von Fröndenberg zum Campingplatz am Möhnesee

a) Die Strecke ist ungefähr 30 km lang. Bestätige dies durch Messen und mithilfe des Maßstabs.

b) Melike und Robin gehen von einer durchschnittlichen Geschwindigkeit von 24 $\frac{km}{h}$ aus.
Berechne für die 30 km lange Strecke die Fahrzeit in Minuten. Notiere deinen Lösungsweg.

Für die Tour wollen Melike und Robin einen Motorroller für eine Woche mieten. Robin findet zwei Angebote (Abbildung 2).

Angebot von „Easy Rent“

Grundgebühr für eine Woche: 80 €
Jeder km kostet 0,20 €.

Angebot von „Rollerverleih24“

Grundgebühr für eine Woche: 90 €
100 km frei
Jeder weitere km kostet 0,40 €.

Abbildung 2: Angebote der Rollervermietungen „Easy Rent“ und „Rollerverleih24“

c) Die Kosten bei „Easy Rent“ können mit dem Term $0{,}2 \cdot x + 80$ berechnet werden.
Gib die Bedeutung von x, von 0,2 und von 80 im Zusammenhang mit den Kosten an.

Melike und Robin wollen die Angebote miteinander vergleichen und erstellen dazu eine Grafik (Abbildung 3).

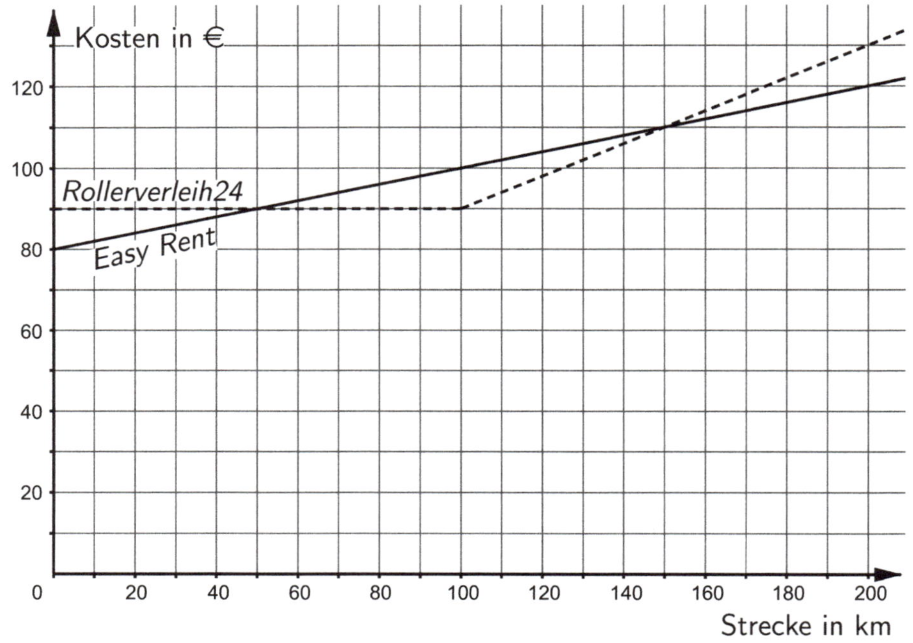

Abbildung 3: Vergleich der Angebote von „Easy Rent" und „Rollerverleih24 "

d) Erkläre, warum der Graph zum Angebot von „Rollerverleih24 " im ersten Abschnitt waagerecht verläuft.

e) Die beiden Graphen schneiden sich. Gib die Koordinaten der beiden Schnittpunkte an.

f) Insgesamt wollen Melike und Robin ungefähr 170 km weit fahren.
Welches Angebot ist günstiger? Gib die Kosten für das günstigere Angebot an.

Aufgabe 2: Blumenbeet

Maria und Leon gestalten ein Beet im Garten neu. Das quadratische Beet teilen sie mit einer Abtrennung diagonal in zwei gleiche Dreiecke (Abbildung 1).

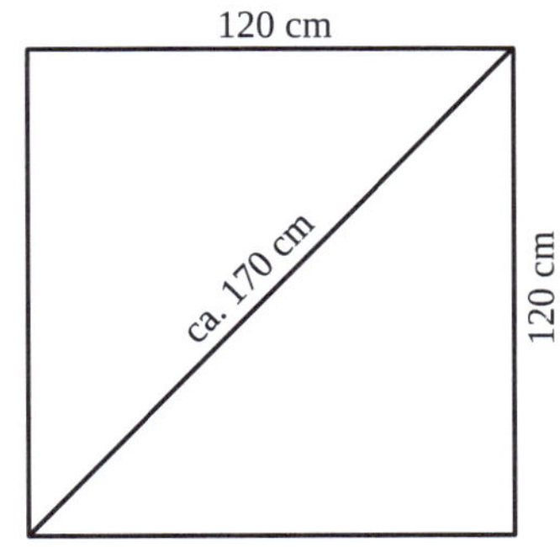

Abbildung 1: quadratisches Blumenbeet

a) Bestätige durch eine Rechnung, dass die diagonale Abtrennung ca. 170 cm lang sein muss.

b) In das obere Dreieck säen sie Samen von Sommerblumen. Eine Packung Samen reicht für 4 m^2. Zeige mit einer Rechnung, dass eine Packung ausreicht.

Maria und Leon erweitern das quadratische Beet um einen Kreis. Der Kreis verläuft durch die vier Eckpunkte des Quadrats.
Die Kreislinie gestalten sie mit einem Metallband.
Die Flächen zwischen Quadrat und Kreislinie sollen mit Kieselsteinen bedeckt werden (Abbildung 2).

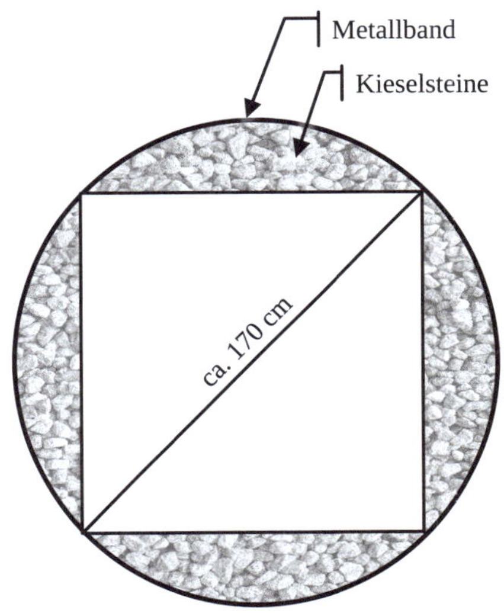

Abbildung 2: Blumenbeet mit kreisförmiger Umrandung

c) Zeige rechnerisch, dass das Metallband ca. 5,34 m lang sein muss.

d) Berechne den Flächeninhalt der mit Kieselsteinen bedeckten Fläche.

Maria und Leon kaufen zwei Säcke mit Kieselsteinen und 6 m Metallband (Preise in Abbildung 3). Mit einem Gutschein erhalten sie 5 % Rabatt.

Metallband	3,80 € pro m
Kieselsteine	5,79 € pro Sack

Abbildung 3: Preise für das Metallband und die Kieselsteine

e) Berechne, wie viel Maria und Leon für zwei Säcke Kieselsteine und 6 m Metallband bezahlen müssen.

Zentrale Prüfung NRW Hauptschulabschluss nach Klasse 10 2019

Bearbeitungszeit: 1. Prüfungsteil 30 Minuten; 2. Prüfungsteil 60 Minuten

Prüfungsteil I

Aufgabe 1

Eine Zahlenmauer entsteht, wenn man die Zahlen von benachbarten Steinen addiert.
Vervollständige die Zahlenmauer rechts.
Beispiel: $-3 + 8 = 5$

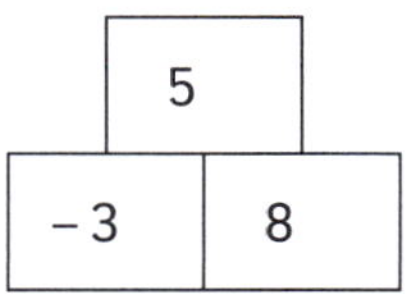

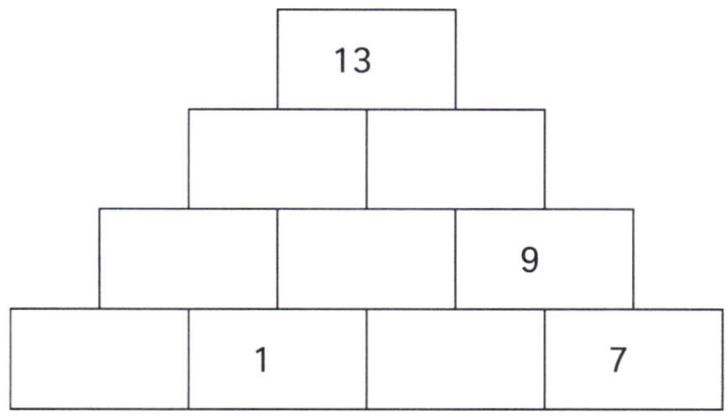

Aufgabe 2

Entscheide, ob die folgenden Aussagen richtig oder falsch sind.
Kreuze an:

	richtig	falsch
0,25 kg = 250 g	☐	☐
0,06 km = 600 m	☐	☐
1,025 t = 1250 kg	☐	☐
40 cm^2 = 0,0040 m^2	☐	☐

Aufgabe 3

Im Tierpark wurden eine Woche lang die Besucherzahlen gezählt:

Samstag	Sonntag	Montag	Dienstag	Mittwoch	Donners-tag	Freitag
619	758	186	256	403	184	481

Wie hoch ist die durchschnittliche Besucherzahl pro Tag? Berechne und runde das Ergebnis sinnvoll.

Quelle (Aufgaben): Qualitäts- und UnterstützungsAgentur – Landesinstitut für Schule, Soest 2019
Die Abbildung S. 103 Aufgabe 1 weicht aus lizenzrechtlichen Gründen von der Darstellung in der Original-Prüfungsarbeit ab.

Aufgabe 4

Ein Quader hat die Maße a = 25 cm, b = 20 cm und c = 70 cm.

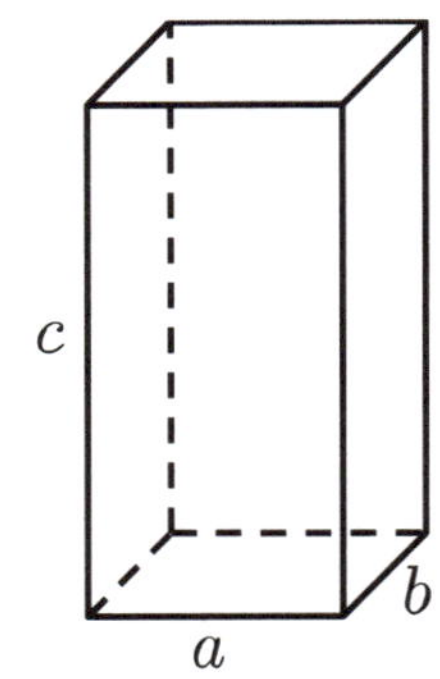

a) Berechne das Volumen des Quaders. Notiere deinen Lösungsweg.

b) Michael behauptet: „Wenn ich die Höhe des Quaders verdopple, vervierfacht sich das Volumen“.
Stimmt diese Behauptung? Begründe.

Aufgabe 5

In einem Losbehälter sind 200 Lose. Davon sind 3 Lose für Hauptgewinne und 33 Lose für Kleingewinne. Die restlichen Lose sind Nieten.

a) Wie groß ist die Wahrscheinlichkeit einen Hauptgewinn zu ziehen?

b) Wie hoch ist die Wahrscheinlichkeit eine Niete zu ziehen? Notiere deinen Lösungsweg.

Aufgabe 6

Löse die Klammer auf.
Fasse anschließend den Term soweit wie möglich zusammen.

$$4 \cdot (2 - x) + 3x$$

Prüfungsteil II

Aufgabe 1: Beruf

Maike bewirbt sich um einen Ausbildungsplatz als Tischlerin und wird zum Vorstellungsgespräch eingeladen. Dort soll Maike die folgenden zwei Aufgaben zu einem Tisch lösen.

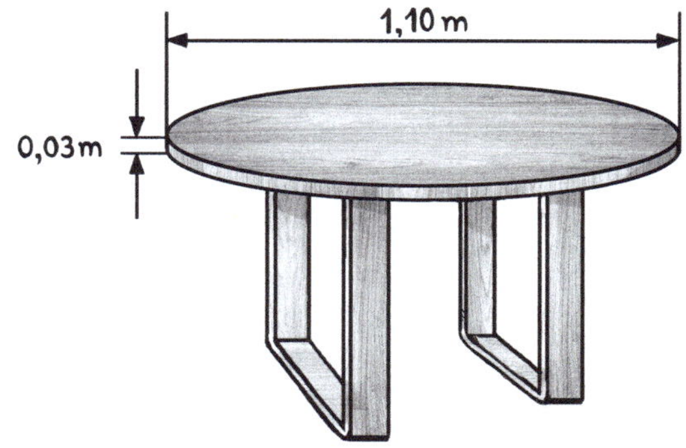

Abbildung 1: Tisch mit Tischplatte aus Eichenholz

a) Die Tischplatte hat die Form eines Zylinders (Abbildung 1).
Berechne den Flächeninhalt der Grundfläche G.

b) Die Tischplatte aus Eichenholz hat ein Volumen von ca. 28 500 cm^3. 1 cm^3 Eichenholz wiegt 0,67 g.
Berechne das Gewicht der Tischplatte in Kilogramm.

Im ersten Ausbildungsjahr bekommt Maike jeden Monat 500 € Ausbildungsvergütung (Bruttogehalt). Davon werden Beiträge zur Sozialversicherung abgezogen (Abbildung 2).

	A	B	C	D
1	**Bruttogehalt in €**			**500,00**
2	*Beiträge zur Sozialversicherung*	*Beitrag in %*	*Beitrag in €*	
3	Rentenversicherung	9,3	46,50	
4	Krankenversicherung	7,75	38,75	
5	Pflegeversicherung	1,78	8,90	
6	Arbeitslosenversicherung	1,25	6,25	
7	Summe der Beiträge			
8	**Nettogehalt in €**			

Abbildung 2: Tabellenkalkulation zur Ermittlung des Nettogehaltes. Bei einem Bruttogehalt unter 1 080 € müssen keine Steuern gezahlt werden.

c) Bestimme rechnerisch mithilfe von Abbildung 2 das Nettogehalt in €.

d) Der Beitrag für die Krankenversicherung ist in Zelle C4 dargestellt.
Entscheide, ob die angegebenen Formeln geeignet sind, um den Wert zu berechnen. Kreuze an:

Formel	geeignet	nicht geeignet
=D1/B4*100		
=D1*B4/100		
=D1–(C3+C5+C6)		
=B4*D1–500		

e) Nach der Ausbildung bekommt eine Tischlerin ein Bruttogehalt von 2010 €.
Davon muss sie 20,08 % Beiträge zu den Sozialversicherungen und 9 % Steuern bezahlen.
Berechne das monatliche Nettogehalt in €.

Aufgabe 2: Fahrradweg

Herr Albertz besitzt eine Wiese. Die Gemeinde möchte einen Fahrradweg bauen und daher von Herrn Albertz einen Teil der Wiese kaufen (Abbildung 1).

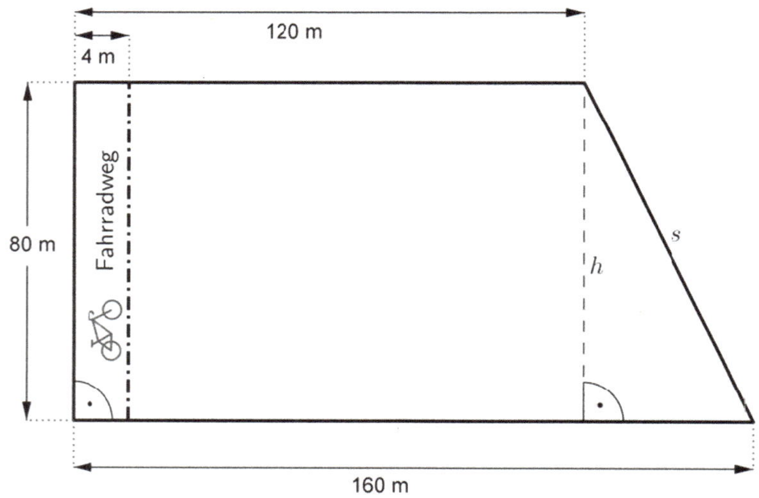

Flächeninhalt
gesamte Wiese: 11 200 m²
Fahrradweg: 320 m²

Abbildung 1: gesamte Wiese mit geplantem Fahrradweg (nicht maßstäblich)

a) Zeige durch eine Rechnung, dass der Flächeninhalt der gesamten Wiese vor dem Verkauf 11 200 m² beträgt.

b) Die Fläche des Fahrradweges beträgt 320 m^2.
Wie viel Prozent vom Flächeninhalt der gesamten Wiese sind das? Notiere deine Rechnung.

c) Herr Albertz bekommt für den Verkauf des Fahrradweges 4,90 € pro Quadratmeter.
Berechne, wie viel Euro Herr Albertz für den Verkauf erhält.

Nach dem Verkauf möchte Herr Albertz an jeder Seite der restlichen Wiese einen Zaun bauen.
Zur Berechnung der Zaunlänge benötigt er die Länge der Seite s.

d) Zeige mithilfe einer Rechnung, dass die Seite s ungefähr 89,4 m lang ist.

e) Herr Albertz kann den Zaun nur in Paketen kaufen. In jedem Paket sind 5 m Zaun.
Ein Paket kostet 16,50 €.
Berechne die Kosten für den Zaun.

Aufgabe 3: Stromanbieter

Der Stromverbrauch wird in kWh (Kilowattstunden) gemessen. Sara und ihre Eltern haben einen Stromverbrauch von etwa 3500 kWh pro Jahr. Bei ihrem Strom-Anbieter „Klassik-Strom“ zahlen sie eine Grundgebühr von 140 € pro Jahr und 0,19 € pro kWh.

a) Zeige durch eine Rechnung, dass die jährlichen Kosten für den aktuellen Anbieter „Klassik-Strom“ 805 € betragen.

Saras Eltern möchten zu einem Öko-Strom-Anbieter wechseln und erhalten ein Angebot vom Anbieter „Greenpower“. Um die Kosten zu vergleichen, hat Sara mithilfe einer Tabellenkalkulation einen Stromkostenrechner erstellt (Abbildung 1):

	A	B	C
1	**Stromkostenrechner**		
2	Stromverbrauch in kWh	3500	
3	*Anbieter*	*Klassik-Strom*	*Greenpower*
4	Grundgebühr pro Jahr	140,00 €	150,00 €
5	Preis pro kWh	0,19 €	0,20 €
6	Stromkosten	805,00 €	850,00 €

Abbildung 1: Stromkostenrechner

b) Gib die Grundgebühr und den Preis pro kWh beim Anbieter „Greenpower“ an.

____

____

c) Sara trägt einen anderen Stromverbrauch in Zelle B2 ein.
Gib an, in welchen Zellen sich der Wert dann ändert.

____

____

____

____

Saras Eltern haben auch ein Angebot vom Öko-Strom-Anbieter „Windkraft“ erhalten. Sie wollen die Angebote der beiden Öko-Strom-Anbieter vergleichen und erstellen dazu eine Grafik (Abbildung 2).

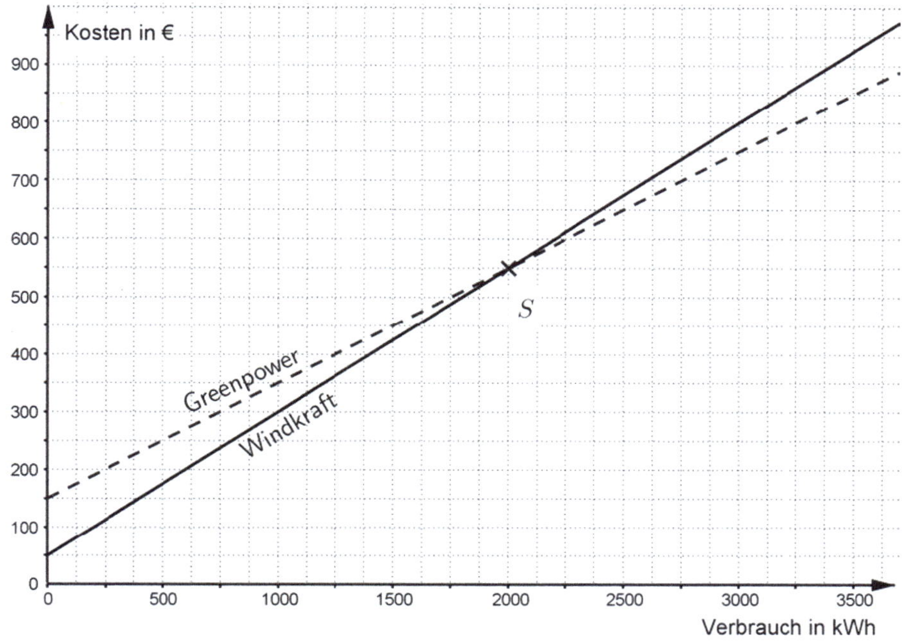

Abbildung 2: Vergleich der Angebote „Greenpower“ und „Windkraft“

d) Lies aus der Grafik ab, wie hoch die Grundgebühr beim Anbieter „Windkraft“ ist.

____

____

e) Die beiden Graphen schneiden sich in einem Punkt.
Gib die Koordinaten des Schnittpunkts an und erkläre die Bedeutung dieser Koordinaten für den Vergleich der beiden Angebote.

____

____

____

____

f) Saras Eltern möchten zu einem Öko-Strom-Anbieter wechseln. Sie gehen weiterhin von einem Stromverbrauch von 3500 kWh pro Jahr aus.
Welcher Anbieter ist für Saras Eltern günstiger? Begründe deine Entscheidung.

____

____

____

____

Zentrale Prüfung NRW Hauptschulabschluss nach Klasse 10 2018

Bearbeitungszeit: 1. Prüfungsteil 30 Minuten; 2. Prüfungsteil 60 Minuten

Prüfungsteil I

Aufgabe 1

Ein Paar Schuhe kostete ursprünglich 89 €. Es wird mit einem Preisnachlass von 20 % verkauft. Berechne den neuen Verkaufspreis der Schuhe.

Antwort: ______________________________

Aufgabe 2

Trage die vier Zahlen auf der Zahlengeraden ein. 0,4 −0,6 $\frac{4}{5}$ $-\frac{2}{10}$

Aufgabe 3

Bei den Olympischen Sommerspielen 2016 wurden im Weitsprung von den fünf besten Frauen folgende Ergebnisse erzielt:

Weitsprung Frauen			
Platz	**Sportlerin**	**Nation**	**Sprungweite**
1	Tianna Bartoletta	Vereinigte Staaten	7,17 m
2	Brittney Reese	Vereinigte Staaten	7,15 m
3	Ivana Španović	Serbien	7,08 m
4	Malaika Mihambo	Deutschland	6,95 m
5	Ese Brume	Nigeria	6,81 m

a) Bestimme die Spannweite und den Median der Sprungweiten.

Spannweite: ______________________________

Median: ______________________________

b) Berechne den Durchschnitt der Sprungweiten und runde auf Zentimeter (cm).

Antwort: ______________________________

____

Quelle (Aufgaben): Qualitäts- und UnterstützungsAgentur – Landesinstitut für Schule, Soest 2018

Aufgabe 4

Wie viele Tage sind 518 400 Sekunden? Kreuze an.

☐ 16 Tage ☐ 6 Tage ☐ 60 Tage ☐ 1,6 Tage

Aufgabe 5

Künstler haben in Duisburg die höchste Sandburg der Welt gebaut. Die Sandburg hat annähernd die Form eines Kegels.

a) Die Sandburg hat am Boden einen Durchmesser von 26 m und eine Höhe von 16,68 m. Bestätige durch eine Rechnung, dass die Sandburg aus ca. 2 950 m^3 Sand besteht.

b) Ein Kubikmeter Sand wiegt 1,2 Tonnen. In der Zeitung stand: „Die Sandburg wurde aus ungefähr 3 500 Tonnen Sand gebaut."

Kann diese Angabe stimmen? Überprüfe durch eine Rechnung.

Antwort: ______________________

Aufgabe 6

In zwei Beuteln liegen jeweils schwarze und weiße Kugeln (vergleiche Abbildung rechts).

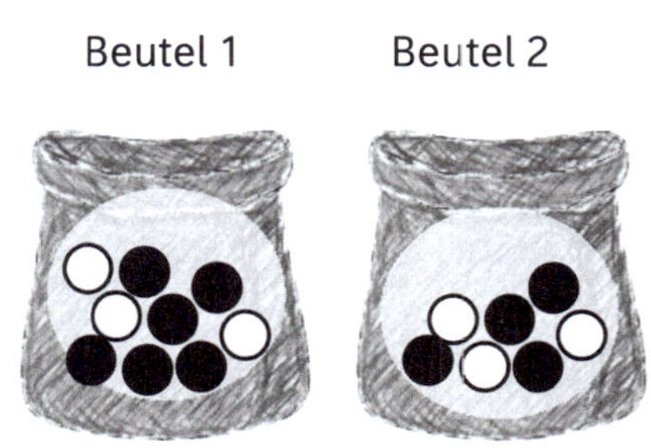

a) Wie hoch ist die Wahrscheinlichkeit aus Beutel 1 eine weiße Kugel zu ziehen?

Antwort: ______________________

____

b) Ist die Wahrscheinlichkeit eine weiße Kugel zu ziehen bei beiden Beuteln gleich groß? Begründe deine Entscheidung.

Prüfungsteil II (ausgewählte Aufgaben)

Aufgabe 1: Sandkasten

Im Kindergarten wird ein neuer Sandkasten gebaut.

a) Berechne den inneren Umfang (Abbildung 1).

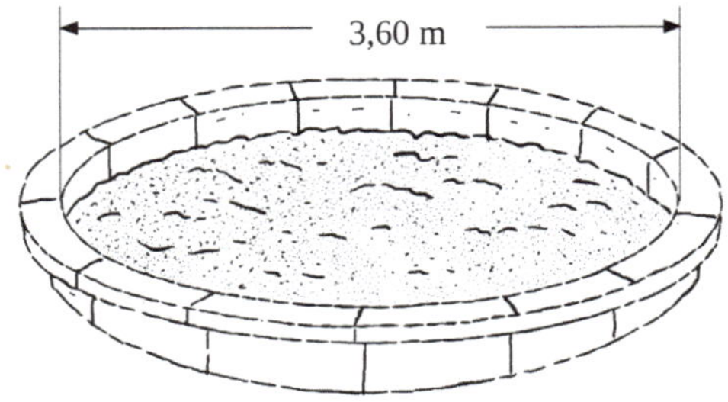

Abbildung 1: kreisförmiger Sandkasten

Antwort: ______________________________

b) Es sollen 5 m³ Sand bestellt werden.
Zeige durch eine Rechnung, dass die Menge Sand ausreicht, um den Sandkasten 0,45 m hoch zu füllen.

Für die Bestellung werden zwei verschiedene Angebote verglichen:

Angebot der Firma „Schüttgut“

pro m³ Sand:	90 €
feste Lieferkosten:	100 €

Angebot der Firma „Bauschnell“

bis zu 5 m³ Sand kosten 400 €
Lieferung kostenlos
Preise für größere Mengen auf Anfrage

Die Kosten der Firma „Schüttgut“ kann man mit dieser Gleichung berechnen:

$y = 90 \cdot x + 100$

c) Gib die Bedeutung der beiden Variablen x und y in dieser Situation an.

x: ______________________________

y: ______________________________

d) Der Graph in Abbildung 2 zeigt das Angebot der Firma „Bauschnell“. Warum endet der Graph im Punkt P (5 | 400)? Begründe.

____

____

____

____

e) Zeichne auch den Graphen für das Angebot der Firma „Schüttgut“ ein.

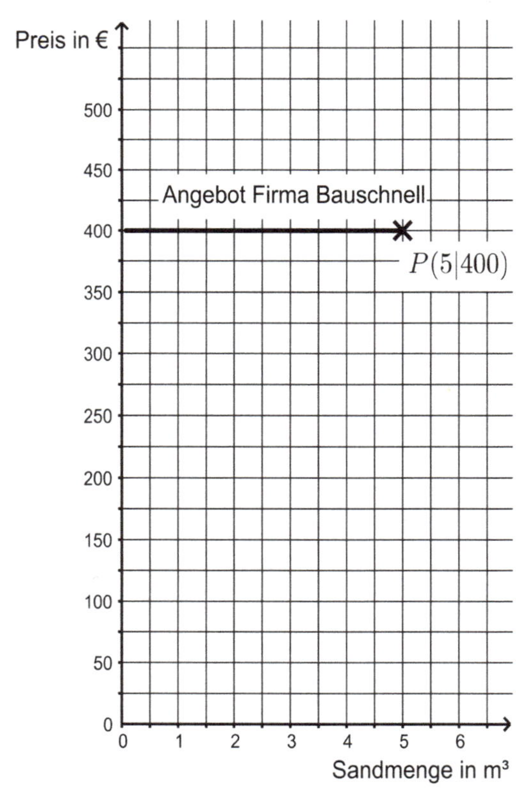

Abbildung 2: Angebot der Firma „Bauschnell“

f) Es sollen 5 m^3 Sand bestellt werden. Begründe, welches Angebot günstiger ist.

Aufgabe 2: Nördliche Bundesländer

Die Karte zeigt die nördlichen Bundesländer von Deutschland. In der Tabelle sind die Flächen dieser Bundesländer und deren Einwohnerzahlen dargestellt.

	A	B	C	D
1	**Bundesland**	**Fläche**	**Einwohner**	
2		in km^2	**Anzahl**	**pro km^2**
3	Schleswig-Holstein	15 802	2 858 714	181
4	Hamburg	755	1 787 408	2 367
5	Mecklenburg-Vorpommern	23 213	1 612 362	69
6	Niedersachsen	47 592	7 926 599	167
7	Bremen	419	671 489	1 603
8	Nordrhein-Westfalen	34 112	17 865 516	524
9	Brandenburg	29 654	2 484 826	84
10	Berlin	891	3 520 031	3 951
11	Sachsen- Anhalt	20 451	2 245 470	110

Abbildung 1: nördliche Bundesländer Deutschlands (Karte links), Flächen und Einwohnerzahlen dieser Bundesländer (Tabelle rechts)

a) Bestimme mithilfe der Karte den Abstand (Luftlinie) zwischen den Stadtzentren von Hamburg und Berlin in Wirklichkeit.

Antwort: ______________________

b) Welches der nördlichen Bundesländer hat die größte Fläche?

Antwort: ______________________

c) Runde die Anzahl der Einwohner von Nordrhein-Westfalen auf die Hundertausenderstelle. Gib die Anzahl als Zehnerpotenz an.

Gerundet: ______________ Zehnerpotenz: ______________

d) Wie viele Einwohner pro km^2 hat Nordrhein-Westfalen? Berechne.

Antwort: ______________________

e) Mit welcher Formel kann der Wert in Zelle D4 berechnet werden?

Formel: ______________

f) In Nordrhein-Westfalen leben 22 % aller Einwohner Deutschlands. Berechne den Winkel und zeichne diesen Anteil in das Kreisdiagramm ein.

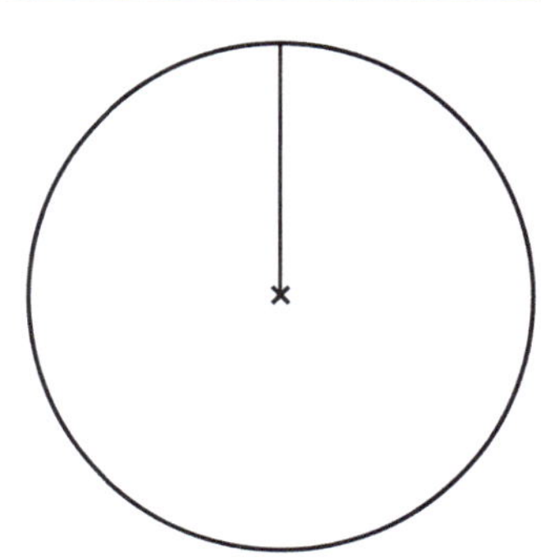

Stichwortverzeichnis

westermann

FiNALE Prüfungstraining

Nordrhein-Westfalen

Erweiterter Erster Schulabschluss
(vormals Hauptschulabschluss)
Hauptschule Typ A, Gesamtschule Grundkurs

Mathematik

2024

Lösungen und Formelsammlung

Bernhard Humpert
Dr. Martina Lenze
Dr. Bernd Liebau
Ursula Schmidt
Peter Welzel

ISBN 978-3-07-172402-0

Ebene Figuren

Quadrat

Flächeninhalt:
$A = a \cdot a = a^2$

Umfang:
$u = 4 \cdot a$

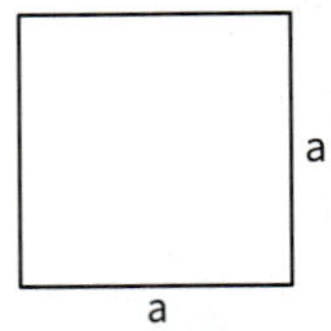

Rechteck

Flächeninhalt:
$A = a \cdot b$

Umfang:
$u = 2 \cdot a + 2 \cdot b$

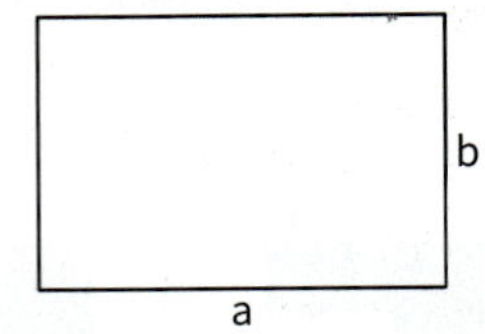

Dreieck

Flächeninhalt:
$A = \frac{g \cdot h}{2}$

Umfang:
$u = a + b + c$

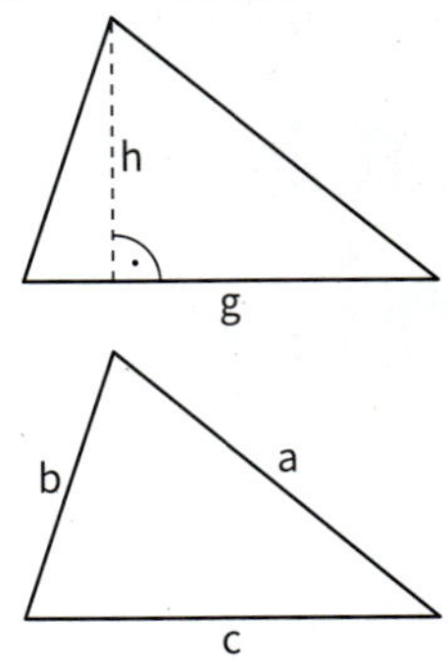

Parallelogramm

Flächeninhalt:
$A = g \cdot h$

Umfang:
$u = 2 \cdot a + 2 \cdot b$

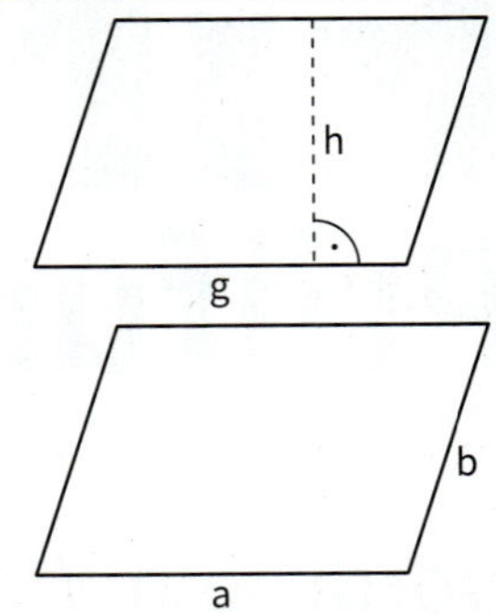

Trapez

Flächeninhalt:
$A = \frac{a + c}{2} \cdot h$

Umfang:
$u = a + b + c + d$

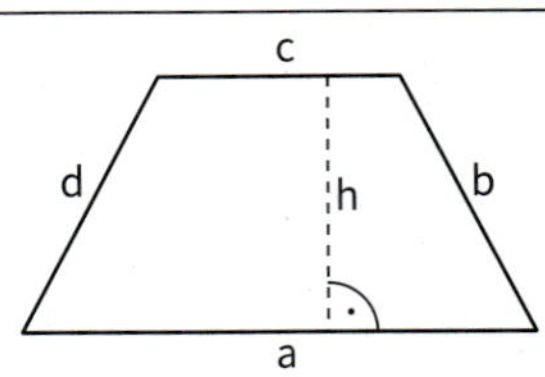

Kreis

Radius: r

Durchmesser: $d = 2 \cdot r$

Flächeninhalt: $A = \pi \cdot r^2$

Umfang: $u = 2 \cdot \pi \cdot r$

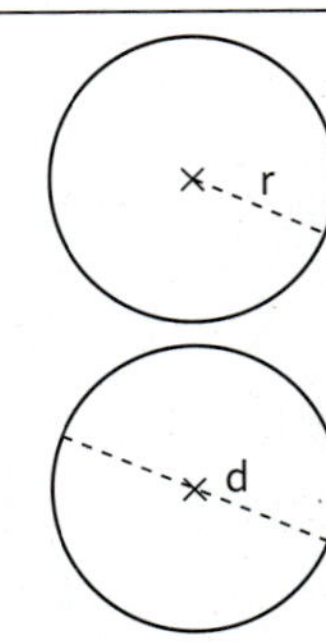

Kreissektor

Flächeninhalt:
$A = \pi \cdot r^2 \cdot \frac{\alpha}{360°}$

Kreisbogen:
$b = 2 \cdot \pi \cdot r \cdot \frac{\alpha}{360°}$

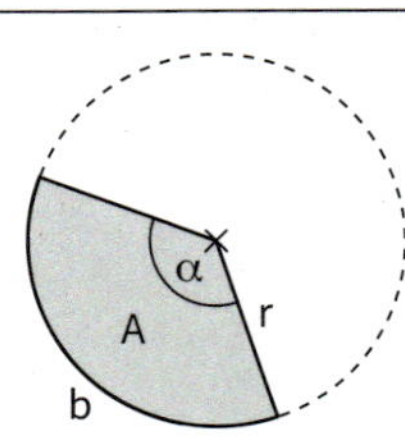

Kreisring

Flächeninhalt:
$A = A_1 - A_2$

$A = \pi \cdot r_1^2 - \pi \cdot r_2^2$

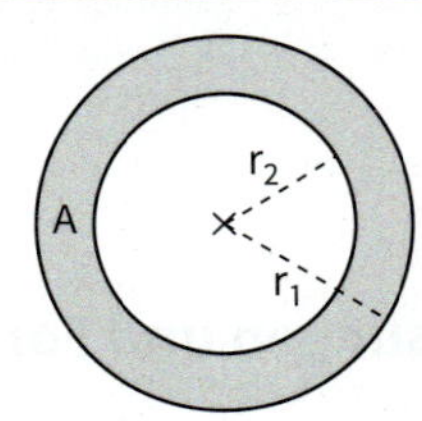

Satz des Pythagoras

Im rechtwinkligen Dreieck gilt:

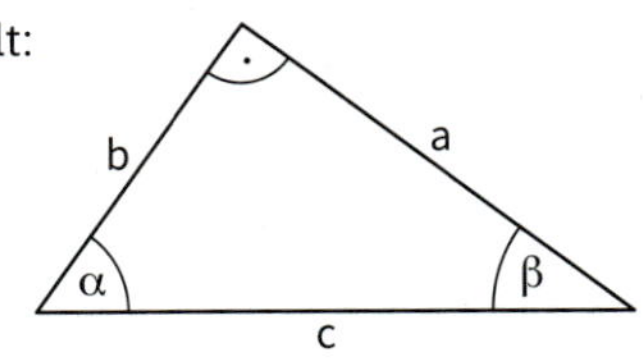

Dann ist: $a^2 + b^2 = c^2$

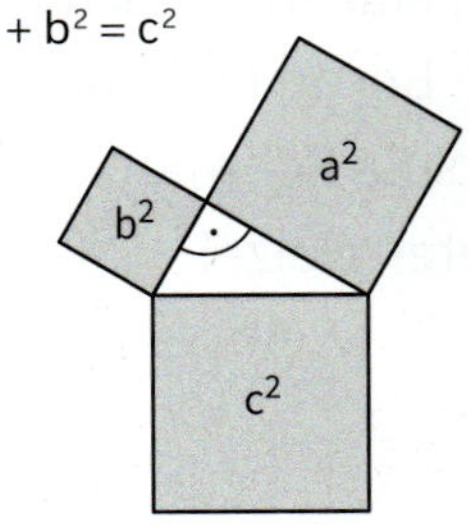

Die beiden *Katheten* a und b bilden einen rechten Winkel.
Die *Hypotenuse* c ist die längste Seite des Dreiecks und liegt dem rechten Winkel gegenüber.

Maßeinheiten

Länge

Kilometer	Meter	Dezimeter	Zentimeter	Millimeter
1 km =	1000 m			
	1 m =	10 dm		
		1 dm =	10 cm	
			1 cm =	10 mm

Fläche

Quadratmeter	Quadratdezimeter	Quadratzentimeter	Quadratmillimeter
$1\ m^2$ =	$100\ dm^2$		
	$1\ dm^2$ =	$100\ cm^2$	
		$1\ cm^2$ =	$100\ mm^2$

Geometrische Körper

Würfel

Volumen:
$V = a \cdot a \cdot a = a^3$

Oberfläche:
$O = 6 \cdot a \cdot a = 6 \cdot a^2$

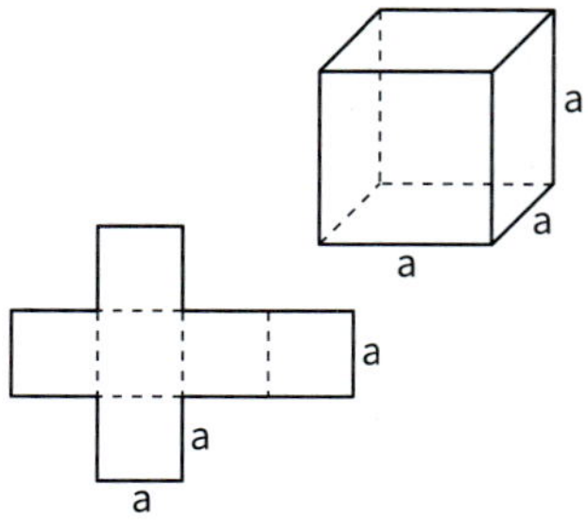

Quader

Volumen:
$V = a \cdot b \cdot c$

Oberfläche:
$O = 2 \cdot a \cdot b + 2 \cdot b \cdot c + 2 \cdot c \cdot a$

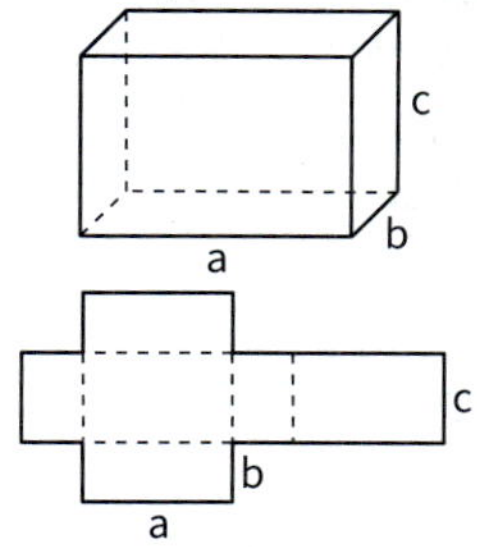

Prisma

Beispiel: Dreiecksprisma

Grundfläche: G

Höhe des Körpers: h_K

Umfang der Grundfläche: u

Volumen:
$V = G \cdot h_K$

Mantelfläche:
$M = u \cdot h_K$

Oberfläche:
$O = 2 \cdot G + M$

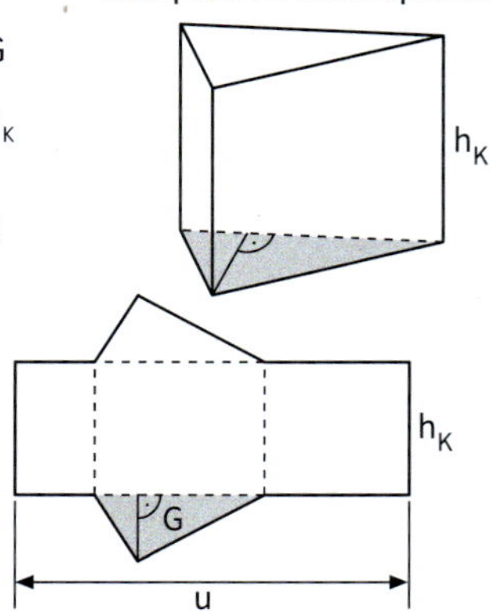

Zylinder

Grundfläche (Kreis): $G = \pi \cdot r^2$

Höhe des Körpers: h_K

Umfang der Grundfläche: $u = 2 \cdot \pi \cdot r$

Volumen:
$V = G \cdot h_K$

Mantelfläche:
$M = u \cdot h_K$

Oberfläche:
$O = 2 \cdot G + M$

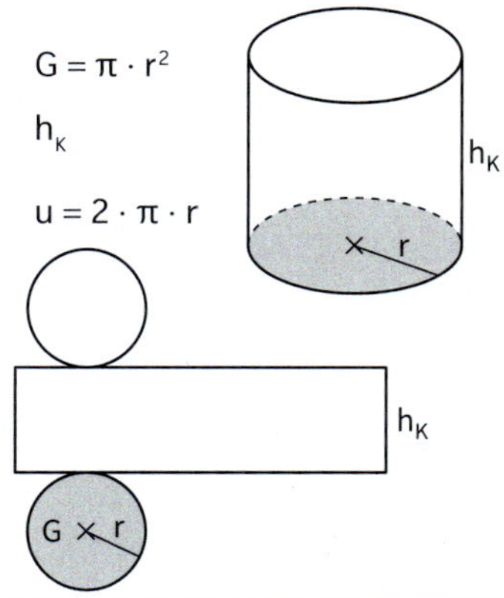

Pyramide

Beispiel: Quadratische Pyramide

Grundfläche: G

Höhe des Körpers: h_K

Höhe der Seitenfläche: s

Volumen: $V = \frac{1}{3} \cdot G \cdot h_K$

Mantelfläche: M

Oberfläche:
$O = G + M$

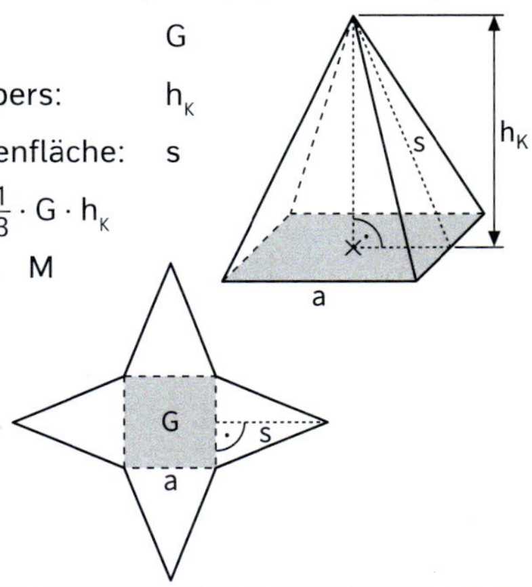

Kegel

Grundfläche (Kreis): $G = \pi \cdot r^2$

Höhe des Körpers: h_K

Länge der Mantellinie: s

Volumen: $V = \frac{1}{3} \cdot G \cdot h_K$

Mantelfläche:
$M = \pi \cdot r \cdot s$

Oberfläche:
$O = G + M$

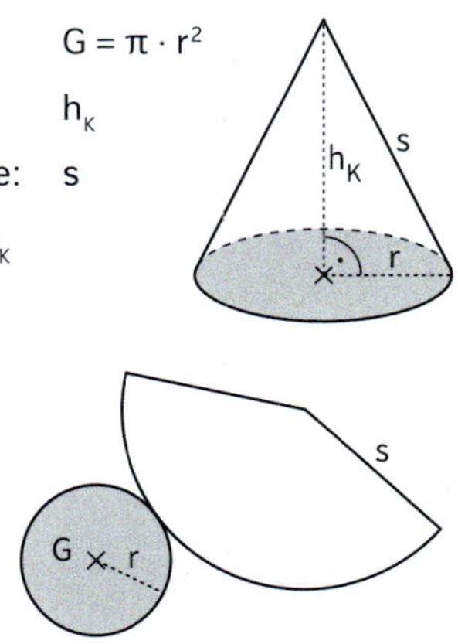

Kugel

Volumen: $V = \frac{4}{3} \cdot \pi \cdot r^3$

Oberfläche: $O = 4 \cdot \pi \cdot r^2$

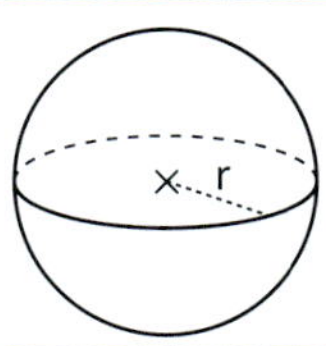

Maßeinheiten

Volumen

Kubikmeter	Kubikdezimeter	Kubikzentimeter	Kubikmillimeter

$1\ m^3 = 1000\ dm^3$
$1\ dm^3 = 1000\ cm^3$
$1\ cm^3 = 1000\ mm^3$

Liter (ℓ) $1\ dm^3 = 1\ ℓ = 1000\ mℓ$
$1\ cm^3 = 1\ mℓ$

Masse

Tonne	Kilogramm	Gramm	Milligramm

1 t = 1000 kg
1 kg = 1000 g
1 g = 1000 mg

Prozent- und Zinsrechnung

Prozentrechung

Grundwert: $G \triangleq 100\,\%$

$G = \frac{W}{p\,\%}$

Prozentsatz: $p\,\% = \frac{p}{100}$

$p\,\% = \frac{W}{G}$

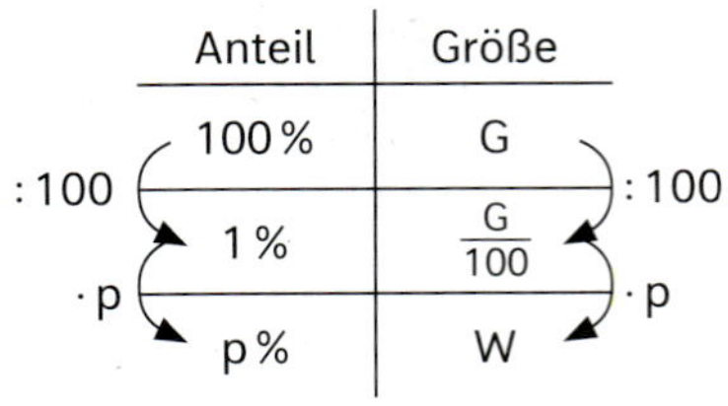

Prozentwert: W

$W = G \cdot p\,\%$

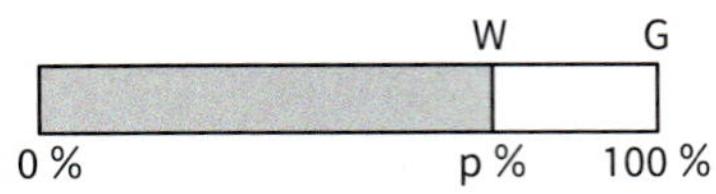

Prozentsätze zur Orientierung

$1\,\% = \frac{1}{100} = 0{,}01$

$5\,\% = \frac{1}{20} = 0{,}05$

$10\,\% = \frac{1}{10} = 0{,}1$

$25\,\% = \frac{1}{4} = 0{,}25$

$33{,}\overline{3}\,\% = \frac{1}{3} = 0{,}\overline{3}$

$50\,\% = \frac{1}{2} = 0{,}5$

$100\,\% = \frac{100}{100} = 1$

Zinsrechung

Kapital: $K \triangleq 100\,\%$
Zinssatz: $p\,\%$
Zinsen: Z

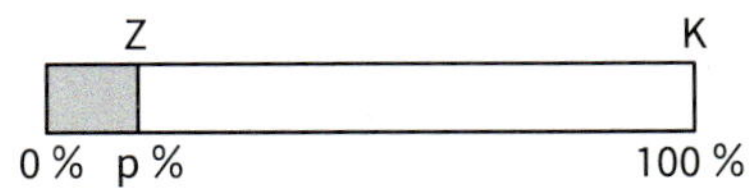

Jahreszinsen

$Z = K \cdot p\,\%$

Monatszinsen
m: Anzahl der Monate

$Z_m = K \cdot p\,\% \cdot \frac{m}{12}$

Tageszinsen
t: Anzahl der Tage

$Z_t = K \cdot p\,\% \cdot \frac{t}{360}$

Zinseszins

Anfangskapital: K_0

Zinsfaktor: $q = 1 + \frac{p}{100}$

Anzahl der Jahre: n

Kapital mit Zinseszins Jahr für Jahr

1. Jahr: $K_1 = K_0 \cdot q$
2. Jahr: $K_2 = K_1 \cdot q$
3. Jahr: $K_3 = K_2 \cdot q$
⋮ ⋮

Kapital mit Zinseszins nach n Jahren

$K_n = K_0 \cdot q^n$

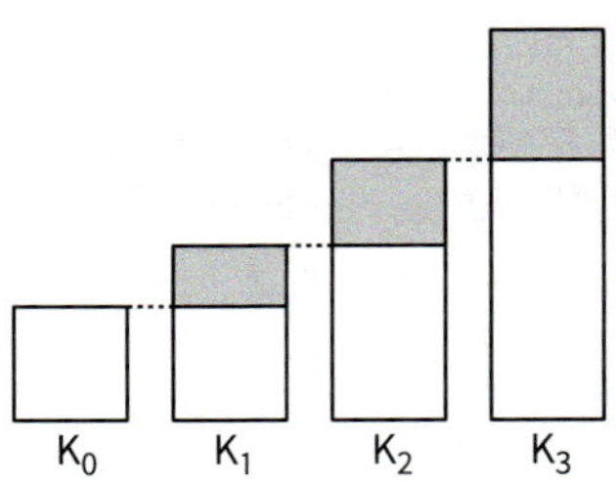

Diagramme

Werte darstellen

Säulendiagramm

Anteile darstellen

Streifendiagramm

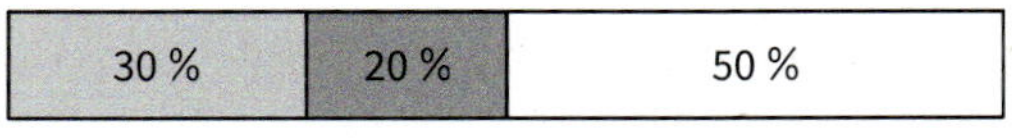

Balkendiagramm

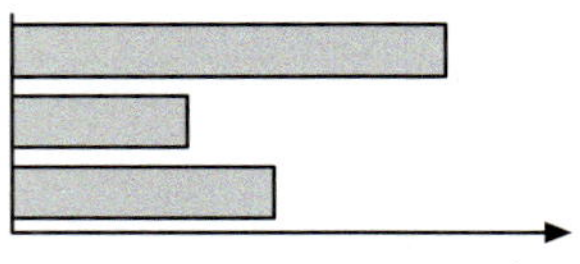

Kreisdiagramm

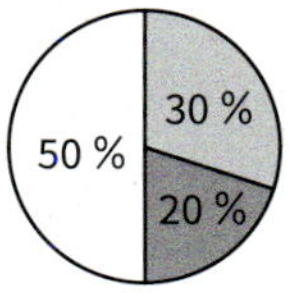

$100\,\% \triangleq 360°$
$10\,\% \triangleq 36°$
$1\,\% \triangleq 3{,}6°$

Daten

Häufigkeiten

absolute Häufigkeit:
Die absolute Häufigkeit gibt an, wie oft ein bestimmter Wert (Merkmal/Ergebnis/Ereignis) bei einer Befragung/einem Experiment auftritt.

relative Häufigkeit:
Die relative Häufigkeit gibt das Verhältnis von der absoluten Häufigkeit eines Wertes zu der Anzahl aller Werte an.

$$\text{relative Häufigkeit} = \frac{\text{absolute Häufigkeit}}{\text{Anzahl aller Werte}}$$

Beispiel:
In der Klasse 9a sind 30 Schülerinnen und Schüler 12 Mädchen und 18 Jungen.

	Mädchen	Jungen
absolute Häufigkeit	12	18
relative Häufigkeit	$\frac{12}{30} = \frac{2}{5} = 0{,}4 = 40\,\%$	$\frac{18}{30} = \frac{3}{5} = 0{,}6 = 60\,\%$

Daten sammeln und ordnen

Urliste:
In einer Urliste liegen alle Werte einer Befragung in der Reihenfolge vor, wie sie beobachtet wurden.

Rangliste:
In einer Rangliste liegen alle Werte einer Befragung in geordneter Reihenfolge vor.

Beispiel:
Freunde notieren ihre Schuhgrößen.

	ungerade Anzahl: fünf Freunde	gerade Anzahl: vier Freunde
Urliste	40; 39; 39; 43; 38	40; 39; 38; 45
Rangliste	38; 39; 39; 40; 43	38; 39; 40; 45

Mittelwerte

arithmetisches Mittel $\bar{x}$:
Das arithmetische Mittel (Durchschnittswert) ist die Summe aller Werte geteilt durch die Anzahl n der Werte.

Median $\tilde{x}$:
Der Wert, der in der Mitte einer Rangliste steht, heißt Median (Zentralwert).

Beispiel:
Freunde notieren ihre Schuhgrößen.

	ungerade Anzahl: fünf Werte	gerade Anzahl: vier Werte
arithmetisches Mittel	$\frac{(38+39+39+40+43)}{5} = \frac{199}{5} = 39{,}8$	$\frac{(38+39+40+45)}{4} = \frac{162}{4} = 40{,}5$
Median	38; 39; $\underbrace{39;}_{\text{Median}}$ 40; 43 39	38; $\underbrace{39;\ 40;}_{\text{Median}}$ 45 39 oder 40 bzw.: (39 + 40) : 2 = 39,5

Wahrscheinlichkeitsrechnung

Laplace-Wahrscheinlichkeit

Laplace-Versuche sind Zufallsversuche, bei denen jedes Ergebnis gleich wahrscheinlich ist.

Für die Wahrscheinlichkeit P eines Ereignisses E gilt dann:

$$P(E) = \frac{\text{Anzahl der günstigen Ergebnisse}}{\text{Anzahl der möglichen Ergebnisse}}$$

Beispiel:
Wurf eines Würfels

Ereignis:	E: „Die Augenzahl ist gerade."
günstige Ergebnisse:	2; 4; 6
mögliche Ergebnisse:	1; 2; 3; 4; 5; 6
Wahrscheinlichkeit:	$P(E) = \frac{3}{6} = \frac{1}{2} = 50\,\%$

Funktionen

Eine Funktion ist eine eindeutige Zuordnung. Dabei wird jeder Ausgangsgröße eine Größe zugeordnet. Eine Funktion kann auf unterschiedliche Weise angegeben werden:

Wortform
Beispiel:
„Jeder Zahl wird ihre Quadratzahl zugeordnet."

Zuordnungsvorschrift
$x \mapsto x^2$

Funktionsgleichung
$y = x^2$

Wertetabelle

x	−2	−1	0	1	2
y	4	1	0	1	4

Graph

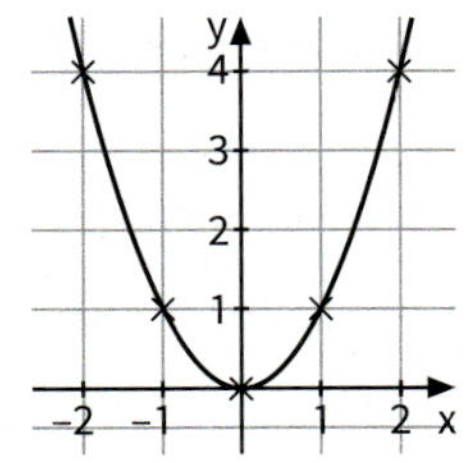

Lineare Funktionen

allgemeine Geradengleichung
g: $y = m \cdot x + n$

Steigung der Geraden
$m = \frac{y_2 - y_1}{x_2 - x_1}$ $x_2 \neq x_1$

y-Achsen-Abschnitt: n

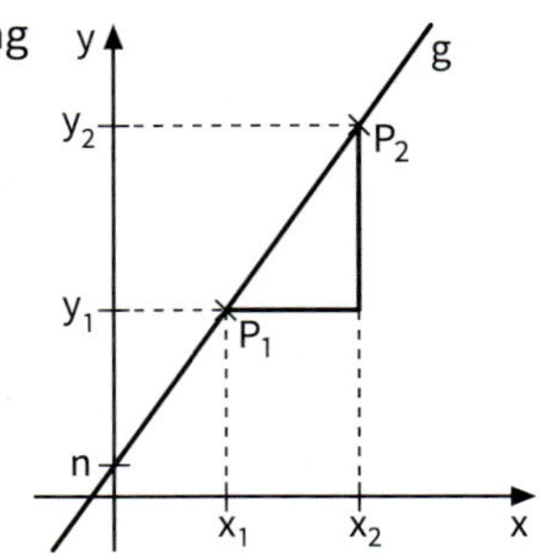

m > 0
die Gerade g steigt

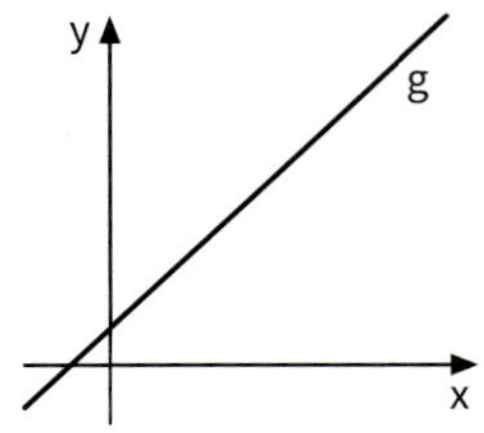

m < 0
die Gerade g fällt

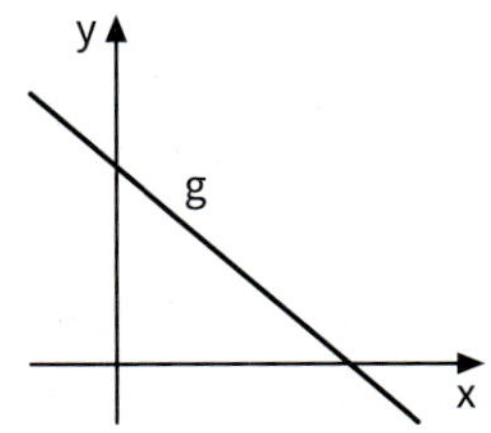

Eigenschaften von quadratischen Funktionen

Normalparabel
$y = x^2$

Scheitelpunkt: S(0|0)

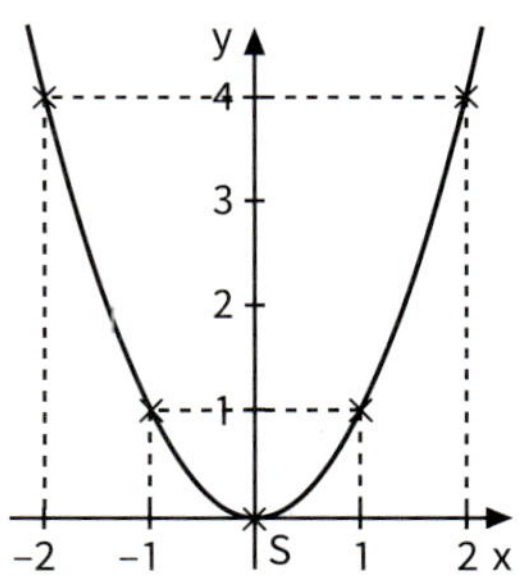

gestreckte / gestauchte Parabel: $y = a \cdot x^2$

Streckfaktor: a, $a \neq 0$

$a > 1$
die Parabel ist gestreckt

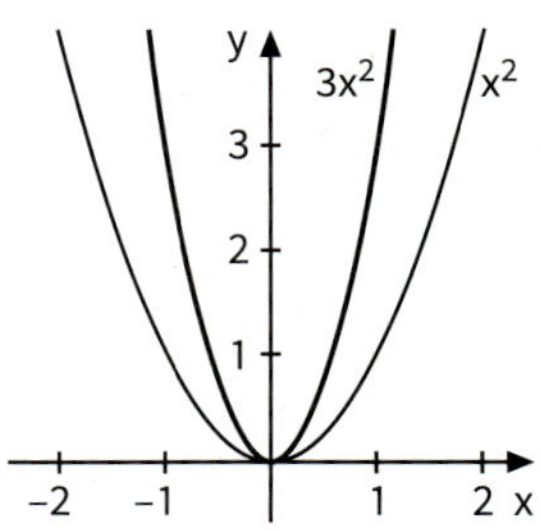

$a = 3$

$0 < a < 1$
die Parabel ist gestaucht

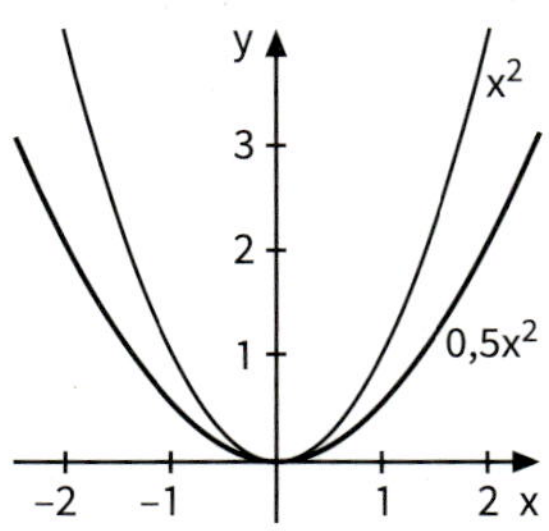

$a = 0{,}5$

$a < 0$
die Parabel ist nach unten geöffnet

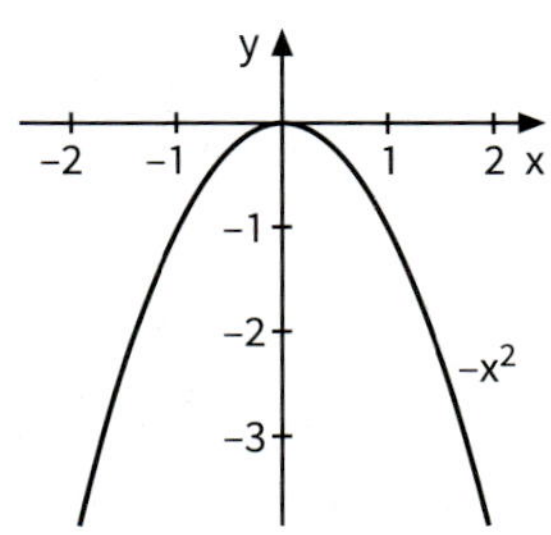

$a = -1$

Exponentialfunktionen und exponentielles Wachstum

Anfangswert (Startwert)	W_0
Wachstumsfaktor	q
Anzahl der Zeitabstände	n
Gleichung	$W_n = W_0 \cdot q^n$

n	0	1	2	…
W_n	W_0	$W_0 \cdot q$	$W_0 \cdot q^2$	…

(n: jeweils +1; W_n: jeweils $\cdot q$)

prozentuale Zunahme um p %:

$q > 1$ $q = 1 + \frac{p}{100}$

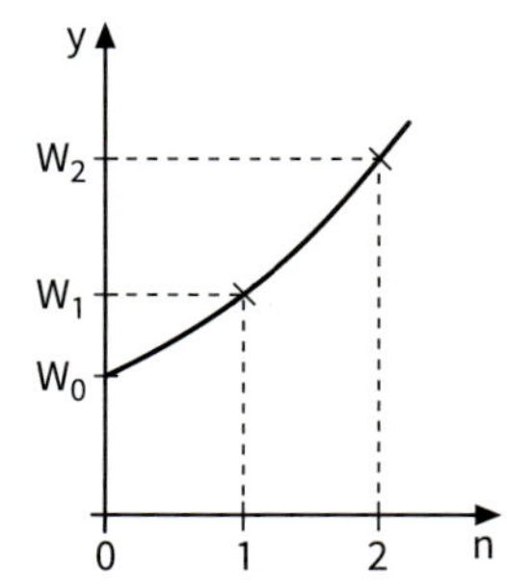

prozentuale Abnahme um p %:

$0 < q < 1$ $q = 1 - \frac{p}{100}$

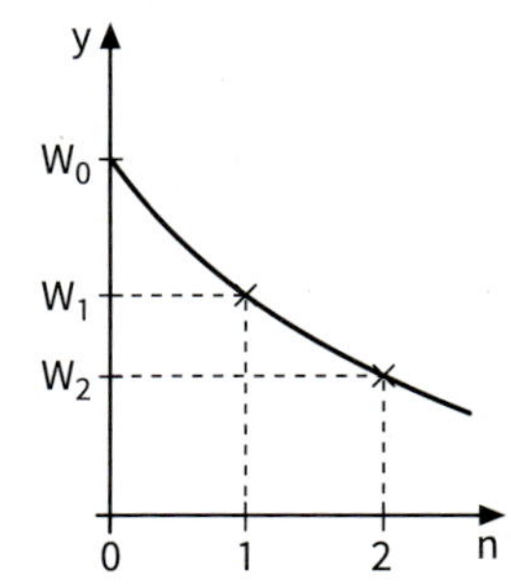

Hier im Lösungsheft befinden sich **Kurzlösungen** zu den Aufgaben des Eingangstests (S. 8 – 13).
Ausführliche Lösungen zum Eingangstest befinden sich im Arbeitsbuch selbst (S. 16 – 35).

Kurzlösungen – Eingangstest Teil A Basisaufgaben

Arithmetik/Algebra (Eingangstest)

S. 8

1 Rechnen und Ordnen
a) (1) 0,5 (2) –0,7 (3) 0,6 (4) $1\frac{3}{5}$ (5) $\frac{3}{4}$ (6) $-\frac{1}{2}$
b) $-0{,}7 < -\frac{1}{2} < 0{,}5 < 0{,}6 < \frac{3}{4} < \frac{4}{3} < 1\frac{3}{5}$

2 Schätzen
a) 2,05 m b) 1,4 t c) 21,7 cm d) 40 dm^3

3 Lineare Gleichungen
a) x = 12 b) x = 21

S. 9

4 Prozente
a) 75 € b) 10 % c) 200 kg d) 24 €

Funktionen (Eingangstest)

5 Zuordnungen
Richtig anzukreuzen ist jeweils ...
1) p (proportional)
2) k (keines von beiden)
3) p (proportional)
4) a (antiproportional)
5) k (keines von beiden)
6) a (antiproportional)

6 Radfahren
In einer Stunde legt Mareike 15 km zurück.

7 Graphen und Gleichungen
g_1: y = –x + 2 g_2: y = –x – 1 g_3: y = x + 1 g_4: y = 2x – 1

S. 10

8 Passend dargestellt
Zu (1) passt am besten der Graph C, zu (2) passt am besten der Graph D.

9 Wertetabelle
a) In Zelle B7. b) Für x = 15. c) =27 – 3*(A2– 6) d) y = 15

10 Lineare Funktion – Füllmenge
a) 150 *l* b) Abnahme pro Minute: 2 *l* c) y = – 2x + 150

Geometrie (Eingangstest)

11 Flächeninhalt und Umfang eines Rechtecks
a) $A = a \cdot b = 8\text{ cm} \cdot 6\text{ cm} = 48\text{ cm}^2$
b) u = 8 cm + 6 cm + 8 cm + 6 cm = 28 cm

S. 11

12 Schiffscontainer

$V = a \cdot b \cdot c = 12{,}03\ \text{m} \cdot 2{,}35\ \text{m} \cdot 2{,}39\ \text{m} \approx 67{,}57\ \text{m}^3$

13 Winkelbestimmung

$\alpha = 180° - 81° - 44° = 55°$ $2\gamma = 180° - 104° = 76° \rightarrow \gamma = 38°\ (= \beta)$

14 Kreisverkehr

a) $A = \pi \cdot r^2 = \pi \cdot (20\ \text{m})^2 \approx 1\,257\ \text{m}^2$
$u = \pi \cdot d = \pi \cdot 40\ \text{m} \approx 125{,}7\ \text{m}$

b) Radius der Grünfläche: $r_G = 20\ \text{m} - 7\ \text{m} = 13\ \text{m}$
Flächeninhalt: $A_G = \pi \cdot (13\ \text{m})^2 \approx 531\ \text{m}^2$

15 Zylinder

a) Oberflächeninhalt: $O = 2 \cdot \pi \cdot r^2 + 2 \cdot \pi \cdot r \cdot h = 2 \cdot \pi \cdot (14\ \text{cm})^2 + 2 \cdot \pi \cdot 14\ \text{cm} \cdot 8\ \text{cm} \approx 1935\ \text{cm}^2$
Volumen $V = \pi \cdot r^2 \cdot h = \pi \cdot (14\ \text{cm})^2 \cdot 8\ \text{cm} \approx 4\,926\ \text{cm}^3$

b) Masse des Zylinders: $4\,926 \cdot 7{,}8\ \text{g} \approx 38{,}4\ \text{kg}$

S. 12

16 Flächenberechnung

$A = 12\ \text{cm} \cdot 3\ \text{cm} = 36\ \text{cm}^2$
$\overline{AD} = \sqrt{(4\ \text{cm})^2 + (3\ \text{cm})^2} = 5\ \text{cm}$
Umfang $u = 2 \cdot 12\ \text{cm} + 2 \cdot 5\ \text{cm} = 34\ \text{cm}$

17 Dreieck im Koordinatensystem

a) P(0|2); Q(5|2); R(4|5)
b) $A = 7{,}5\ \text{cm}^2$
c) PQSR ist ein Parallelogramm
d) $\overline{PR} = \sqrt{(4\ \text{cm})^2 + (3\ \text{cm})^2} = 5\ \text{cm}$
$u = 2 \cdot 5\ \text{cm} + 2 \cdot 5\ \text{cm}$
$u = 20\ \text{cm}$

Daten und Zufall (Eingangstest)

18 Tablet

a) Median: 290 € Spannweite: 140 € arithmetisches Mittel: 320 €
b) Median unverändert: 290 € arithmetisches Mittel kleiner: 315 €

S. 13

19 Werbung

a)

	Rang 1	Rang 2	Rang 3
Medium	Fernsehen	Tageszeitungen	Anzeigenblätter
Einnahmen (in Mio. €)	4 400	2 650	1 800

b) ca. 29 %

c) Längen im Streifendiagramm
Fernsehen: 29 mm Online und Mobile: 9 mm
Tageszeitungen: 17 mm Zeitschriften: 7 mm
Anzeigeblätter 12 mm Sonstige: 26 mm

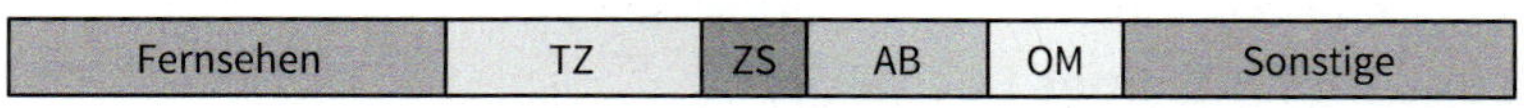

20 Hausaufgaben

a) $P = \frac{1}{24}$ b) $P = \frac{9}{24} = \frac{3}{8}$

Übungsaufgaben Teil A Basisaufgaben

Arithmetik/Algebra (Übungsaufgaben)

S. 16

1 a) $30{,}5 - 7{,}8 = 22{,}7$ c) $12 \cdot 7{,}5 = 90$ e) $19{,}54 : 100 = 0{,}1954$
b) $20 - 2{,}5 + 0{,}05 - 5{,}55 = 12$ d) $0{,}45 \cdot 101 = 45{,}45$ f) $0{,}27 : 9 = 0{,}03$

2 a) $\frac{2}{5} + \frac{3}{10} = \frac{4}{10} + \frac{3}{10} = \frac{7}{10}$ b) $\frac{1}{3} \cdot \frac{2}{5} = \frac{2}{15}$ c) $\frac{1}{3} + \frac{2}{5} = \frac{5}{15} + \frac{6}{15} = \frac{11}{15}$ d) $\frac{1}{3} : \frac{2}{5} = \frac{1}{3} \cdot \frac{5}{2} = \frac{5}{6}$

3 a) $\frac{2}{4} - \frac{3}{4} = -\frac{1}{4}$ b) $0{,}5 + 1{,}5 = 2$ c) $-\frac{2}{4} + \frac{5}{4} = \frac{3}{4}$
d) $0{,}7 - 2{,}2 = -1{,}5$ e) $-0{,}25 + 2{,}75 = 2{,}5$ f) $1{,}5 - 0{,}25 = 1{,}25$

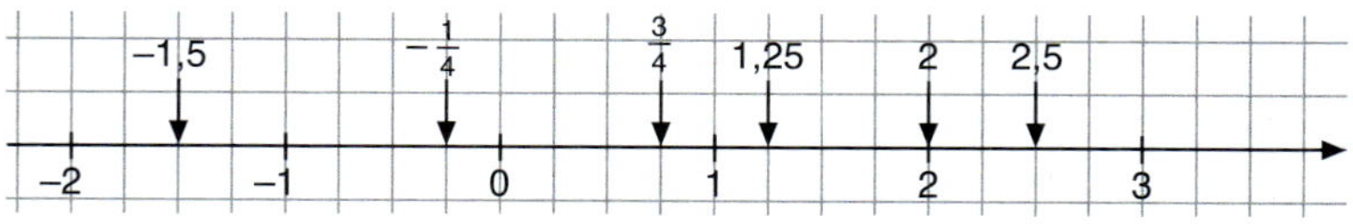

4 Es ist sinnvoll, die Zahlen zum besseren Vergleich dezimal zu schreiben.
a) $0{,}4$ $\frac{3}{6} = 0{,}5$ $0{,}38$ $\frac{1}{4} = 0{,}25$ $\frac{3}{5} = 0{,}6$ $0{,}2$
$0{,}2 < \frac{1}{4} < 0{,}38 < 0{,}4 < \frac{3}{6} < \frac{3}{5}$
b) $-1\frac{1}{2} = -1{,}5$ $-\frac{7}{5} = -1{,}4$ $-\frac{3}{4} = -0{,}75$ $-0{,}8$ $-1\frac{1}{4} = -1{,}25$ $-1{,}3$
Bei negativen Zahlen hat die größere Zahl den kleineren Betrag.
$-1\frac{1}{2} < -\frac{7}{5} < -1{,}3 < -1\frac{1}{4} < -0{,}8 < -\frac{3}{4}$
c) $0{,}7$ $-\frac{3}{4} = -0{,}75$ $-1{,}3$ $\frac{4}{5} = 0{,}8$ $-1\frac{1}{2} = -1{,}5$ $\frac{9}{10} = 0{,}9$
$-1\frac{1}{2} < -1{,}3 < -\frac{3}{4} < 0{,}7 < \frac{4}{5} < \frac{9}{10}$
d) $2{,}8$ $-0{,}41$ $-\frac{2}{5} = -0{,}4$ $\frac{29}{10} = 2{,}9$ $-\frac{9}{2} = -4{,}5$ $2{,}805$
$-\frac{9}{2} < -0{,}41 < -\frac{2}{5} < 2{,}8 < 2{,}805 < \frac{29}{10}$

S. 17

1 Hier muss man überschlagen: Die Schülerin ist 6 Zeitstunden pro Tag, 5 Tage in der Woche, 40 Wochen im Jahr und 10 Jahre lang in der Schule.
$6\ \text{h} \cdot 5 \cdot 40 \cdot 10 = 12\,000\ \text{h}$; $12\,000\ \text{h} = 12\,000 \cdot 60 \cdot 60\ \text{s} \approx 43$ Mio. s
Von den Auswahllösungen kommen nur 36 000 000 s in Frage.

2 Zunächst hilft es, alle Angaben in cm^2 umzurechnen:
$957{,}6\ \text{cm}^2$; $95\,760\ \text{mm}^2 = 957{,}6\ \text{cm}^2$; $95{,}76\ \text{dm}^2 = 9\,576\ \text{cm}^2$; $9\,576\ \text{mm}^2 = 95{,}76\ \text{cm}^2$
Wenn der Schein eine Höhe von 10 cm hätte, müsste er bei den ersten beiden Angaben über 95 cm lang sein, bei der dritten Angabe sogar über 950 cm. Damit kann nur die letzte Angabe in Frage kommen.
Zur Kontrolle: Ein 20-€-Schein ist 133 mm lang und 72 mm breit.
Flächeninhalt: $A = 133\ \text{mm} \cdot 72\ \text{mm} = 9\,576\ \text{mm}^2$
☒ $9\,576\ \text{mm}^2$ muss angekreuzt werden.

3 a) Die Größe gibt man in m^2 an.
$720\ \text{dm}^2 = 7{,}2\ \text{m}^2$, $720\,000\ \text{mm}^2 = 0{,}72\ \text{m}^2$, $7\,200\ \text{dm}^2 = 72\ \text{m}^2$
Weniger als $1\ \text{m}^2$ kann nicht zutreffend sein. $72\ \text{m}^2$ ist zu groß.
Richtig kann also nur die Angabe $720\ \text{dm}^2 = 7{,}2\ \text{m}^2$ sein.

b) Um die Mengen besser vergleichen zu können, rechnet man alle Angaben in die Einheit „m^3" um.
$37\ \text{hl} = 3{,}7\ \text{m}^3$ ($1\ \text{hl} = 100\ l$), $370\,000\ \text{ml} = 0{,}37\ \text{m}^3$, $37\,000\ l = 37\ \text{m}^3$ ($1\ \text{m}^3 = 1\,000\ l$)
$3{,}7\ \text{m}^3$ oder gar $37\ \text{m}^3$ sind sicherlich zu viel, $0{,}037\ \text{m}^3$ sind gerade einmal $37\ l$ und sicherlich zu wenig. Es passt nur die Angabe 370 000 ml ($370\ l = 0{,}37\ \text{m}^3$).

4 a) $500\ \text{g} = 0{,}5\ \text{kg}$ c) $25\ \text{ha} = 250\,000\ \text{m}^2$ e) $4\,500\ l = 4{,}5\ \text{m}^3$ g) $1{,}2\ \text{h} = 72\ \text{min}$
b) $1{,}8\ \text{t} = 1\,800\ \text{kg}$ d) $4\,600\ \text{cm}^2 = 0{,}46\ \text{m}^2$ f) $180\ \text{s} = 3\ \text{min}$

S. 17

5 a) 35 cm = 350 mm b) $2{,}5\ m^2 = 250\ dm^2$ c) 85 min = 5100 s

6 a) 56000 mm = 5600 cm b) $5050\ m^2 = 50{,}5$ a c) 150 min = 2,5 h

S. 18

1 a)
$$\begin{aligned} 3x - 7 &= 35 && |+7 \\ 3x &= 42 && |:3 \\ x &= 14 \end{aligned}$$

b)
$$\begin{aligned} 9 - 4x &= 13 && |-9 \\ -4x &= 4 && |:(-4) \\ x &= -1 \end{aligned}$$

c)
$$\begin{aligned} 7(3x-2)+1 &= 50 \\ 21x - 14 + 1 &= 50 \\ 21x - 13 &= 50 && |+13 \\ 21x &= 63 && |:21 \\ x &= 3 \end{aligned}$$

d)
$$\begin{aligned} 8-(2x+6)-5x &= 16 \\ 8-2x-6-5x &= 16 \\ 2-7x &= 16 && |-2 \\ -7x &= 14 && |:(-7) \\ x &= -2 \end{aligned}$$

2 (1) Preis der Kinokarte für eine Person: x
Preis für Popcorn: 17 €
Gleichung: $5x + 17 = 57$. Passt.
(2) Preis für 1 Flasche Wein: x; Preis für 1 Flasche Sekt: y
Gleichung: $5x + 17y = 57$. Passt nicht.
(3) Hierzu lässt sich keine sinnvolle Gleichung aufstellen.
(4) Ladung des kleinen Lkw: x; Ladung des großen Lkw: 17
Gleichung: $5x + 17 = 57$. Passt.
(5) Länge des Rechtecks: x; Breite des Rechtecks: 5
Gleichung: $5x + 17 = 57$ Passt.

3 a)
$$\begin{aligned} 9x - 7 &= 47 && |+7 \\ 9x &= 54 && |:9 \\ x &= 6 \end{aligned}$$

b)
$$\begin{aligned} \tfrac{x}{3} + 17 &= 30 && |-17 \\ \tfrac{x}{3} &= 13 && |\cdot 3 \\ x &= 39 \end{aligned}$$

c)
$$\begin{aligned} 8x - 9 + 3 &= 26 \\ 8x - 6 &= 26 && |+6 \\ 8x &= 32 && |:8 \\ x &= 4 \end{aligned}$$

S. 19

1 $40\,\% = \frac{40}{100} = 0{,}4$ $0{,}4 \cdot 650\ € = 260\ €$, also ☒ 260 €

2 Gesucht ist jeweils der Grundwert G.
a) $20\,\% = 0{,}2$ $0{,}2 \cdot G = 100\ €$ $|:0{,}2$

$G = \frac{100\ €}{0{,}2}$ $G = 500\ €$ 20 % von 500 € sind 100 €.

b) $0{,}40 \cdot G = 280\ m$ $|:0{,}40$

$G = \frac{280\ m}{0{,}40}$ $G = 700\ m$ 40 % von 700 m sind 280 m.

3 a) $p\,\% = \frac{374}{800} = 0{,}4675 = 46{,}75\,\%$ b) $p\,\% = \frac{35\ €}{1400\ €} = 0{,}025 = 2{,}5\,\%$

4 a) $Z = 0{,}005 \cdot 3200\ € = 16\ €$ b) $Z = 0{,}015 \cdot 500\ € = 7{,}50\ €$; $\frac{1}{2}$ Jahr: 3,75 €

5 $16\ ha = 160000\ m^2$
$W = 13\,\% \cdot 160000\ m^2$
$W = 0{,}13 \cdot 160000\ m^2$
$W = 20800\ m^2$
Das Fußballstadion nimmt $20800\ m^2$ ein.

6 $p\,\% = \frac{43}{827} \approx 0{,}052$, also ca. 5,2 %
5,2 % der kontrollierten Fahrzeuge waren mit Mängeln versehen.

7 a) $W = 0{,}035 \cdot 550\ € = 19{,}25\ €$ b) $550\ € + 19{,}25\ € = 569{,}25\ €$

Funktionen (Übungsaufgaben)

S. 20

1 Zuordnung (A) ist proportional, weil zum Doppelten der Ausgangsgröße das Doppelte der zugeordneten Größe gehört bzw. weil der Preis pro Stück immer konstant ist.
Zuordnung (B) ist nicht proportional, weil z. B. der Summe der beiden Ausgangsgrößen 2 und 3 nicht die Summe der jeweils zugeordneten Größen (1 200 m + 1 800 m = 3000 m) zugeordnet wird.

2 a) Bei proportionalen Zuordnungen ist der Quotient aus Ausgangs- und Eingangsgröße stets gleich. Beim ersten Zahlenpaar beträgt dieser Quotient 4,5 : 1,5 = 3.
Also:

x	1,5	3
y	4,5	**9**

3 · 3

b) Bei antiproportionalen Zuordnungen ist das Produkt aus Ausgangs- und Eingangsgröße stets gleich. Beim ersten Zahlenpaar beträgt dieses Produkt 20 · 6 = 120.
Also:

x	6	2
y	20	**60**

120 : 2

oder: Weil zu einem Drittel der Ausgangsgröße das Dreifache der zugeordneten Größe gehört.

3 (1) Verdoppelt man die Menge an Eiern, bleibt die Kochzeit gleich; also weder proportional noch antiproportional.
(2) Verdoppelt man die durchschnittliche Geschwindigkeit, so verdoppelt sich auch die zurückgelegte Strecke; also proportional.
(3) Zwischen dem Gewicht eines Menschen und seiner Schuhgröße besteht kein Zusammenhang; also weder proportional noch antiproportional.
(4) Verdoppelt man die Anzahl der Kinder, so halbiert sich die Menge an Eistee, die jeder bekommt; also antiproportional.
(5) Verdoppelt man die Menge an Kartoffeln, so verdoppelt sich auch der Preis dafür; also proportional.

4 a) Da die Kerze gleichmäßig abbrennt, verliert sie jede Stunde 0,5 cm (= 10 cm – 9 cm)

Brenndauer (in h)	Höhe der Kerze (in cm)
0	10
1	9,5
2	9,5 – 0,5 = 9
3	9 – 0,5 = 8,5
6	10 – 0,5 · 6 = 10 – 3 = 7
8	10 – 0,5 · 8 = 10 – 4 = 6

S. 20

b) Um den Graphen der Zuordnung zu zeichnen, wählst du zwei Wertepaare aus der Tabelle aus, markierst die zugehörigen Punkte im Koordinatensystem und legst durch sie eine Gerade.

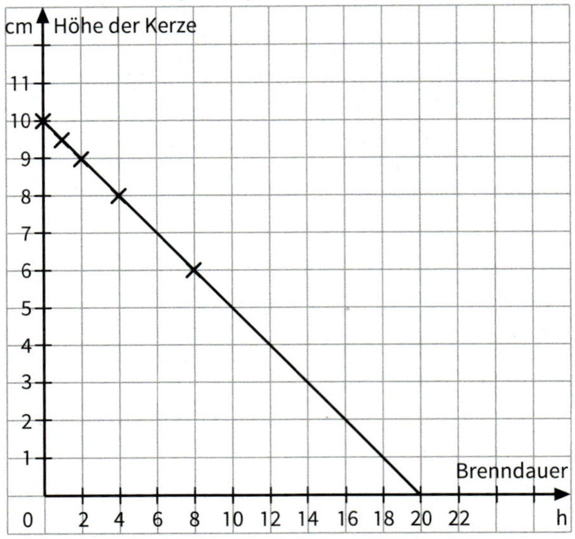

S. 21

1 a) 3 Äpfel kosten 1,50 €.
6 Äpfel kosten 3,00 €.

b) 4 Liter Saft kosten 8,20 €.
2 Liter Saft kosten 4,10 €.

c) 10 kg Mehl kosten 12,40 €.
20 kg Mehl kosten 24,80 €.

d) 12 Brötchen kosten 7,20 €.
3 Brötchen kosten 1,80 €.

2 a)

: 4	4 Personen	2000 g	: 4
	1 Person	500 g	
· 6	6 Personen	**3000 g**	· 6

b) Tomatenmark:

: 4	4 Personen	40 g	: 4
	1 Person	10 g	
· 6	6 Personen	**60 g**	· 6

Butter:

: 4	4 Personen	30 g	: 4
	1 Person	7,5 g	
· 6	6 Personen	**45 g**	· 6

Öl:

: 4	4 Personen	4 EL	: 4
	1 Person	1 EL	
· 6	6 Personen	**6 EL**	· 6

Schlagsahne:

: 4	4 Personen	150 ml	: 4
	1 Person	37,5 ml	
· 6	6 Personen	**225 ml**	· 6

S. 21

3 a)

3 kg	36 €
1 kg	**12 €**
5 kg	**60 €**

b)

24 *l*	72 €
1 *l*	**3 €**
7 *l*	**21 €**

c)

40 Stück	16 €
1 Stück	**0,40 €**
9 Stück	**3,60 €**

d)

200 g	4,20 €
20 g	**0,42 €**
40 g	**0,84 €**

4

: 3	3 km	18 min	: 3
· 7	1 km	6 min	· 7
	7 km	**42 min**	

Für die Umrundung des Sees (7 km) benötigen sie 42 Minuten.

5 Sportcenter Megafit: 30 Minuten kosten 3,50 €. Dann kosten 90 Minuten (= 3 · 30 Minuten) den dreifachen Preis, also 3,50 € · 3 = 10,50 €.
Sportoase: 45 Minuten kosten 5,50 €. Dann kosten 90 Minuten (= 2 · 45 Minuten) den doppelten Preis, also 5,50 € · 2 = 11,00 €.
Das Angebot des Sportcenters Megafit ist günstiger.

S. 22

1 a)

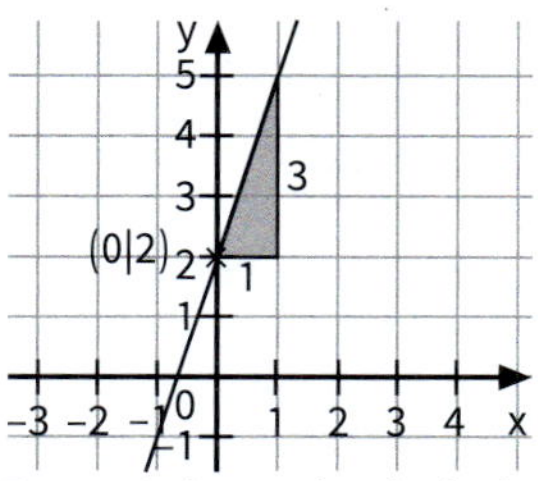

Der y-Achsenabschnitt ist 2, die Steigung ist + 3.
Die zugehörige Funktionsgleichung lautet also: $y = 3x + 2$

b)

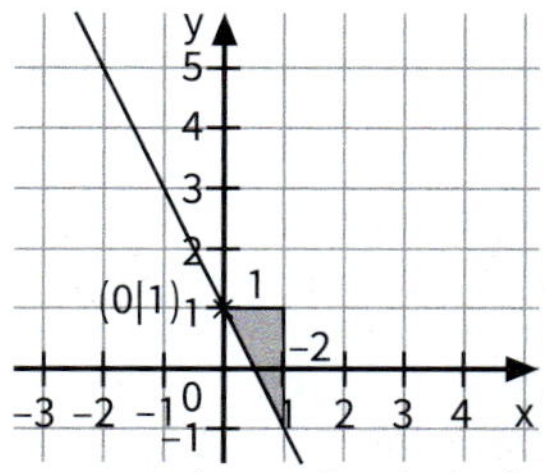

Der y-Achsenabschnitt ist 1, die Steigung ist – 2.
Die zugehörige Funktionsgleichung lautet also: $y = -2x + 1$

c)

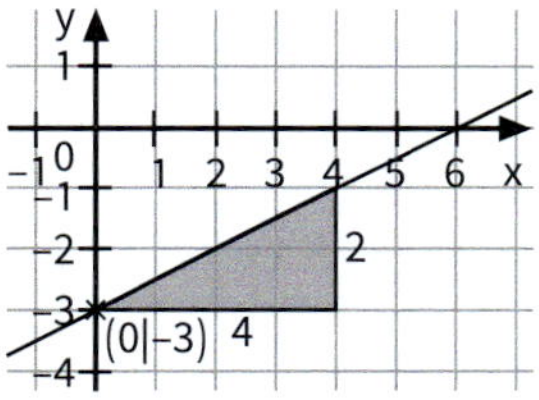

Der y-Achsenabschnitt ist – 3, die Steigung ist $+\frac{2}{4} = +\frac{1}{2}$.
Die zugehörige Funktionsgleichung lautet also: $y = \frac{1}{2}x - 3$

d)

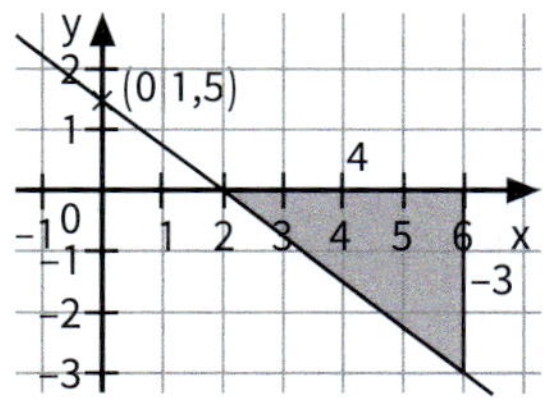

Der y-Achsenabschnitt ist 1,5. Die Steigung ist $-\frac{3}{4}$. Die zugehörige Funktionsgleichung lautet also: $y = -\frac{3}{4}x + 1{,}5$

S. 22

2

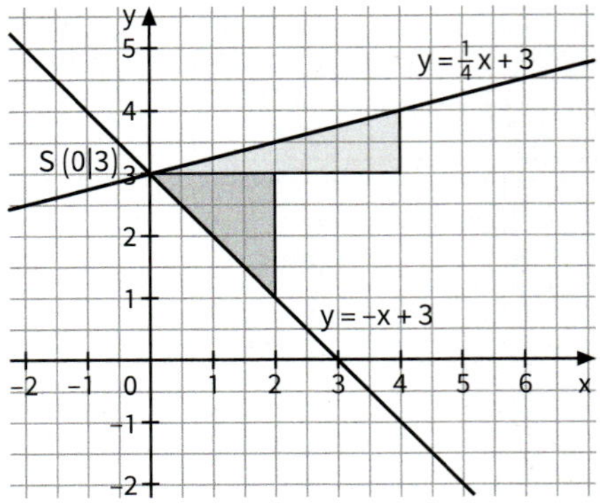

Beide Funktionsgleichungen haben denselben y-Achsenabschnitt n = 3. Die Koordinaten des Schnittpunkts S lauten also: S(0|3).
Bei der ersten Funktion beträgt die Steigung $m = \frac{1}{4}$. Vom Punkt (0|3) geht man vier Einheiten nach rechts und eine Einheit nach oben. Bei der zweiten Funktion ist die Steigung m = –1. Hier kann man von (0|3) aus eine Einheit nach rechts und eine Einheit nach unten gehen, genauer wird es, wenn man das Steigungsdreieck größer zeichnet, z. B. zwei Einheiten nach rechts und zwei Einheiten nach unten.

3 Die Gerade mit der Gleichung y = –2x – 4 …
☒ schneidet die x-Achse bei x = –2.

4 a) Du findest die passenden Funktionsgleichungen, indem du für jeden der drei vorgegebenen Graphen den y-Achsenabschnitt n bestimmst und schaust, ob die Gerade fällt (negative Steigung m) oder steigt (Steigung m positiv).
Bei g_1 ist der y-Achsenabschnitt n = +1 und die Steigung m negativ, dazu passt die Funktionsgleichung y = –x + 1.
Bei g_2 ist der y-Achsenabschnitt n = +1 und die Steigung ist positiv, dazu passt y = 2x + 1.
Bei g_3 ist der y-Achsenabschnitt n = –2 und die Steigung ist positiv, dazu passt y = x – 2.

b) Die Graphen der beiden übrigen Funktionen zeichnest du mithilfe des jeweiligen y-Achsenabschnitts und eines Steigungsdreiecks.
Zu y = x + 2 gehört der y-Achsenabschnitt n = 2 und die Steigung m = 1: Beginne auf der y-Achse bei 2 und gehe 1 nach rechts und 1 nach oben (oder größer, z. B. 3 nach rechts und 3 nach oben).
Bei y = 2x – 1 ist der y-Achsenabschnitt n = –1 und die Steigung m = 2. Beginne auf der y-Achse bei –1 und gehe 1 nach rechts und 2 nach oben (oder 2 nach rechts und 4 nach oben).
Verlängere die längste Seite im Steigungsdreieck zu einer Geraden.

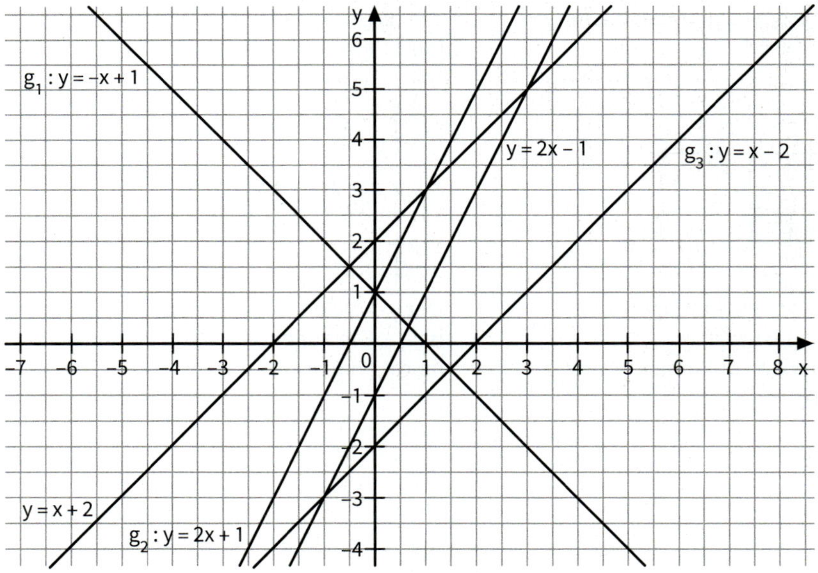

S. 23

1 Darstellung (1) zeigt eine Gerade, die nicht durch den Ursprung (0 | 0) des Koordinatensystems verläuft. Die Gerade ist also der Graph einer linearen Zuordnung x → y. Die zugeordnete Größe y nimmt in gleichen Abständen immer um den gleichen Betrag zu. Hierzu passt nur B (Handytarif mit Grundgebühr und sekundengenauer Abrechnung).
Darstellung (2) zeigt eine stückweise lineare Funktion, die zugeordnete Größe y nimmt „in Sprüngen“ zu. Hierzu passt nur C (Eintrittspreise ins Schwimmbad gestaffelt nach Aufenthaltsdauer).
Darstellung (3) zeigt eine Kurve mit sehr wechselhaftem Verlauf. Hierzu passt nur A (Wertentwicklung einer Aktie).
Darstellung (4) zeigt eine Gerade, die durch den Ursprung (0 | 0) des Koordinatensystems verläuft. Die Gerade ist also der Graph einer proportionalen Zuordnung x → y. Zum Doppelten der Eingangsgröße x gehört das Doppelte der zugeordneten Größe y. Hierzu passt nur D (Preis für getankte Bezinmenge).

2 Die Wertetabelle(A) gehört zu einer linearen Funktion, deren Graph den y-Achsenabschnitt 3,60 hat und steigt. Dazu passt nur der Graph g_3.
Die Wertetabelle(B) gehört zu einer linearen Funktion, deren Graph den y-Achsenabschnitt 20 hat und fällt. Dazu passt nur der Graph g_4.
Die Wertetabelle (C) gehört zu einer proportionalen Zuordnung. Der zugehörige Graph ist ein vom Ursprung ausgehender Strahl. Dazu passt nur der Graph g_2.
Die Wertetabelle (D) gehört zu einer antiproportionalen Zuordnung. Der zugehörige Graph ist eine Hyperbel. Dazu passt nur der Graph g_1.

3 a) Hatice startet um 11:50 Uhr.

b) Die Wartezeit an der Ampel erkennst du daran, dass Hatice in dieser Zeit keinen Weg zurücklegt und der Graph daher parallel zur x-Achse verläuft.
Hatice wartet 5 Minuten an der Ampel.

c) Die Geschwindigkeit von Hatice ist dann am größten, wenn sie pro Minute die größte Entfernung zurücklegt. Dies ist in der Zeit von 12:00 Uhr bis 12:15 Uhr der Fall. Am Graph ist dies das Teilstück mit der größten Steigung.

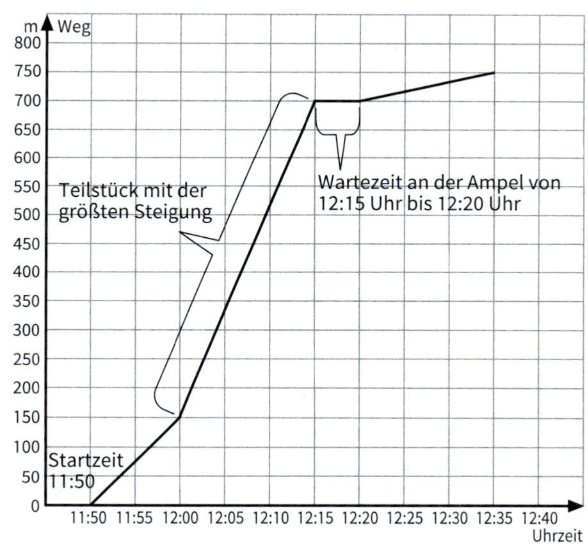

S. 24

1

◇	A	B	C	D	E	F	G	H
1	x	−2	−1	0	1	2	3	4
2	y	−4	0	4	8	12	16	20

a) Der x-Wert, der zu y = 0 gehört, steht in Zelle C1, und zwar x = −1

b) Das Programm berechnet den Wert in Zelle F2 mit der Formel =12+4*(F1−2)

c) Die Zellen D1 und D2 geben an: y = 4 für x = 0.

d) Für x = 14 lautet die Gleichung:
$y = 12 + 4 \cdot (14 - 2)$ | Klammerterm berechnen
$y = 12 + 4 \cdot 12$ | Punkt- vor Strichrechnung beachten
$y = 12 + 48$ | Summe bilden
$y = 60$

2 a) Es gibt mehrere richtige Lösungen, z. B.: =B3+B4+B5+B6 oder =Summe(B3:B6)

b) Um die Kosten pro Person zu berechnen, muss die Gesamtsumme (Zelle B7) durch die Anzahl der Personen (4) dividiert werden. Auch hier gibt es mehrere richtige Formeln, z. B.:
=B7/4 oder =(B3+B4+B5+B6)/4 oder =Summe(B3:B6)/4

S. 28

2 a) Es gilt: $90° + 38° + \gamma = 180°$, der fehlende Winkel beträgt also $\gamma = 180° - 90° - 38° = 52°$.

b) In einem gleichschenkligen Dreieck sind die Basiswinkel gleich groß, also $\beta = 75°$. Zusammen betragen sie 150°. Um auf 180° zu kommen, muss der fehlende Winkel γ also 30° groß sein.

3 Es gilt $\beta = \alpha + 20°$ und $\gamma = \beta + 26°$, also $\gamma = \alpha + 20° + 26° = \alpha + 46°$

$\alpha + \beta + \gamma = 180°$

$\alpha + (\alpha + 20°) + (\alpha + 46°) = 180°$

$3\alpha + 66° = 180° \quad | -66°$

$3\alpha = 114° \quad | :3$

$\alpha = 38°$

$\beta = 58°\ (38° + 20°) \qquad \gamma = 84°\ (58° + 26°)$

Man könnte auch probieren, z. B. $\alpha = 40° \rightarrow \beta = 60°$ und $\gamma = 86°$; $40° + 60° + 86° = 186°\ (> 180°)$
$\alpha = 35° \rightarrow \beta = 55°$ und $\gamma = 81°$; $35° + 55° + 81° = 171°\ (< 180°)$

Es muss $35° < \alpha < 40°$gelten. Durch weiteres Probieren kommt man auf die Lösung $\alpha = 38°$.

4 Im Parallelogramm sind gegenüberliegende Winkel gleich groß. Man kann das begründen über den Stufenwinkelsatz und den Wechselwinkelsatz (s. Zeichnung).
Der Winkel β im Parallelogramm ist ein Nebenwinkel zu 50°, also $180° - 50° = 130°$ groß. Der gegenüberliegende Winkel δ ist dann ebenfalls 130° groß.

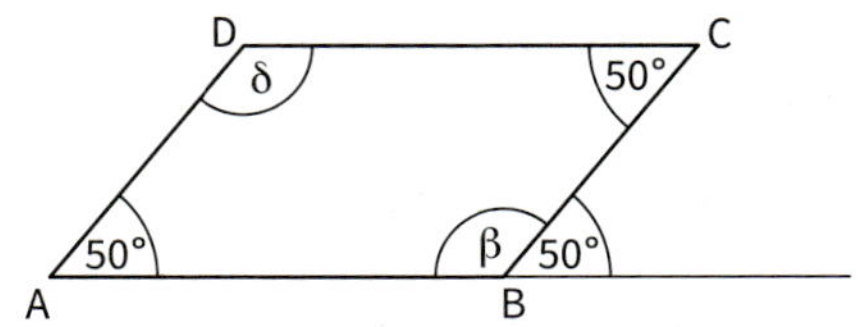

Ein anderer Lösungsweg benutzt, dass die Summe der Innenwinkel in einem Viereck 360° beträgt. Subtrahiert man davon die Summe der beiden spitzen Winkel ($50° + 50° = 100°$), erhält man die Summe der beiden stumpfen Winkel: $360° - 100° = 260°$. Da beide Winkel gleich groß sind, misst jeder Winkel 130°.

5 Da in einem Viereck für die Summe der Innenwinkel gilt: $\alpha + \beta + \gamma + \delta = 360°$, folgt:
$\delta = 360° - 60° - 114° - 105° \rightarrow \delta = 81°$.

S. 29

1 Um die richtigen Ankreuzlösungen zu finden, reicht eine grobe Abschätzung, bei der π durch 3 angenähert wird.

Den Umfang kann man ungefähr abschätzen durch $3 \cdot 6$ cm.
u: ☒ 18,85 cm
$u = \pi \cdot d = \pi \cdot 6\ \text{cm} \approx 18{,}85\ \text{cm}$
Den Flächeninhalt kann man ungefähr abschätzen durch $3 \cdot 9$ cm.
A: ☒ 28,27 cm²
$A = \pi \cdot r^2 = \pi \cdot (3\ \text{cm})^2 \approx 28{,}27\ \text{cm}^2$

2 Gegeben: $r = 9{,}15$ m
Umfang: $u = 2 \cdot \pi \cdot r \qquad u = 2 \cdot \pi \cdot 9{,}15\ \text{m} \approx 57{,}49\ \text{m}$
Flächeninhalt: $A = \pi \cdot r^2 \qquad A = \pi \cdot (9{,}15\ \text{m})^2 \approx 263\ \text{m}^2$

3 a) Der Durchmesser eines Reifens beträgt 26 Zoll. Dann ist $d = 26 \cdot 2{,}54\ \text{cm} = 66{,}04\ \text{cm}$.
Umfang: $u = \pi \cdot d \qquad u = \pi \cdot 66{,}04\ \text{cm} \approx 207{,}5\ \text{cm}$

b) Wenn der Reifen sich einmal dreht, legt das Rad eine Strecke zurück, die dem Umfang entspricht.
Zu berechnen ist, wie oft der Umfang in den 4,6 km langen Schulweg passt.
Da 4,6 km = 4 600 m und 207,5 cm = 2,075 m, gilt:
4 600 m : 2,075 m = 2 217.
Jeder Reifen dreht sich auf dem Weg zur Schule ungefähr 2 200 mal.

S. 29

4 a) Das Quadrat ist $6\ \text{cm} \cdot 6\ \text{cm} = 36\ \text{cm}^2$ groß. Davon muss der Flächeninhalt des weißen Kreises subtrahiert werden. Dieser hat einen Durchmesser von 6 m und damit einen Radius von 3 cm.
Flächeninhalt des Kreises: $A_{Kreis} = \pi \cdot r^2 = \pi \cdot (3\ \text{cm})^2 \approx 28{,}27\ \text{cm}^2$
Inhalt der blauen Fläche: $36\ \text{cm}^2 - 28{,}27\ \text{cm}^2 = 7{,}73\ \text{cm}^2$

b) Das Quadrat ist ebenfalls $36\ \text{cm}^2$ groß. Die kleinen Kreise haben einen Durchmesser von 3 cm und damit einen Radius von $r = 1{,}5$ cm.
Flächeninhalt der vier kleinen Kreise: $A = 4 \cdot \pi \cdot r^2 = 4 \cdot \pi \cdot (1{,}5\ \text{cm})^2 \approx 28{,}27\ \text{cm}^2$
Inhalt der blauen Fläche: $36\ \text{cm}^2 - 28{,}27\ \text{cm}^2 = 7{,}73\ \text{cm}^2$

Die beiden blauen Flächen sind gleich groß.

5 a) Eine mittlere 34-cm-Pizza hat einen Radius von $r = 17$ cm und einen Flächeninhalt von $A_{mittel} = \pi \cdot r^2 = \pi \cdot (17\ \text{cm})^2 \approx 908\ \text{cm}^2$.
Eine kleine 24-cm-Pizza hat einen Radius von $r = 12$ cm und einen Flächeninhalt von $A_{klein} = \pi \cdot r^2 = \pi \cdot (12\ \text{cm})^2 \approx 452\ \text{cm}^2$. Das ist etwa halb so groß wie der Flächeninhalt der 34-cm-Pizza. Emily hat recht.
Die Mädchen sparen $2 \cdot 4{,}95\ € - 6{,}95\ € = 2{,}95\ €$.

b) Die große 42-cm-Pizza hat einen Radius von $r = 21$ cm und einen Flächeninhalt von $A_{groß} = \pi \cdot r^2 = \pi \cdot (21\ \text{cm})^2 \approx 1\,385\ \text{cm}^2$
$1\ \text{cm}^2$ dieser Pizza kostet $10{,}95\ € : 1\,385 \approx 0{,}0079\ €$
$1\ \text{cm}^2$ der mittleren Pizza kostet $6{,}95\ € : 908\ \text{cm}^2 \approx 0{,}0076\ €$, ist also preiswerter.

S. 30

1 a) Der Mantel ist ein Rechteck mit der Höhe 7 cm. Die Länge entspricht dem Umfang eines Kreises.
Größe der Mantelfläche: $M = 2 \cdot \pi \cdot r \cdot h$
$M = 2 \cdot \pi \cdot 5\ \text{cm} \cdot 7\ \text{cm} \approx 219{,}9\ \text{cm}^2$

b) Die Oberfläche setzt sich aus den beiden Kreisen und der Mantelfläche zusammen.
Oberflächeninhalt: $O = 2 \cdot \pi \cdot r^2 + M$
$O = 2 \cdot \pi \cdot (5\ \text{cm})^2 + 219{,}9\ \text{cm}^2 \approx 377\ \text{cm}^2$

2 a) Der Mantel ist ein Rechteck, siehe nebenstehende Abbildung.
$M = 2 \cdot \pi \cdot r \cdot h$
$M = 2 \cdot \pi \cdot 4\ \text{cm} \cdot 15\ \text{cm}$
$M \approx 377\ \text{cm}^2$

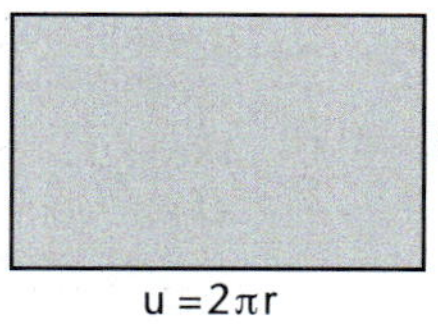

b) $O = 2 \cdot G + M$
$O = 2 \cdot \pi \cdot r^2 + M$
$O \approx 2 \cdot \pi \cdot (4\ \text{cm})^2 + 377\ \text{cm}^2 \quad O \approx 477{,}5\ \text{cm}^2$

c) Wegen $1\ l = 1\ \text{dm}^3$ wird bei der Volumenberechnung mit der Einheit „dm" gearbeitet.
$r = 0{,}4$ dm; $h = 1{,}5$ dm
$V = \pi \cdot r^2 \cdot h$
$V = \pi \cdot (0{,}4\ \text{dm})^2 \cdot 1{,}5\ \text{dm} \quad V \approx 0{,}754\ \text{dm}^3$, also $V \approx 0{,}754\ l$

3 a) $1\,000\ \text{ml} = 1\,000\ \text{cm}^3$
Bei der Volumenberechnung wird deshalb mit der Einheit „cm" gearbeitet.
$r = 10{,}4\ \text{cm} : 2 = 5{,}2$ cm; $h = 12$ cm
$V = \pi \cdot r^2 \cdot h \quad V = \pi \cdot (5{,}2\ \text{cm})^2 \cdot 12\ \text{cm}$
$V = 1\,019\ \text{cm}^3 \approx 1\,000\ \text{cm}^3$
Die Inhaltsangabe trifft zu.

b)
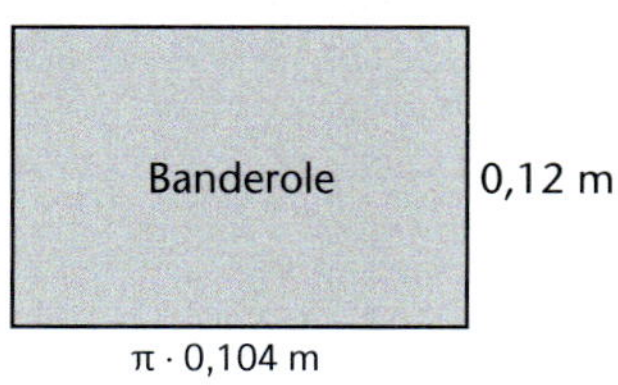

Da der Papierbedarf in „m²" angegeben werden soll, wird mit der Einheit „m" gerechnet. Die Banderole entspricht dem Mantel der zylinderförmigen Dose.
$M = 2 \cdot \pi \cdot r \cdot h = \pi \cdot d \cdot h$
$M = \pi \cdot 0{,}104\ \text{m} \cdot 0{,}12\ \text{m} \approx 0{,}039\ \text{m}^2$
$50\,000 \cdot M = 50\,000 \cdot 0{,}039\ \text{m}^2$
$M \approx 1\,950\ \text{m}^2$

Es werden ungefähr $1\,950\ \text{m}^2$ Papier benötigt.

S. 30

4 a) Der Umfang der kreisförmigen Grundfläche beträgt 1,5 dm = 15 cm.
Da $u = \pi \cdot d$, folgt für den Durchmesser d:
$d = \frac{u}{\pi}$
$d = \frac{15\text{ cm}}{\pi} \approx 4{,}77\text{ cm}$, $r \approx 2{,}39\text{ cm}$

b) $V = \pi \cdot r^2 \cdot h$ $\quad V = \pi \cdot (2{,}39\text{ cm})^2 \cdot 8\text{ cm}$ $\quad V \approx 143{,}56\text{ cm}^3$

c) $m = 143{,}56\text{ cm}^3 \cdot 8{,}9\,\frac{\text{g}}{\text{cm}^3}$ $\quad m \approx 1278\text{ g}$

S. 31

1 a) Die Figur kann in zwei Rechtecke zerlegt werden. Das untere ist 18 mm lang und 6 mm breit, hat also einen Flächeninhalt von $A_1 = 18\text{ mm} \cdot 6\text{ mm} = 108\text{ mm}^2$. Das obere Rechteck hat die Seitenlängen 12 mm und 3 mm und den Flächeninhalt $A_2 = 12\text{ mm} \cdot 3\text{ mm} = 36\text{ mm}^2$. Damit hat die gesamte Figur den Flächeninhalt $A = 108\text{ mm}^2 + 36\text{ mm}^2 = 144\text{ mm}^2$.

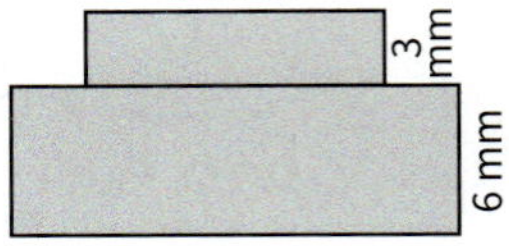

b) Das große Rechteck hat die Seitenlängen 18 mm und 6 mm + 3 mm = 9 mm. Es hat einen Flächeninhalt von $A_R = 18\text{ mm} \cdot 9\text{ mm} = 162\text{ mm}^2$. Davon müssen die beiden Quadratflächen subtrahiert werden. Diese haben jeweils einen Flächeninhalt von $(3\text{ mm})^2 = 9\text{ mm}^2$. Der Flächeninhalt der gefärbten Figur ist dann $A = 162\text{ mm}^2 - 2 \cdot 9\text{ mm}^2 = 144\text{ mm}^2$.

2 a) Es handelt sich um ein Parallelogramm mit der Grundseite g = 3 cm + 6 cm = 9 cm und der Höhe h = 4 cm. Sein Flächeninhalt beträgt $A = g \cdot h = 9\text{ cm} \cdot 4\text{ cm} = 36\text{ cm}^2$.
Für die fehlende Seitenlänge c gilt nach dem Satz des Pythagoras

$c^2 = (3\text{ cm})^2 + (4\text{ cm})^2 = 25\text{ cm}^2$ $\qquad c = 5\text{ cm}$

Der Umfang beträgt damit $u = 2 \cdot 9\text{ cm} + 2 \cdot 5\text{ cm} = 28\text{ cm}$.

b) Es handelt sich um eine Raute. Alle vier Seiten sind gleich lang und die Diagonalen halbieren sich in der Mitte. Für die Seitenlänge a gilt nach dem Satz des Pythagoras:

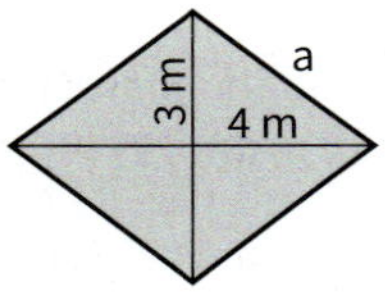

$a^2 = (3\text{ cm})^2 + (4\text{ cm})^2 = 25\text{ cm}^2$ $\qquad a = 5\text{ cm}$

Der Umfang beträgt $u = 4 \cdot 5\text{ cm} = 20\text{ cm}$.
Die vier Teildreiecke haben jeweils den Flächeninhalt $A_\Delta = \frac{4\text{ m} \cdot 3\text{ m}}{2} = 6\text{ m}^2$. Die Raute hat einen Flächeninhalt von $4 \cdot 6\text{ m}^2 = 24\text{ m}^2$.

c) Es handelt sich um ein gleichschenkliges Dreieck mit einer Grundseite g = 1,5 cm + 1,5 cm = 3 cm und einer Höhe h = 1 cm. Der Flächeninhalt ist
$A = \frac{g \cdot h}{2} = \frac{3\text{ cm} \cdot 1\text{ cm}}{2} = 1{,}5\text{ cm}^2$.
Im rechten Teildreieck gilt mit dem Satz des Pythagoras:

$a^2 = (1{,}5\text{ cm})^2 + (1\text{ cm})^2 = 3{,}25\text{ cm}^2$ $\qquad a \approx 1{,}8\text{ cm}$.

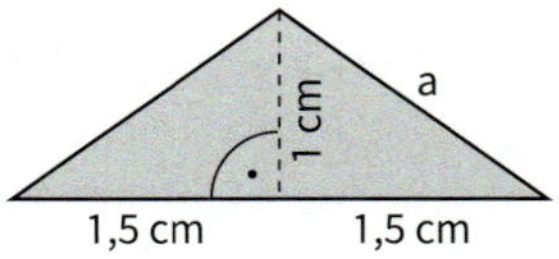

Der Umfang beträgt: $u = 3\text{ cm} + 2 \cdot 1{,}8\text{ cm} = 6{,}6\text{ cm}$.

d) Es handelt sich um ein symmetrisches Trapez mit a = 43 cm, c = 37 cm und h = 15 cm. Der Flächeninhalt ist

$A = \frac{a + c}{2} \cdot h = \frac{43\text{ cm} + 37\text{ cm}}{2} \cdot 15\text{ cm} = 40\text{ cm} \cdot 15\text{ cm} = 600\text{ cm}^2$

Für den Umfang wird die Länge der Seite b mit dem Satz des Pythagoras berechnet. Für die Kathete x gilt:
$x = (43\text{ cm} - 37\text{ cm}) : 2 = 3\text{ cm}$.
$b^2 = (3\text{ cm})^2 + (15\text{ cm})^2 = 234\text{ cm}^2$

$b = \sqrt{234\text{ cm}^2} \approx 15{,}3\text{ cm}$

Der Umfang beträgt damit $u = 2 \cdot 15{,}3\text{ cm} + 43\text{ cm} + 37\text{ cm} = 110{,}6\text{ cm}$.

S. 32

1 und **2**

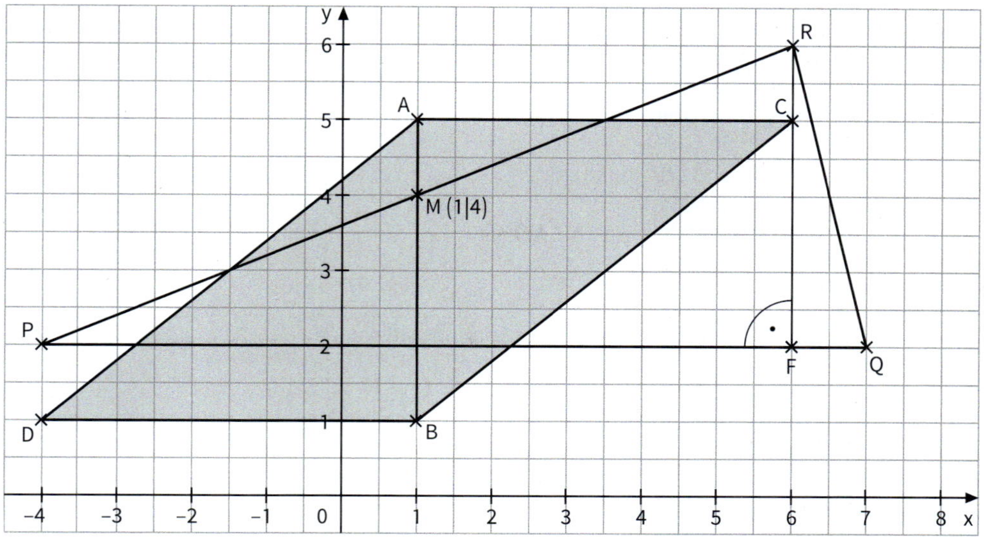

1 a) Das Dreieck ist ein halbes Rechteck: $A_\Delta = \frac{4\text{ cm} \cdot 5\text{ cm}}{2} = 10\text{ cm}^2$.

b) s. Zeichnung

c) ABCD ist ein Parallelogramm. Der Flächeninhalt beträgt $A = g \cdot h = 5\text{ cm} \cdot 4\text{ cm} = 20\text{ cm}^2$.

2 a) In dem Dreieck PQR ist die Seitenlänge $\overline{PQ} = 11$ cm. Für die beiden anderen Seiten werden gemessen: $\overline{PR} \approx 11$ cm und $\overline{QR} \approx 4$ cm.
Der Umfang beträgt damit u = 11 cm + 11 cm + 4 cm = 26 cm.

Da die Teildreiecke PFR und FQR rechtwinklig sind, kann man die Strecken $\overline{PR}$ und $\overline{QR}$ auch mit dem Satz des Pythagoras berechnen.

$\overline{PR}^2 = \overline{PF}^2 + \overline{FR}^2 = (10\text{ cm})^2 + (4\text{ cm})^2 = 116\text{ cm}^2$ $\quad\overline{PR} \approx 10{,}8$ cm

$\overline{QR}^2 = \overline{FQ}^2 + \overline{FR}^2 = (1\text{ cm})^2 + (4\text{ cm})^2 = 17\text{ cm}^2$ $\quad\overline{QR} \approx 4{,}1$ cm

Da außerdem $\overline{PQ} = 11$ cm lang ist, beträgt der Umfang: u = 11 cm + 10,8 cm + 4,1 cm = 25,9 cm.

b) M(1 | 4)

c) (1) ΔPQR: $A_1 = \frac{11\text{ cm} \cdot 4\text{ cm}}{2} = 22\text{ cm}^2$ (3) ΔQRM: $A_3 = A_1 - A_2 = 11\text{ cm}^2$

(2) ΔPQM: $A_2 = \frac{11\text{ cm} \cdot 2\text{ cm}}{2} = 11\text{ cm}^2$

Daten und Zufall (Übungsaufgaben)

S. 33

1 a) Daten der Größe nach geordnet: 65 €; 85 €; 90 €; 100 €; 120 €
Die Spannweite ist die Differenz zwischen größtem und kleinstem Wert:
120 – 65 € = 55 €.
Der Median ist bei ungerader Anzahl von Daten der Wert in der Mitte: 90 €
arithmetisches Mittel:

$$\frac{65\text{ €} + 85\text{ €} + 90\text{ €} + 100\text{ €} + 120\text{ €}}{5} = \frac{460\text{ €}}{5} = 92\text{ €}$$

b) Daten der Größe nach geordnet: 4,20 m; 4,80 m; 5,00 m; 5,20 m; 5,30 m; 5,50 m
Spannweite: 5,50 m – 4,20 m = 1,30 m
Der Median ist bei gerader Anzahl von Daten der Mittelwert der beiden mittleren Werte:

$$\frac{5{,}00\text{ m} + 5{,}20\text{ m}}{2} = 5{,}10\text{ m}$$

arithmetisches Mittel:

$$\frac{4{,}20\text{ m} + 4{,}80\text{ m} + 5{,}00\text{ m} + 5{,}20\text{ m} + 5{,}30\text{ m} + 5{,}50\text{ m}}{6} = 5{,}00\text{ m}$$

2 Das arithmetische Mittel (Summe aller 12 Gewichte, geteilt durch 12) ist 935,2 kg : 12 = $77{,}9\overline{3}$ kg.
Der Durchschnitt von 80 kg wird also unterschritten.

S. 33

3 In der Liste der Laufzeiten sind 5 Werte größer als 4 h 10 min, ein Wert ist kleiner. Damit 4 h 10 min der Median der Laufzeiten wird, müssen 4 Werte hinzugefügt werden, die kleiner als 4 h 10 min, also noch vier, selbst ausgedachte Zeiten unter 4 h 10 min, z. B. 2 h 40 min, 2 h 55 min, 3 h 10 min, 4 h 5 min.

S. 34

1 Man kann anhand der abgebildeten Skala die Werte für die verschiedenen Bereiche ungefähr ablesen.

Bekleidung:	40 %
Elektrogeräte:	10 %
Spielwaren:	20 %
Lebensmittel:	30 %

10 % von 120 Mio. € sind 12 Mio. €. Somit erhält man für

Bekleidung:	$4 \cdot 12$ Mio. € = 48 Mio. €
Elektrogeräte:	$1 \cdot 12$ Mio. € = 12 Mio. €
Spielwaren:	$2 \cdot 12$ Mio. € = 24 Mio. €
Lebensmittel:	$3 \cdot 12$ Mio. € = 36 Mio. €

2 Auf der Hochachse steht 1 cm für 100 Schülerinnen/Schüler.
Gerundet sind die Säulen also 3,9 cm, 2,5 cm, 2,1 cm und 1 cm hoch.

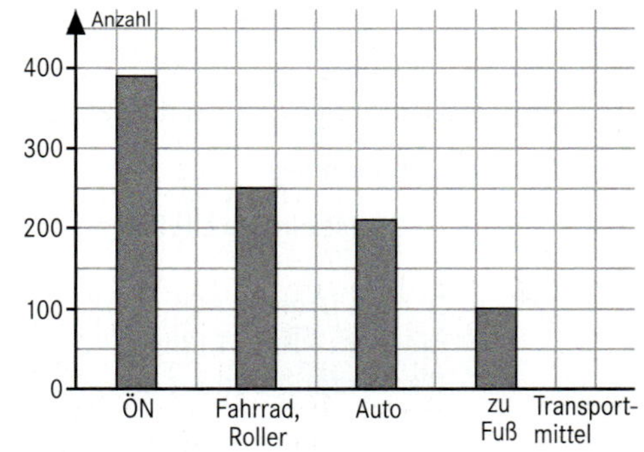

3 Um den Anteil einer Verbrauchsart am Gesamtverbrauch zu berechnen, wird die Literzahl durch 126 dividiert, z. B. $\frac{45}{126} = 0{,}36 = 36\,\%$.

126 Liter entsprechen 100 %.

Wenn der Streifen 10 cm lang ist (= 100 mm), entspricht jedes Prozent 1 mm.

Verbrauchsart	Verbrauch	Anteil
Baden/Duschen	45	ca. 36 %
Toilette	34	ca. 27 %
Wäsche	15	ca. 12 %
Sonstiges	32	ca. 25 %

S. 35

1 Wahrscheinlichkeit = $\frac{\text{Anzahl der günstigen Ergebnisse}}{\text{Anzahl der möglichen Ergebnisse}}$

a) A: Günstige Ergebnisse: 2; 4; 6

$P(A) = \frac{3}{6} = \frac{1}{2}$

B: Günstige Ergebnisse: 5; 6

$P(B) = \frac{2}{6} = \frac{1}{3}$

C: Günstige Ergebnisse: 6

$P(C) = \frac{1}{6}$

b) Das Ereignis muss zwei günstige Ergebnisse haben, z. B. Augenzahl ist kleiner als 3 (günstig: 1;2).

S. 35

2 Das Skatblatt hat 32 Karten.

(1) 4 Damen, also P(Dame) = $\frac{4}{32} = \frac{1}{8}$ (= 12,5 %)

(2) 16 schwarze Karten, also P(schwarze Karte) = $\frac{16}{32} = \frac{1}{2}$ (= 50 %)

(3) 8 Pik-Karten, also P(Pik-Karte) = $\frac{8}{32} = \frac{1}{4}$ (= 25 %)

(4) 4 Buben und 4 Asse, also P(Bube oder Ass) = $\frac{8}{32} = \frac{1}{4}$ (= 25 %)

(5) 8 schwarze Zahlen, also P(keine schwarze Zahl) = $\frac{24}{32} = \frac{3}{4}$ (= 75 %)

(6) 16 rote Karten abzüglich 2 Buben, also P(rote Karte, aber kein Bube) = $\frac{14}{32} = \frac{7}{16}$ (= 43,75 %)

3 100 % ≙ 360°
1 % ≙ 3,6°

Farbe	Winkel	Wahrscheinlichkeit
rot	90°	25 %
gelb	144°	40 %
blau	126°	35 %

360° – 90° – 144° | 144° : 3,6° | 100 % – 25 % – 40 %

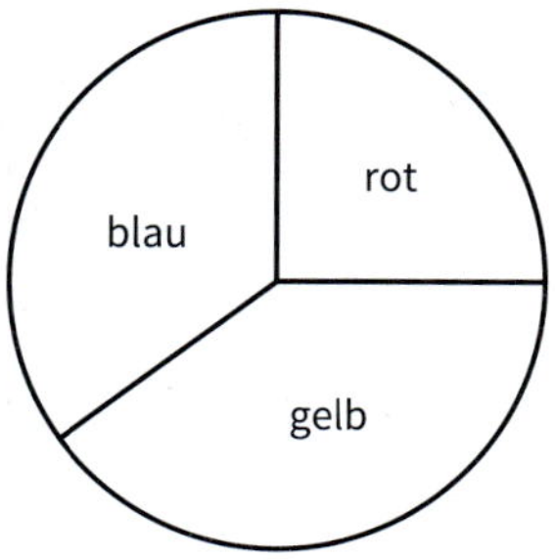

Abschlusstest Teil A Basisaufgaben

S. 36

1 Rechnen und Ordnen

a) (1) $(2 + 3 \cdot 4) : 28 = 0{,}5$ (2) $2{,}4 - 3{,}2 = -0{,}8$ (3) $5^2 : 100 = 0{,}25$

(4) $-\frac{1}{8} + \frac{1}{4} - \frac{1}{2} = -\frac{3}{8}$ (5) $1{,}5 - \frac{3}{4} = 0{,}75$ (6) $\frac{60 : 4 - 3}{1 + 2 + 3 + 4} = \frac{12}{10} = \frac{6}{5} = 1\frac{1}{5}$

b)

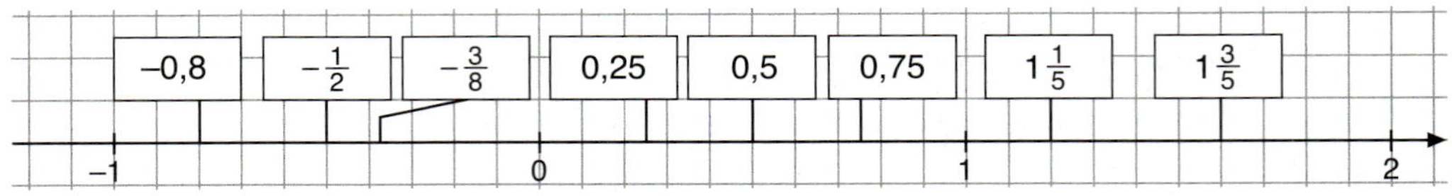

2 Quadrat und Rechteck

a) u = Summe aller Seitenlängen
Seitenlänge: $\sqrt{36\ \text{cm}^2} = 6$ cm
$u = 4 \cdot 6$ cm $= 24$ cm

b) Der Flächeninhalt ist das Produkt der beiden Seitenlängen. Gesucht sind deshalb alle Paare von zwei Seitenlängen a und b, deren Produkt 36 cm² beträgt. Ganzzahlige Möglichkeiten sind z. B. a = 1 cm, b = 36 cm; a = 2 cm, b = 18 cm; a = 3 cm, b = 12 cm usw.

3 Prozente

a) *1. Methode:* 10 % von 130 € sind 13 €, 40 % sind dann 4 · 13 € = 52 €.

2. Methode:
100 % → 130 €
1 % → 1,30 €
40 % → 52 €

3. Methode:
W = 130 € · 40 % = 130 € · 0,4 = 52 €

b) *1. Methode:*
4 % → 12 kg
1 % → 3 kg
100 % → 300 kg

2. Methode: G · 4 % = 12 kg
also: G · 0,04 = 12 kg |: 0,04
G = 300 kg

3. Methode: $G = \frac{W}{p\,\%} = \frac{W}{p} \cdot 100$
umformen: $W \cdot \frac{100}{p} = G$
einsetzen: $G = \frac{12\ \text{kg}}{4} \cdot 100 = 300$ kg

c) *1. Methode:* 30 cm von 6 m bzw. 30 cm von 600 cm?
10 % von 6 m (600 cm) sind 60 cm. Dann sind 30 cm die Hälfte, also 5 %.

2. Methode:
600 cm → 100 %
6 cm → 1 %
30 cm → 5 %

3. Methode: $p\,\% = \frac{W}{G} = \frac{30\ \text{cm}}{6\ \text{m}} = \frac{30\ \text{cm}}{600\ \text{cm}} = 0{,}05 = 5\,\%$

d) *1. Methode:*
100 % → 700,00 €
1 % → 7,00 €
3 % → 21,00 €

2. Methode: Z = K · p %
Z = 700 € · 3 % = 700 € · 0,03 = 21,00 €

4 Winkelberechnung im Dreieck

$\alpha + \beta + 98° = 180°$, also $\alpha + \beta = 180° - 98° = 82°$

Wären α und β gleich groß, würde jeder Winkel 41° (82° : 2) messen.

Da aber α um 10° größer ist als β, müssen jeweils 5° von 41° abgezogen bzw. zu 41° addiert werden.

$\alpha = 41° + 5°$ $\beta = 41° - 5°$
$\alpha = 46°$ $\beta = 36°$

Beide Winkel sind zusammen 82° groß, und α ist um 10° größer als β.

S. 37

5 Punkte

Ein Punkt (x | y), der zur Gerade der Funktion gehört, erfüllt die Gleichung. Um die Aufgabe zu lösen, setzen wir die Koordinaten der zur Auswahl stehenden Punkte in die Gleichung ein. Ergibt sich eine wahre Aussage, verläuft die Gerade durch diesen Punkt.

Punkt (x | y)	eingesetzt in $y = -x + 3$	
(0 | 0)	$0 = 0 + 3$	falsch
(1 | 3)	$3 = -1 + 3$	falsch
(9 | −6)	$-6 = -9 + 3$	wahr
(3 | 0)	$0 = -3 + 3$	wahr
(−6 | −10)	$-10 = 6 + 3$	falsch
(0 | 3)	$3 = 0 + 3$	wahr
(5 | 5)	$5 = -5 + 3$	falsch
(9 | 12)	$12 = -9 + 3$	falsch

Die Punkte (0 | 3), (9 | −6) und (3 | 0) liegen auf der Geraden.

6 Wochenendfahrt

a) Herr Fuchs braucht 4 Stunden (Wert in Zelle A3).

b) Wenn die Fahrzeit doppelt so lang ist, ist die Durchschnittsgeschwindigkeit nur halb so groß. In B4 muss deshalb 75 : 2 = 37,5 eingetragen werden.
Rechnung für den Wert in A5:

$$\begin{array}{ccc} & 4 \rightarrow 75 & \\ \cdot 3 \downarrow & & \downarrow : 3 \\ & 12 \rightarrow 25 & \\ : 4 \downarrow & & \downarrow \cdot 4 \\ & 3 \rightarrow 100 & \end{array}$$

In Zelle A5 muss 3 eingetragen werden.

c) B3: =300/A3 B4: =300/A4

7 Zuordnungen

1: Verdoppelt man die Wandfläche, so verdoppelt sich auch die benötigte Farbe; also p.
2: Die erzielten Tore nehmen nicht gleichmäßig mit der Spieldauer zu; also k.
3: Die Verdoppelung des Geldbetrages führt auch zu einer Verdoppelung der Zinsen; also p.
4: Verdoppelt man die Anzahl der leistungsgleichen Wasserpumpen, so halbiert sich die Dauer, bis das Becken gefüllt ist; also a.
5: Die Anzahl der umgerissenen Bäume steigt zwar meist mit der Windgeschwindigkeit, aber nicht proportional; also k.

8 Dreieck im Koordinatensystem

a)

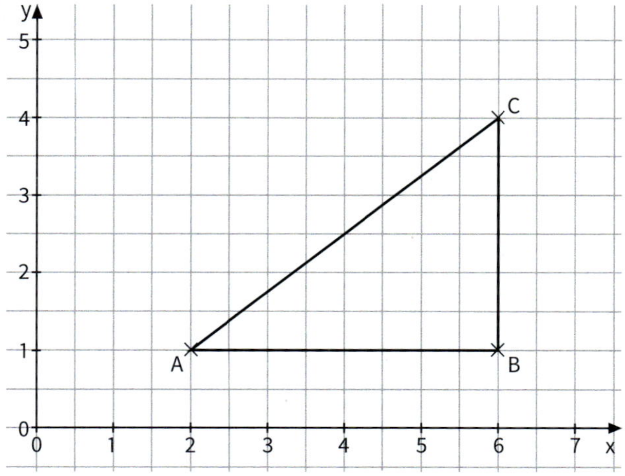

b) Länge der Strecken: $\overline{AB} = 4$ cm, $\overline{BC} = 3$ cm, $\overline{AC} \approx 5$ cm (gemessen)
Die Länge der Strecke $\overline{AC}$ kann man auch mit dem Satz des Pythagoras berechnen.

$$(\overline{AC})^2 = (\overline{AB})^2 + (\overline{BC})^2$$
$$= (4\text{ cm})^2 + (3\text{ cm})^2$$
$$= 25\text{ cm}^2$$
$$\overline{AC} = 5\text{ cm}$$

u = Summe aller Seitenlängen
u = 4 cm + 3 cm + 5 cm = 12 cm

S. 38

9 Mensch ärgere Dich nicht

Für jede Zahl des sechseitigen Würfels beträgt die Wahrscheinlichkeit $\frac{1}{6}$.

a) Damit Emil genau auf das oberste Zielfeld kommt, muss er eine „5" würfeln. Hierfür beträgt die Wahrscheinlichkeit $\frac{1}{6}$.

b) Damit Emil zumindest auf ein sicheres Zielfeld kommt, muss er eine der vier Zahlen „2", „3", „4" oder „5" würfeln.
Günstige Ergebnisse sind: {2, 3, 4, 5} Mögliche Ergebnisse sind: {1, 2, 3, 4, 5, 6}
Um die Wahrscheinlichkeit dafür zu bestimmen, muss man nun die Anzahl der günstigen Ergebnisse durch die Anzahl der möglichen Ergebnisse teilen; also erhält man $\frac{4}{6}$ oder gekürzt $\frac{2}{3}$ als Wahrscheinlichkeit.

10 Kinobesucher

a) arithmetisches Mittel: $\frac{(625 + 745 + 820 + 655 + 423 + 388 + 495)}{7} = \frac{4151}{7} = 593$

b) Nein, die Aussage stimmt nicht. Um den Median zu bestimmen, muss man die Daten erst der Größe nach sortieren: 388, 423, 495, 625, 655, 745, 820.
Die mittlere Zahl in der sortierten Reihe ist der Median, hier: 625.

11 Größen ordnen

a) Flächen-Angaben erkennt man an „Quadrat-Maßeinheiten"; („hoch 2").
Von den 8 angegebenen Größen sind drei Flächen-Angaben:
$200\ mm^2$ $0{,}1\ m^2$ $20\ cm^2$

b) Zur Erinnerung: $1\ m^2 = 100 \cdot 100\ cm^2 = 10\,000\ cm^2$; $0{,}1\ m^2 = 1\,000\ cm^2$
$1\ cm^2 = 10 \cdot 10\ mm^2 = 100\ mm^2$; $200\ mm^2 = 2\ cm^2$
also: $200\ mm^2 < 20\ cm^2 < 0{,}1\ m^2$

12 Gleichungen und Graphen

Die im Koordinatensystem abgebildeten Graphen sind Geraden, also Graphen von linearen Funktionen mit der allgemeinen Form $y = m \cdot x + n$.

Der Graph g_1 fällt und schneidet die y-Achse im Punkt (0|0), also ist $m < 0$ und $n = 0$. Dies trifft nur auf eine der angebotenen Gleichungen zu, nämlich auf $y = -x$.
Der Graph g_2 steigt und schneidet die y-Achse im Punkt (0|1), also ist $m > 0$ und $n = 1$. Zu g_2 gehört also die Funktionsgleichung $y = 4x + 1$.
Der Graph g_3 steigt und schneidet die y-Achse im Punkt (0|0), also ist $m > 0$ und $n = 0$. Dies trifft nur auf eine der angegebenen Funktionsgleichungen zu. Zu g_3 gehört also $y = 2x$.
Richtig ist also:

g_3	$y = 2x$
—	$y = -2x - 1$
g_1	$y = -x$

—	$y = x + 4$
g_2	$y = 4x + 1$
—	$y = -x + 4$

S. 39

13 Netz eines Körpers

a) Quader

b) $V = a \cdot b \cdot c$
$= 5\ cm \cdot 3\ cm \cdot 3\ cm$
$= 45\ cm^3$

c) $m = 45\ cm^3 \cdot 2{,}7\ \frac{g}{cm^3}$
$m = 121{,}5\ g$

S. 39

14 Gleichung

a) In die Gleichung setzt man für x die Zahl 7 ein und rechnet:

$y = 20 - 5 \cdot (7 - 6)$
$y = 20 - 5 \cdot 1$
$y = 15$

Für x = 7 beträgt der y-Wert 15.

b) Man setzt für y die Zahl 0 ein und löst die Gleichung:

$$\begin{aligned} 0 &= 20 - 5 \cdot (x - 6) && |-20 \\ -20 &= -5 \cdot (x - 6) && |:(-5) \\ 4 &= x - 6 && |+6 \\ 10 &= x \end{aligned}$$

Für y = 0 beträgt der x-Wert 10.

15 Fass

Das Fass hat die Form eines Zylinders.
Für Zylinder mit dem Radius r und der Höhe h gilt:

$V = \pi \cdot r^2 \cdot h$ oder $V = \pi \cdot (3\ \text{dm})^2 \cdot 8\ \text{dm}$
$V = \pi \cdot (30\ \text{cm})^2 \cdot 80\ \text{cm}$ $V \approx 226{,}19\ \text{dm}^3$
$V \approx 226\,194{,}7\ \text{cm}^3$ $1\ l = 1\ \text{dm}^3$

Dies entspricht etwa 226,19 *l*.

S. 40

16 Abschlussfahrt

a) Für Venedig ist jeder Vierte, das sind 20 Schülerinnen und Schüler (80 : 4 = 20).
20 % sind für Paris, das sind 16 Schülerinnen und Schüler (80 · 0,2 = 16).
Nach London oder Prag wollen somit 80 – 20 – 16 = 44 Schülerinnen und Schüler.
Diese teilen wir im Verhältnis 3 : 1 auf:

44 : 4 = 11 11 · 3 = 33 (London)
11 · 1 = 11 (Prag)

Nach London wollen 33 Schülerinnen und Schüler, nach Prag 11.

b) Venedig: $\frac{1}{4} = 25\,\%$

Paris: 20 %

London: 33 von 80 = $\frac{33}{80} = 0{,}4125 \approx 41\,\%$

Prag: 11 von 80 = $\frac{11}{80} = 0{,}1375 \approx 14\,\%$

	relative Häufigkeit (in %)
Venedig	25 %
Paris	20 %
London	41 %
Prag	14 %

c) Das Streifendiagramm ist insgesamt 10 cm lang, sodass 1 mm genau 1 % entspricht.

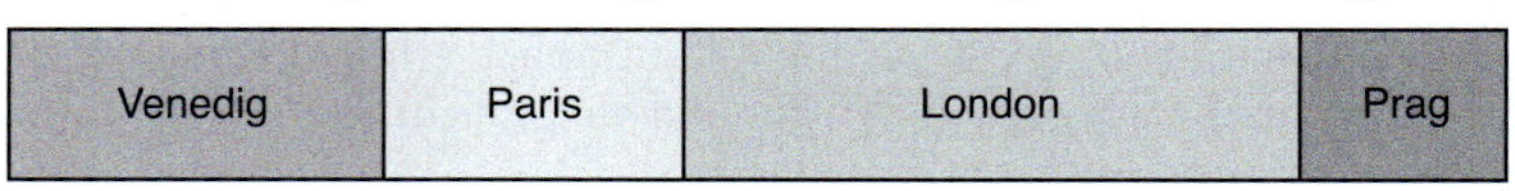

17 Größen bestimmen

Ladevolumen eines Lasters: Der Ladebereich kann als Quader z. B. mit den Maßen: Breite 2,5 m, Höhe 2,5 m, Länge 8 m geschätzt werden. Als Volumen ergibt sich daraus 2,5 m · 2,5 m · 8 m = 50 m³. Da 1 m³ = 1 000 *l* gilt, muss 50 000 *l* angekreuzt werden.

Länge eines Springseils: Die Länge eines Springseils muss länger sein als die Körpergröße (bzw. als zweimal die halbe Körpergröße). Es muss aber kürzer als 5 m sein, sonst kann es nicht zum Springen benutzt werden. Entsprechend kann die Länge des Seils auf ungefähr 2,5 m geschätzt werden, was 25 dm entspricht (Für die anderen Längen gilt: 250 000 mm = 250 m; 2 500 cm = 0,025 km = 25 m).

Fläche eines Handballfeldes: Die Maße des Handballfeldes können mit 20 m Breite und 40 m Länge geschätzt werden, sodass sich ein Flächeninhalt von 800 m² ergibt (Für die anderen Flächeninhalte gilt: 80 000 cm² = 8 m²; 8000 dm² = 80 m²; 0,8 km² = 800 000 m²).

S. 40

18 Graphen im Koordinatensystem

Die Gleichungen der beiden Funktionen besitzen die Form $y = m \cdot x + n$. Also sind es lineare Funktionen, deren Graphen Geraden sind. Dabei gibt m die Steigung der Geraden an und n die Stelle, an der die Gerade die y-Achse schneidet.
Der Graph der Funktion $y = 2x - 3$ ist eine Gerade. Sie besitzt die Steigung $m = 2$ und den y-Achsenabschnitt -3. Da $m > 0$ ist, steigt die Gerade. Da $n = -3$ ist, schneidet die Gerade die y-Achse im Punkt $(0|-3)$.
Der Graph der Funktion $y = -2x - 3$ ist eine Gerade. Sie besitzt die Steigung $m = -2$ und den y-Achsenabschnitt -3. Da $m < 0$ ist, fällt die Gerade. Da $n = -3$ ist, schneidet die Gerade die y-Achse im Punkt $(0|-3)$.
Die Graphen der beiden Funktionen schneiden sich im Punkt $(0|-3)$.

S. 41

19 Pfannkuchen selbst gemacht

Zunächst muss der Anteil der vorhandenen Buttermenge an der Buttermenge im Rezept berechnet werden:
125 g von 200 g $= 125 : 200 = \frac{5}{8}$

Dieser Anteil muss auch von den Mengen im Rezept für Zucker und Eigelb genommen werden.

$\frac{5}{8} \cdot 400\text{ g} = 5 \cdot 50\text{ g}$
$= 250\text{ g}$ (Zucker)

$\frac{5}{8}$ von 16 Eigelb $= 5 \cdot 2$ Eigelb
$= 10$ Eigelb

20 400-m-Lauf

Der Innenbereich des Stadions setzt sich zusammen aus einem Rechteck und zwei Halbkreisen mit dem Radius $r = 36{,}50$ m. Eine Seite des Rechtecks ist genauso lang wie der Durchmesser der Halbkreise, also $2 \cdot 36{,}50\text{ m} = 73\text{ m}$, die andere Seite ist 84,40 m lang.

a) Flächeninhalt des Rechtecks: $A_R = a \cdot b$ $A = 73\text{ m} \cdot 84{,}4\text{ m} = 6\,161{,}2\text{ m}^2$.
Zusammen bilden die beiden Halbkreise einen Vollkreis mit dem Flächeninhalt $A_K = \pi \cdot r^2$.
$A_K = \pi \cdot (36{,}5\text{ m})^2 \approx 4\,185{,}4\text{ m}^2$.
Gesamtflächeninhalt des Innenbereichs: $A = 6\,161{,}2\text{ m}^2 + 4\,185{,}4\text{ m}^2 = 10\,346{,}6\text{ m}^2$

b) Um die beiden Halbkreise bewegt sich die Läuferin auf einem Kreisbogen mit dem Radius $r = 36{,}5\text{ m} + 0{,}3\text{ m} = 36{,}8\text{ m}$. Sie legt dabei um einen Halbkreis eine Strecke von
$s_1 = \frac{1}{2} \cdot 2\pi \cdot r = \pi \cdot 36{,}8\text{ m} \approx 115{,}61\text{ m}$ zurück.
Die gesamte Laufstrecke auf einer Runde hat die Länge
$s = 115{,}61\text{ m} + 84{,}4\text{ m} + 115{,}61\text{ m} + 84{,}4\text{ m} = 400{,}02\text{ m} \approx 400\text{ m}$.

21 Veränderungen

Stimmen die im Text beschriebenen Veränderungen mit denen im Verlauf des Graphen überein, so passen Graph und Text zueinander.

(1) Das Körpergewicht nimmt anfangs ab (Graph fällt). Danach erfolgt keine Gewichtszunahme und keine Gewichtsabnahme (Graph fällt nicht und steigt nicht, er verläuft in etwa parallel zur x-Achse). Der passende Graph ist E.

(2) Die Besucherzahlen waren bei der Eröffnung (anfangs) sehr hoch und nahmen dann nach und nach ab (Graph fällt). Eine Zeit lang kam nicht eine einzige Person (Der Graph berührt die x-Achse). Dann kommen mehr und mehr Besucher, aber nicht mehr als zur Eröffnung (der Graph steigt, ohne die anfängliche Höhe zu erreichen). Der passende Graph ist B.

Hier im Lösungsheft befinden sich **Kurzlösungen** zu den Aufgaben des Eingangstests (S. 42 – 51).
Ausführliche Lösungen zum Eingangstest befinden sich im Arbeitsbuch selbst (S. 52 – 77).

Kurzlösungen – Eingangstest Teil B Komplexe Aufgaben

S. 42

1 Abtransport von Boden

a) Der Lkw benötigt 50 Fahrten.
b) Insgesamt dauert das Ausheben drei Tage.

2 Geänderte Preise

a) neue Ladenmiete: 2700 €
b) neuer Preis: 480€

3 Straßenbahnfahrplan

a) Die Entfernung zwischen den Haltestellen Bahnhof und Tierpark beträgt 14 km.
b) Vom Bahnhof bis zum Stadion fährt die Straßenbahn zwischen den Haltestellen mit gleicher Durchschnittsgeschwindigkeit $\left(\frac{1\text{ km}}{2\text{ min}}\text{, also } 30\,\frac{\text{km}}{\text{h}}\right)$.
Vom Stadion bis zum Tierpark fährt sie schneller $\left(\frac{2\text{ km}}{2\text{ min}}\text{, also } 60\,\frac{\text{km}}{\text{h}}\right)$.
c)

Haltestelle	**Uhrzeit**	
Bahnhof	ab	14:10
Rosentor	an	14:14
	ab	14:15
Nordheide	an	14:19
	ab	14:20
Stadion	an	14:24
	ab	14:25
Tierpark	an	14:33

S. 43

4 Fahrradurlaub

a) Ein Auto ohne Aufbau, das 85 $\frac{\text{km}}{\text{h}}$ schnell fährt, verbraucht ca. 4 Liter pro 100 km.
b) Der Verbrauch steigt um ungefähr 71 %.
c) Lennards Aussage stimmt nicht, weil die y-Achse nicht bei 0 beginnt.

5 Jugend-Triathlon

a) Jan benötigte für alle drei Sportarten zusammen 43 min 20 s.
b) Jan fuhr die Radrennstrecke also mit einer Geschwindigkeit von etwas mehr als 30 $\frac{\text{km}}{\text{h}}$.

S. 44

6 Konservendosen

a) Karim: $2 \cdot 24\text{ cm} + 2 \cdot 16\text{ cm} = 80\text{ cm}$
Anke: $u \approx 3{,}14 \cdot 8\text{ cm} = 25{,}12\text{ cm}$
$b = 6 \cdot 25{,}12\text{ cm} = 150{,}72\text{ cm}$
Mia: $b = 4\text{ cm} + 4\text{ cm} + \frac{1}{4}u + 4\text{ cm} + 4\text{ cm} + \frac{1}{4}u + 4\text{ cm} + 4\text{ cm}$
$+ 4\text{ cm} + 4\text{ cm} + \frac{1}{4}u + 4\text{ cm} + 4\text{ cm} + \frac{1}{4}u + 4\text{ cm} + 4\text{ cm}$
$= 4 \cdot \frac{1}{4}u + 12 \cdot 4\text{ cm}$
$= u + 48\text{ cm}$
$\approx 3{,}14 \cdot 8\text{ cm} + 48\text{ cm} = 73{,}12\text{ cm}$
b) Mia hat richtig gerechnet und die Rundungen berücksichtigt.

S. 44

7 Statistik

a) Die Besucherzahlen haben sich nicht halbiert. Der falsche Eindruck wird dadurch vermittelt, dass die Achse mit den Besucherzahlen nicht bei Null beginnt.

b)

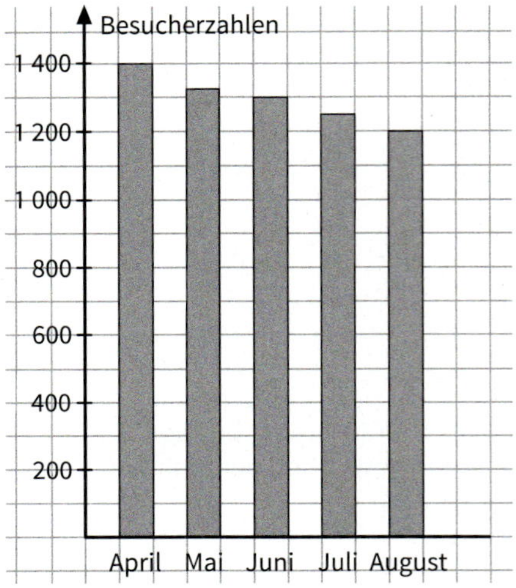

8 Agenturmeldung

Die Meldung ist fehlerhaft. Richtig müsste die Meldung also lauten: „Laut einer Umfrage besitzen etwa neun von zehn Frauen (87,4 Prozent) eine weiße Bluse."

S. 45

9 Erdgaskosten

a) Bei einem monatlichen Verbrauch von 1 000 kWh sind nach Tarif I 80 € und nach Tarif II 65 € zu bezahlen.

b)

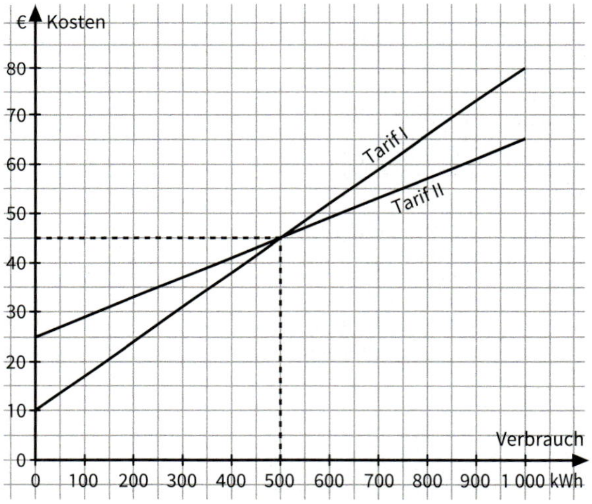

c) Familie Firat sollte Tarif II wählen.

d) Bei einem Monatsverbrauch von 500 kWh sind beide Tarife gleich teuer.

10 Elfmeter

Der Ball legte bis zur Torlinie ungefähr 11,60 m zurück.

S. 46

11 Kontakte

a) 30 % aller 16- bis 18-Jährigen nutzen das Handy, um zu telefonieren.

b) Die größten Unterschiede treten auf bei „sozialen Netzwerken" und bei „telefonieren per Festnetz".

c) Rund 482 der befragten Jugendlichen schicken sich Kurznachrichten.

S. 46

12 Pkw-Antriebe und Kosten

a)

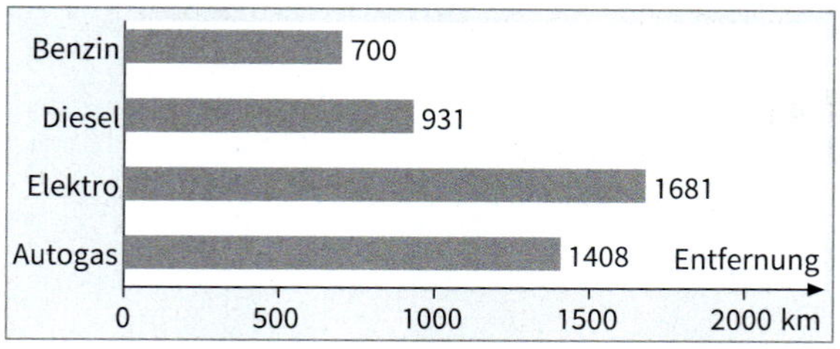

b) Der Anteil der Energiesteuer beträgt rund 32 %.
c) Für 100 000 km ergibt sich deshalb eine Ersparnis von 8 330 €.

S. 47

13 Werkstück

a) Der Körper wiegt rund 124 kg.
b) Die Oberfläche ist weniger als $\frac{1}{2}$ m^2 groß, also reicht eine halbe kleine Dose.

14 Stundenlohn

a) Der Stundenlohn von Herrn Adrian beträgt 15,50 €.
b) Frau Meis erhält 8,10 € zu wenig Lohn.
c) Es ergibt sich ein Gesamtlohn von 1 860 €.

15 Würfel

(1) Würfel (1) P (4) ≈ 33 %
(2) Würfel (2) P (4) ≈ 67 %
(3) rH (4) ≈ 70% Da die relative Häufigkeit knapp über $\frac{2}{3}$ liegt, ist mit großer Berechtigung davon auszugehen, dass mit dem Würfel (2) gewürfelt wurde.

S. 48

16 Behälter mit Kugeln

a) P (blaue Kugel) ≈ 56 %
b) P (blaue Kugel) ≈ 33 %

17 Fußballduell

a) p % = 78 %
b) um das 2,3-Fache
c) 30,58 Mio. €

S. 49

18 Zahlenrätsel

a) Die Gleichung 3x – 7 = x + 23 gehört zum Zahlenrätsel (1).
b) x = 15
c) Zahlenrätsel (2): 23 – 7x = 3 · 3, also 23 – 7x = 9
Zahlenrätsel (3): 7x – 3x = 23 – 3

19 Zwei Würfel

a) Es gibt 36 mögliche Ergebnisse.
b) P (3;5) = $\frac{1}{36}$
c) P (Pasch) = $\frac{1}{6}$

20 Fläche NRW

Fläche von NRW: ca. 35 000 km^2

S. 50

21 Fahrradreparatur

		Gesamtpreis
a)	Schalt-/Bremszug	24,00 €
	Nabendynamo	54,00 €
	Arbeitsstunden	100,00 €

b) 0,19 · 178,00 € = 33,82 €

c) D7: =D4+D5+D6

S. 50

22 **Glücksrad**

a) (1) $P(\text{blau}) = \frac{1}{4}$ (2) $P(\text{schwarz}) = \frac{1}{12}$

b) Gewinn von 192 €

23 **Angebote**

a) A-Bank: 103 020 €

b) bestes Angebot: C-Bank mit 103 022,50 €

S. 51

24 **Haus mit Satteldach**

a) $V = 780\ m^3$ b) Dachfläche: $\approx 154\ m^2$ c) $\alpha \approx 39°$

25 **Fehler**

Richtige Lösungen:

(1)
$$\begin{aligned} 10 - 5x &= 2x + 24 && \mid -10 \\ -5x &= 2x + 14 && \mid -2x \\ -7x &= 14 && \mid (-7) \\ x &= -2 \end{aligned}$$

(2)
$$\begin{aligned} 6y - 3 &= y + 7 && \mid +33 \\ 6y &= y + 40 && \mid -y \\ 5y &= 40 && \mid :5 \\ y &= 8 \end{aligned}$$

(3)
$$\begin{aligned} 8x - 15 &= 3x + 35 && \mid +15 \\ 8x &= 3x + 50 && \mid -3x \\ 5x &= 50 && \mid :5 \\ x &= 10 \end{aligned}$$

26 **Riesenmaschine**

a) Höhe des Einstiegs: 2,8 m

b) Anzahl der Radumdrehungen: ca. 133

Übungsaufgaben Teil B Komplexe Aufgaben

S. 52

1 Aus dem angegebenen Gesamtpreis für sechs Runden lässt sich der Preis für eine Runde berechnen: 10,50 € : 6 = 1,75 €. Silke zahlt 14 €, sie ist also 8 Runden gefahren. (Rechnung: 14 € : 1,75 € = 8)

2

	Anzahl der Pumpen	Zeit (in h)	
: 2	2	10	· 2
· 5	1	20	: 5
	5	4	

Die Zuordnung ist antiproportional. Fünf Pumpen gleicher Leistung füllen das Becken in 4 Stunden.

3 a) Das Volumen des benötigten Sandes entspricht dem Volumen eines Quaders mit quadratischer Grundfläche (Kantenlänge 120 cm = 1,20 m) und der Höhe 30 cm = 0,3 m.
Also: $V = 1{,}2\ m \cdot 1{,}2\ m \cdot 0{,}3\ m = 0{,}432\ m^3$
Es werden $0{,}432\ m^3$, also knapp ein halber Kubikmeter Sand benötigt.

b) Zur Beantwortung dieser Frage müssen die Kubikmeter in Liter umgewandelt werden.
Es gilt: $1\ m^3 = 1000\ l \rightarrow 0{,}432\ m^3 = 432\ l$ $\quad 432\ l : 25\ l = 17{,}28$
Da im Baumarkt nur ganze Säcke verkauft werden, müssen 18 Sandsäcke gekauft werden, um den Sandkasten 30 cm hoch befüllen zu können.

4 Mit 11 Pfosten im Abstand von 2,10 m wird eine Schallschutzmauer errichtet, die aus 10 Feldern (Zwischenraum zwischen den Pfosten) von 2,10 m Länge besteht und damit insgesamt 21 m lang ist. Wird der Abstand der Pfosten auf 1,50 m verringert, dann vergrößert sich die Anzahl der Felder.
Anzahl neue Felder: 21 m : 1,5 m = 14
Bei einem Abstand von 1,50 m werden 15 Pfosten benötigt.

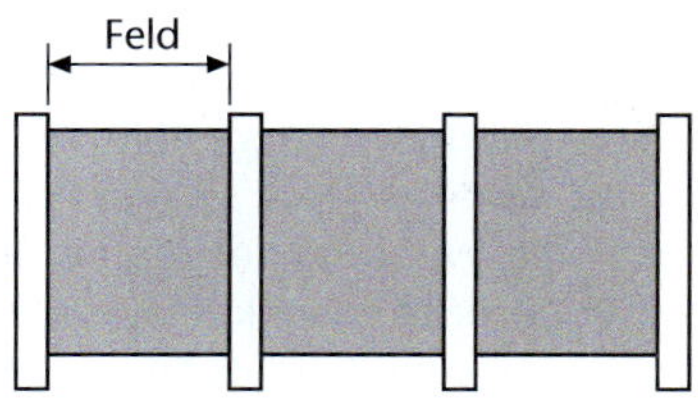

4 Pfosten ergeben 4 – 1 = 3 Felder.
11 Pfosten ergeben 11 – 1 = 10 Felder.

5 Zwei mögliche Lösungswege sind:
① In der ersten Stunde leeren vier Müllfahrzeuge 840 : 6 = 140 Hausmülltonnen. Jedes Müllfahrzeug leert damit stündlich 140 : 4 = 35 Mülltonnen. Fünf Müllfahrzeuge müssen jetzt nur noch 840 – 140 = 700 Mülltonnen leeren. Ein Müllfahrzeug würde für diese Arbeit 700 : 35 = 20 Std. benötigen. Fünf Müllfahrzeuge benötigen dann nur ein Fünftel dieser Zeit, also 4 Std.
② Wir wissen, dass die Leerung aller Hausmülltonnen im Neubaugebiet von vier Müllfahrzeugen in 6 h erledigt wird. Ein Müllfahrzeug würde dafür 4 · 6 h = 24 h benötigen. 4 Fahrzeuge arbeiten zu Beginn jeweils 1 h, danach bliebe für ein einzelnes Müllfahrzeug noch 20 h Arbeit übrig. 5 Fahrzeuge schaffen diese Arbeit in 20 h : 5 = 4 h. Addiert man dazu noch die erste Stunde, in der vier Müllfahrzeuge im Einsatz sind, lautet die Antwort: Jetzt sind in fünf Stunden alle Hausmülltonnen im Neubaugebiet geleert.

6 a) Ein Planwagen bietet Platz für 12 Personen; 7 Planwagen für 7 · 12 = 84 Personen.
Für 88 Schülerinnen und Schüler müssen also 8 Planwagen gemietet werden.

b) 88 Schülerinnen und Schüler zahlen insgesamt 88 · 6 € = 528 € Miete für die Fahrt mit acht Planwagen. Acht Planwagen bieten Platz für 8 · 12 = 96 Personen. Könnte man den Gesamtmietpreis auf 96 Personen umlegen, hätte jede Person 528 € : 96 = 5,50 € zu zahlen.

S. 53

1 a) Preiserhöhung: 450 € · 0,04 = 18 €
neuer Preis: 450 € + 18 € = 468 €

b) Preiserhöhung: 3 800 € · 0,12 = 456 €
neuer Preis: 3 800 € + 456 € = 4 256 €

c) Preiserhöhung: 900 € · 0,25 = 225 €
(oder 900 € : 4, da 25 % = $\frac{1}{4}$)
neuer Preis: 900 € + 225 € = 1 125 €

d) Die Preiserhöhung um 100 % bedeutet, dass der Preis verdoppelt wird.
neuer Preis: 8 500 € · 2 = 17 000 €

2 a) Preissenkung: 900 € · 0,05 = 45 €
neuer Preis: 900 € – 45 € = 855 €

b) Preissenkung: 1 800 € · 0,2 = 360 €
neuer Preis: 1 800 € – 360 € = 1 440 €

c) Preissenkung um 50 % bedeutet, dass der Preis halbiert wird. neuer Preis: 6 400 € : 2 = 3 200 €

S. 53

3 Mehrwertsteuer: 82,20 € · 0,19 ≈ 15,62 €   Endpreis: 82,20 € + 15,62 € = 97,82 €
oder: Endpreis: 82,20 € · 1,19 = 97,818 € ≈ 97,82 €

4 Eine Preissenkung um 30 % entspricht einer Preissenkung auf 70 % des alten Preises.
Hose: 89 € · 0,7 = 62,30 €
T-Shirt: 24 € · 0,7 = 16,80 €
Schuhe: 130 € · 0,7 = 91 €
Nur der Preis für das T-Shirt stimmt.

5 a) $\frac{1}{2}$ = 50 % ; neuer Preis: 100 % – 50 % = 50 %   b) $\frac{1}{4}$ = 25 % ; neuer Preis: 100 % – 25 % = 75 %

c) $\frac{3}{10}$ = 30 % ; neuer Preis: 100 % – 30 % = 70 %   d) $\frac{2}{5}$ = 40 % ; neuer Preis: 100 % – 40 % = 60 %

6 Preis nach Erhöhung: 250 € · 1,2 = 300 €
Preis nach Preissenkung: 300 € · 0,8 = 240 €
Mara hat nicht recht, der Ski kostet nun weniger als zu Beginn.
(Begründung: 20 % von 300 € sind mehr als 20 % von 250 €.)

7 Gewicht der Holzkiste: 7,2 t · 0,23 = 1,656 t = 1 656 kg
Gewicht der Maschine: 7 200 kg – 1 656 kg = 5 544 kg (= 5,544 t)

S. 54

1 Im Koordinatensystem ist die Fahrt von Ina zum Jugendheim dargestellt. Aus dem Graphen ist abzulesen:

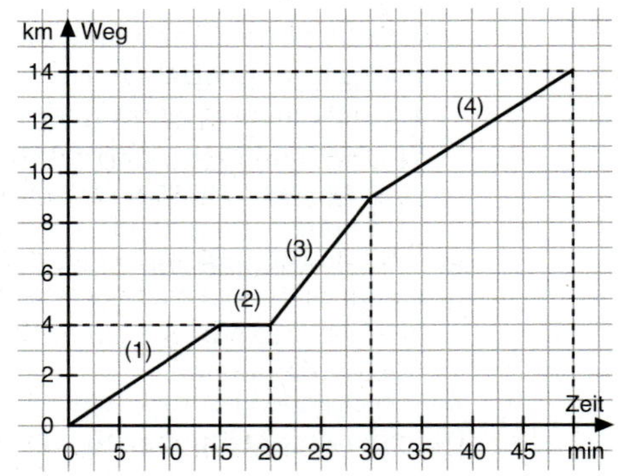

(1) Während des ersten Teils ihrer Fahrt legt Ina eine Strecke von 4 km in 15 Minuten zurück. Sie fährt also mit einer durchschnittlichen Geschwindigkeit von 16 $\frac{\text{km}}{\text{h}}$.
(2) Im zweiten Teilstück legt Ina für fünf Minuten keinen Weg zurück. Sie unterbricht also ihre Fahrt und bleibt stehen.
(3) Der dritte Teil der Fahrt dauert zehn Minuten. Ina legt in dieser Zeit 5 km zurück. Ihre durchschnittliche Geschwindigkeit beträgt auf diesem Teilstück also 30 $\frac{\text{km}}{\text{h}}$.
(4) Auf dem vierten Teilstück legt Ina in 20 Minuten 5 km zurück. Sie radelt also durchschnittlich nur noch halb so schnell wie auf dem dritten Teilstück, nämlich 15 $\frac{\text{km}}{\text{h}}$.
Insgesamt dauert Inas Fahrt 50 Minuten. Da sie um 8:00 Uhr gestartet ist, trifft sie um 8:50 Uhr am vereinbarten Treffpunkt ein.
Wir nutzen die vorangestellten Überlegungen, um zu beurteilen, welche der folgenden Aussagen zutreffen können.
„Nach einer Viertelstunde hat Ina bereits 5 km zurückgelegt." Nein; siehe (1).
„Zwischendurch macht Ina eine Rast von fünf Minuten." Ja; siehe (2)
„Anfangs fährt Ina am schnellsten." Nein; siehe (1) und (3).

2 a)/b) Eine mögliche Lösung ist im Koordinatensystem dargestellt. Je langsamer die Wandergeschwindigkeit ist, desto geringer ist die Steigung des entsprechenden Graphenabschnitts.

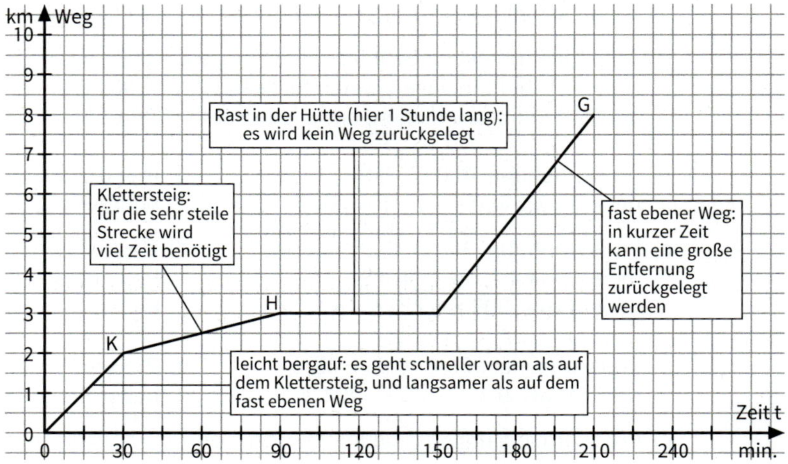

S. 55

1 a) Die Aktie ist von G = 33,90 € auf 30,20 € gesunken, also um W = 3,70 €.

$p\,\% = \frac{W}{G} \quad p\,\% = \frac{3{,}70\,€}{33{,}90\,€} \approx 0{,}109 = 10{,}9\,\%$

b) $\frac{33{,}60\,€ + 32{,}10\,€ + 34{,}10\,€ + 34{,}60\,€ + 33{,}90\,€ + 30{,}20\,€}{6} = 33{,}08\overline{3}\,€$

Den Durchschnitt des letzten Jahres hat die Aktie nicht erreicht.

c) Der Eindruck entsteht dadurch, dass die Hochachse nicht bei 0 €, sondern bei 30 € beginnt.

d)

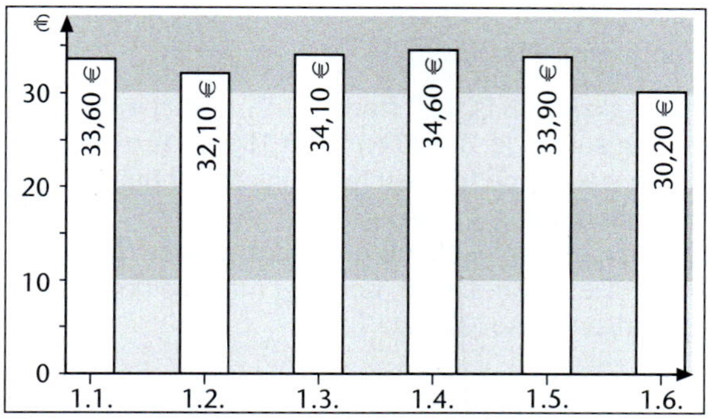

2 a) 80 % (24 von 30) der Schülerinnen und Schüler aus der Klasse 9a haben an der Umfrage teilgenommen.

b) Die beiden Säulen für Jungen und Mädchen müssen jeweils gleich hoch sein, da jeweils 16 Jungen und Mädchen in der Klasse sind. Allerdings sind bei den Mädchen nur zwei und bei den Jungen vier nicht befragt worden.

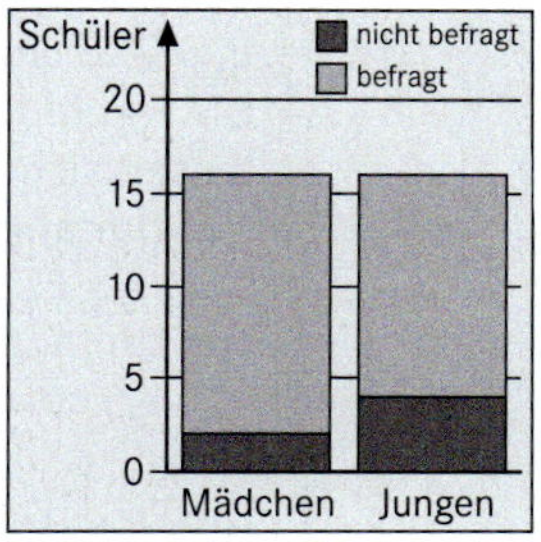

c) Die Befragten konnten hier mehrere Antworten geben, sodass die Summe der Prozentsätze über 100 % beträgt. Dies kann man in einem Kreisdiagramm nicht darstellen, wohl aber in einem Säulendiagramm.

S. 56

1 Der Zeitraum von 5:15 Uhr bis 21:38 Uhr umfasst 16 h und 23 min.

2 Rechnet man von 16:07 Uhr eine Stunde zurück, erhält man die Uhrzeit 15:07 Uhr. Die Zugfahrt dauerte aber noch weitere 24 Minuten.
Also: 15 h 7 min – 24 min = 14 h 67 min – 24 min = 14 h 43 min.
Jürgen begann seine Bahnfahrt um 14:43 Uhr.

3 Aus dem Aufgabentext sind folgende Zeiten zu entnehmen:

Sportart	Zeiten von Sebastian Kienle
3,8 km Schwimmen	54 min 38 s
180 km Rad fahren	4 h 20 min 46 s
Marathon über 42,195 km	2 h 54 min 36 s

Um die Gesamtzeit für alle drei Sportarten zu ermitteln, addiert man die Zeiten.

54 min 38 s + 4 h 20 min 46 s + 2 h 54 min 36 s =

$\underbrace{4\text{ h} + 2\text{ h}} + \underbrace{54\text{ min} + 20\text{ min} + 54\text{ min}} + \underbrace{38\text{ s} + 46\text{ s} + 36\text{ s}} =$

$\underbrace{6\text{ h}} + \underbrace{128\text{ min}} + \underbrace{120\text{ s}} =$

$6\text{ h} + 2\text{ h } 8\text{ min} + 2\text{ min} = 8\text{ h } 10\text{ min}$

4 Martina muss eine Stunde vor Abflug, also um 14:10 Uhr am Flughafen sein. Für die Autofahrt zum Flughafen veranschlagt sie 45 Minuten. Dann muss sie also um 13:25 Uhr aufbrechen, um pünktlich am Check-in-Schalter zu sein.

S. 56

5 a) Zunächst ist es egal, an welcher Stelle des Zuges Tim sich aufhält. Alle Teile des Zuges müssen gleich schnell unterwegs sein, weil der Zug sonst auseinanderbrechen würde.
Wir wissen: Der Zug fährt 150 km in 60 min (das bedeutet 150 $\frac{km}{h}$).
Mithilfe des Zweisatzes berechnen wir nun die gesuchte Fahrzeit für die 10 km lange Tunnelstrecke.

zurückgelegter Weg (in km)	Zeit (in min)
150	60
10	4

(: 15 links und rechts)

Für Tim dauert die Fahrt durch den Tunnel 4 Minuten.

b) Fährt man mit doppelter Geschwindigkeit (z. B 300 $\frac{km}{h}$ statt 150 $\frac{km}{h}$), legt man pro Stunde (wie auch pro Minute) den doppelten Weg zurück (z. B. 300 km statt 150 km pro Stunde).
Für die gleiche Strecke benötigt man bei doppelter Geschwindigkeit nur halb so lang.
Also: Überlegung (1) stimmt nicht, Überlegung (2) dagegen trifft zu.
Halbiert man seine Geschwindigkeit, legt man auch nur noch halb so viel Weg in einer bestimmten Zeit zurück. Reist man mit halber Geschwindigkeit, benötigt man die doppelte Zeit.
Überlegung (3) trifft zu. Anzukreuzen sind also (2) und (3).

S. 57

1 a) Die Figur A wird durch zwei Strecken der Länge 3 cm sowie durch einen Halbkreis und zwei Vierteilkreise begrenzt, deren Radius jeweils 3 cm beträgt. Die Kreisbögen lassen sich zu einem Vollkreis zusammensetzen. Der Umfang der Figur A setzt sich also zusammen aus:
$u_A = 2 \cdot 3\text{ cm} + 2 \cdot \pi \cdot 3\text{ cm} \approx 6\text{ cm} + 18{,}85\text{ cm} = 24{,}85\text{ cm}$.
Die Figuren B und C werden durch Kreisbögen mit dem Radius 3 cm begrenzt. Diese Kreisbögen lassen sich bei jeder dieser Figuren zu einem Vollkreis zusammensetzen.
Der Umfang u der Figuren B und C ist also gleich groß. Es gilt:
$u_B = u_C = 2 \cdot \pi \cdot 3\text{ cm} \approx 18{,}85\text{ cm}$.
Der Umfang der Figur D setzt sich zusammen aus dem Umfang eines Kreises mit dem Radius von 1,5 cm und dem Umfang eines Kreises mit dem Radius von 3 cm. Es gilt daher:
$u_D = 2 \cdot \pi \cdot 1{,}5\text{ cm} + 2\pi \cdot 3\text{ cm} \approx 9{,}42\text{ cm} + 18{,}85\text{ cm} = 28{,}27\text{ cm}$.
Die Figur D hat also einen größeren Umfang als die anderen drei Figuren.
Richtig ist daher: $u_D > u_A > u_B = u_C$

b) Bestimmen des Flächeninhalts des größeren Kreises K_1 mit dem Radius 3 cm:
$A_{K_1} = \pi \cdot r^2 = \pi \cdot (3\text{ cm})^2 \approx 28{,}27\text{ cm}^2$
Bestimmen des Flächeninhalts des kleinen Kreises K_2 mit dem Radius 1,5 cm:
$A_{K_2} = \pi \cdot r^2 = \pi \cdot (1{,}5\text{ cm})^2 \approx 7{,}07\text{ cm}^2$
Berechnen der Differenz:
$A_{K_1} - A_{K_2} \approx 28{,}27\text{ cm}^2 - 7{,}07\text{ cm}^2 = 21{,}2\text{ cm}^2$
Der Flächeninhalt der Figur D beträgt etwa 21,2 cm².

2 a) $\alpha = 60°$, nämlich der 6. Teil vom Vollwinkel 360°;
β und γ sind gleich groß, weil das Dreieck gleichschenklig ist;
Wegen der Winkelsumme von 180° gilt: $\beta = \gamma = 60°$.
Das Dreieck FME ist also gleichseitig.

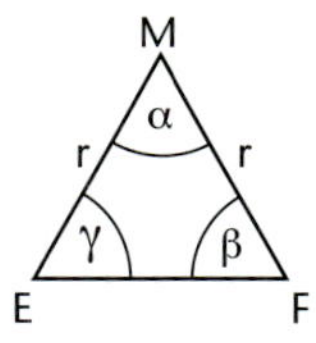

b) Die einzelnen Teilstrecken sind jeweils 8 cm lang, wie aus den Überlegungen zu Teilaufgabe a) folgt.
$u_6 = 6 \cdot 8\text{ cm} = 48\text{ cm}$

c) $u_K = 2 \cdot \pi \cdot 8\text{ cm} \approx 50{,}2655\text{ cm}$
$u_6 = 48\text{ cm}$
Der Grundwert G = 48 cm ist um W = 2,2655 cm gewachsen.
$p\,\% \approx \frac{2{,}2655}{48} \approx 0{,}047 = 4{,}7\,\%$
Der Umfang des Kreises ist um etwa 4,7 % größer als der Umfang des regelmäßigen Sechsecks.

S. 57

3 a) Für das Quadrat gilt
$A = 0{,}25\ m^2$
$a^2 = 0{,}25\ m^2$
$a = 0{,}5\ m$

Der Kreis hat einen Durchmesser von 0,5 m und deshalb einen Radius von 0,25 m.

$A_K = \pi \cdot (0{,}25\ m)^2$ $\quad u_K = 2 \cdot \pi \cdot 0{,}25\ m$
$A_K \approx 0{,}196\ m^2$ $\quad u_K \approx 1{,}57\ m$

b) Die Platte hat ursprünglich einen Flächeninhalt von 0,25 m², der ausgesägte Kreis von etwa 0,196 m². Der abgesägte Teil (Abfall) beträgt also etwa 0,054 m² (= 0,25 m² – 0,916 m²).

Der gesuchte Anteil in p % ist dann: $p\,\% = \frac{0{,}054\ m^2}{0{,}25\ m^2} = 0{,}216 = 21{,}6\,\%$

S. 58

1 Der Anstieg kann durch eine feinere Einteilung der senkrechten Achse und durch die Darstellung eines Ausschnittes der senkrechten Achse optisch verdeutlicht werden.

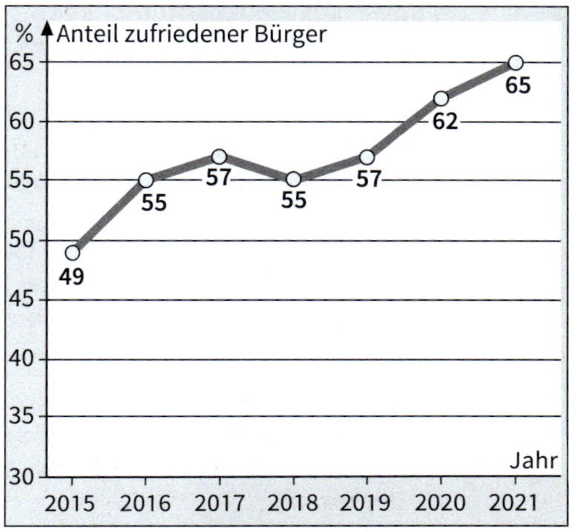

2 a) Die Länge der Balken unterscheidet sich kaum. Um Unterschiede feststellen zu können, muss man die Zahlen vergleichen.

b) Die waagerechte Achse kann feiner eingeteilt werden.

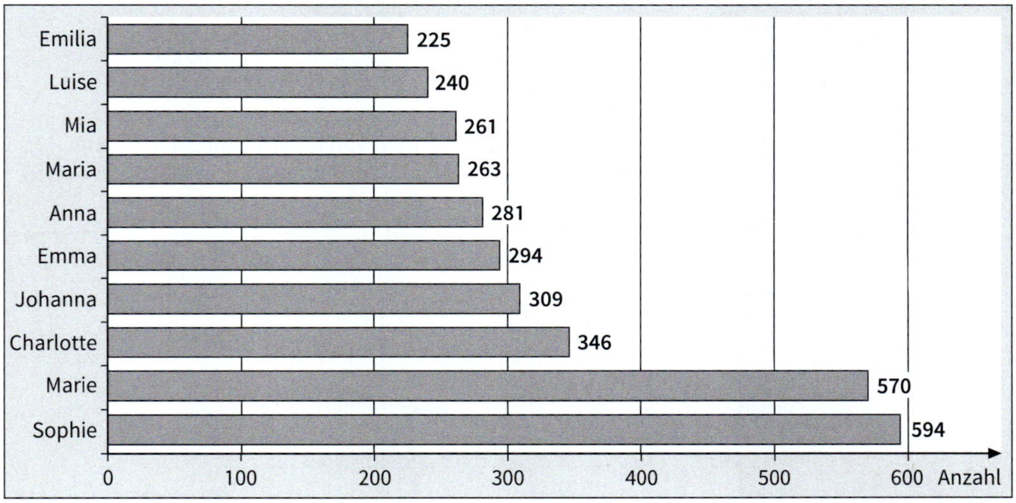

3 Darstellung A ist richtig. Begründung: Die Fläche stellt den Kaffeepreis dar. In der Darstellung B ist jedes Seitenmaß um $\frac{1}{4}$ kleiner dargestellt, d. h. jede Seitenlänge beträgt $\frac{3}{4}$ der ursprünglichen Länge. Betrachtet man den Sack näherungsweise als Rechteck, dann beträgt die Fläche im Bild B nur $\frac{3}{4} \cdot \frac{3}{4} = \frac{9}{16}$ der ursprünglichen Fläche. Um den Sachverhalt richtig darzustellen, muss aber die Fläche $\frac{3}{4}$ der ursprünglichen Fläche betragen wie im Bild A.

S. 59

1 Die Meldung beinhaltet zwei Fehler.

- Der erste Fehler steckt in der Formulierung „Die letzte Saison fiel dagegen deutlich besser aus“. Jedes dritte Spiel zu gewinnen, bedeutet z. B. bei vier von zwölf Spielen als Sieger vom Platz zu gehen.
  Jedes sechste Spiel zu gewinnen, bedeutet dagegen in diesem Beispiel nur bei zwei von zwölf Spielen siegreich zu sein.
- Der zweite Fehler liegt in der Angabe „Steigerung um 50 %“.
  Tatsächlich gewinnt die C-Mannschaft nur noch halb so viele Spiele; richtig wäre es also von einer Verminderung um 50 % zu sprechen.

2 Die Meldung beinhaltet zwei Fehler.
Der erste mathematische Fehler steckt in der Formulierung „nur noch“.
Früher: Jeder zehnte Autofahrer rast. Heute: Jeder fünfte Autofahrer rast.
Wenn also heute jeder fünfte statt früher jeder zehnte Autofahrer zu schnell fährt, dann hat sich die Zahl der Raser erhöht.
Der zweite Fehler liegt in der Angabe „fünf Prozent“.
Jeder fünfte Autofahrer bedeutet, dass sich unter jeweils fünf Autofahrern ein Raser befindet.
Unter 100 Autofahrern sind dann 20 Raser zu finden, also: 20 von 100 oder 20 % der Autofahrer fahren zu schnell.
Richtig müsste die Meldung also lauten: „Fuhr vor einigen Jahren noch jeder zehnte Autofahrer zu schnell, so ist es heute sogar jeder fünfte. 20 Prozent sind natürlich viel zu viel und so wird weiterhin kontrolliert und die Schnellfahrer haben zu zahlen.“

3 a) $\frac{1}{5}$ von 20 000 € = 4 000 € $\frac{1}{10}$ von 20 000 € = 2 000 €
Das Vereinsangebot bedeutet ein neues Monatsgehalt in Höhe von 24 000 €, die Forderung von Markus Lukascheswki wäre ein Monatsgehalt in Höhe von 22 000 €, also ist das Vereinsangebot besser.

b) $\frac{1}{5} = \frac{2}{10}$, also gilt $\frac{1}{5} > \frac{1}{10}$ (nämlich genau doppelt so groß)
Unabhängig vom Gehalt ist eine Erhöhung um $\frac{1}{5}$ stets besser als eine Erhöhung um $\frac{1}{10}$.

4 a) richtig sind nur $\frac{1}{10} = 10\,\%$ und $\frac{1}{100} = 1\,\%$

b) $\frac{1}{2} = 50\,\%$ $\frac{1}{4} = 25\,\%$ $\frac{1}{5} = 20\,\%$ $\frac{1}{10} = 10\,\%$
$\frac{1}{20} = 5\,\%$ $\frac{1}{25} = 4\,\%$ $\frac{1}{50} = 2\,\%$ $\frac{1}{100} = 1\,\%$

S. 60

1 a) Um die Grafik zeichnen zu können, benötigt man von jedem Tarif zwei Punkte.
Tarif (1): (3000 | 575) und (3600 | 575) (€-Betrag gerundet: 574,98 ≈ 575)
Tarif (2): (3000 | 555) und (3600 | 650)

$5{,}72 \cdot 12 + 3000 \cdot 0{,}1632 = 555{,}54 \approx 556$ $5{,}72 \cdot 12 + 3600 \cdot 0{,}1623 = 652{,}92 \approx 653$

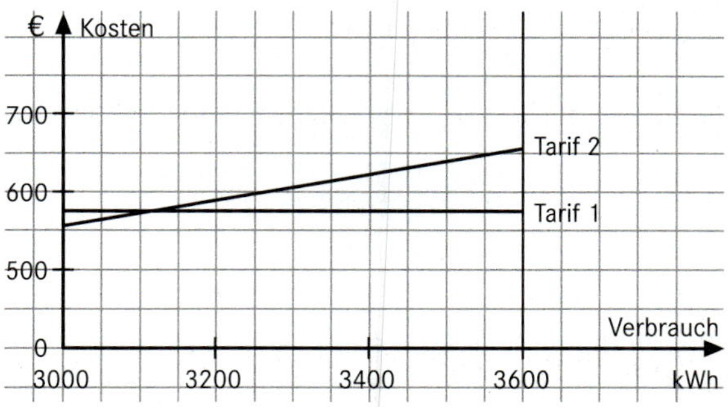

b) Man kann zum Anbieter (1) raten. Dessen Graph verläuft in dem Bereich zwischen 3 200 kWh und 3 600 kWh unterhalb des Graphen von Anbieter (2), Anbieter (1) ist also billiger.

S. 60

c) – bei 3 100 kWh: Anbieter (1) 574,98 €
Anbieter (2) $5{,}72\,€ \cdot 12 + 3100 \cdot 0{,}1623\,€ = 571{,}77\,€$
Hier ist Anbieter (2) günstiger.

– bei 5 800 kWh: Anbieter (1) $574{,}98\,€ + (5800 - 3600) \cdot 0{,}216\,€ = 1050{,}18\,€$
Anbieter (2) $5{,}72\,€ \cdot 12 + 5800 \cdot 0{,}1623\,€ = 1009{,}98\,€$
Auch hier ist Anbieter (2) günstiger.

2 a) Wasserpreis = Grundgebühr + Verbrauch · Preis pro Kubikmeter
z.B. für 3000 m^3:
Ahlstadt: $90\,€ + 300 \cdot 2{,}25\,€ = 765\,€$
Bündhausen: $160\,€ + 300 \cdot 1{,}85\,€ = 715\,€$

In der nachfolgenden Tabelle stehen die Kosten für 0 m^3 (das sind nur die Grundgebühren) und 300 m^3 Wasserverbrauch pro Jahr. Damit kann man die Wasserpreise grafisch darstellen.

	0 m^3	300 m^3
Ahlstadt	90 €	765 €
Bündhausen	160 €	715 €

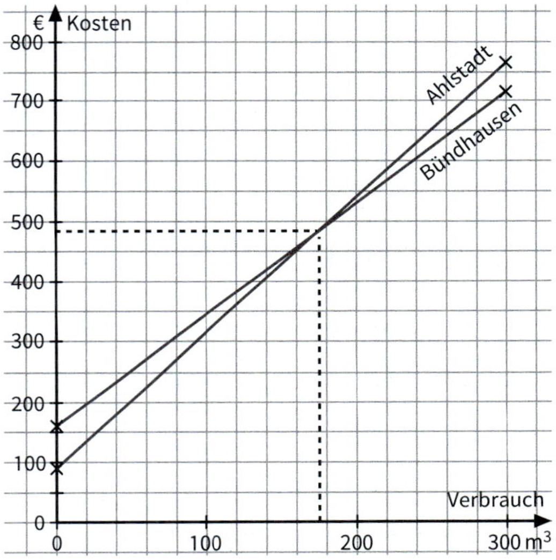

b) Jahresverbrauch der Familie Lenz: $375\,l \cdot 365 = 136\,875\,l$
Umrechnung in m^3: $136\,875\,l = 136{,}875\,m^3$ $(1\,000\,l = 1\,m^3)$
Kosten in Ahlstadt: $90\,€ + 136{,}875 \cdot 2{,}25\,€ = 397{,}97\,€$
Familie Lenz hat eine Jahresrechnung in Höhe von 397,97 € zu erwarten.

c) Aus der Grafik kann man ablesen, dass für ca. 175 m^3 Jahresverbrauch die Jahresrechnung in beiden Gemeinden gleich hoch ist.
Sie beträgt dann $2{,}25\,€ \cdot 175 + 90\,€ = 483{,}75\,€$.

S. 61

1 a) Hier geht es um den Flächeninhalt des Anstoßkreises, den sich 22 Spieler teilen.
$A = \pi \cdot r^2$
$A = \pi \cdot (9{,}15\,m)^2$
$A \approx 263\,m^2$
$263\,m^2 : 22 \approx 11{,}955\,m^2$
Jeder Spieler hätte ungefähr 12 m^2 Platz.

b) Hier geht es um den Umfang des Anstoßkreises, auf dem sich 22 Spieler verteilen.
$u = \pi \cdot d$
$u = \pi \cdot 18{,}30\,m$
$u \approx 57{,}49\,m$
$57{,}49 : 22 \approx 2{,}61$
Die Spieler stünden rund 2,60 m voneinander entfernt auf dem Anstoßkreis.

S. 61

2 Um die Längen der Böschungen zu berechnen, zeichnet man drei rechtwinklige Dreiecke in die Grafik ein. Ein Abschnitt einer Böschung entspricht jeweils der Hypotenuse des Dreiecks.
Für die Länge der Hypotenuse c gilt nach dem Satz von Pythagoras: $c = \sqrt{a^2 + b^2}$.

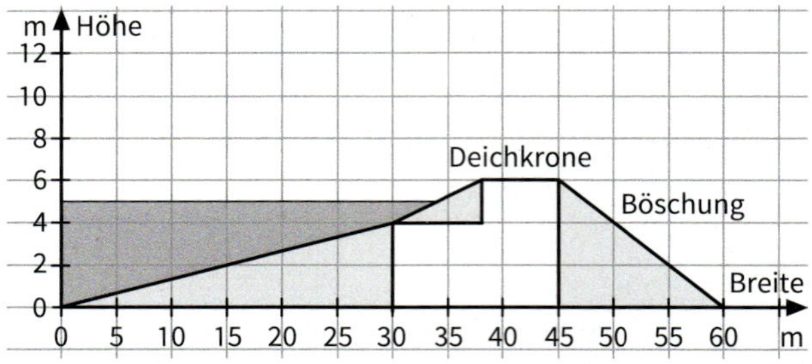

Für das rechte Dreieck (Landseite) gilt:
$a = 6$ m, $b = 60$ m $- 45$ m $= 15$ m und $c_{Land} = \sqrt{6^2 + 15^2}$ m $\approx 16{,}16$ m.
Die Böschung ist also ca. 16,2 m lang.
Auf der Wasserseite setzt sich die Böschung aus zwei Teilstücken zusammen:
$c_{Wasser,\,links} = \sqrt{30^2 + 4^2}$ m $\approx 30{,}27$ m und $c_{Wasser,\,rechts} = \sqrt{8^2 + 2^2}$ m $\approx 8{,}25$ m.
30,27 m + 8,25 m = 38,52 m
Die Böschung ist auf der Wasserseite insgesamt ca. 38,5 m lang.

3 a) Der Bildschirm setzt sich aus 768 Reihen mit je 1 024 Bildpunkten zusammen.
1 024 : 4 = 256 und 768 : 3 = 256. D. h. in der Länge passen 4-mal 256 Bildpunkte nebeneinander und in der Breite sind es 3-mal 256 Bildpunkte. Die Anzahlen der Bildschirmpunkte verhalten sich damit wie 4 : 3.

b) Nach dem Satz von Pythagoras gilt in dem Rechteck: $d = \sqrt{3^2 + 4^2}$ cm $= \sqrt{25}$ cm $= 5$ cm.
Die Diagonale ist also 5 cm lang.

c) Die Diagonale des Tablets ist 25 cm lang. Damit ist sie fünfmal so lang wie die Diagonale des Rechtecks aus b). Weil der Bildschirm des Tablets aus der Werbung die gleichen Seitenverhältnisse 4 : 3 hat wie das Rechteck aus b), sind auch die anderen entsprechenden Seiten fünfmal so lang. Der Bildschirm des Tablets hat also eine Länge von 4 cm · 5 = 20 cm. Die Breite beträgt 3 cm · 5 = 15 cm.

4 a) Der Strafraum mit Torraum ist ein Rechteck mit einer Breite von 16,5 m und einer Länge von 16,5 m + 7,32 m + 16,5 m, also 40,32 m.
$A_1 = 16{,}5 \text{ m} \cdot 40{,}32 \text{ m} = 665{,}28 \text{ m}^2$
Der Torraum ist 5,5 m breit und 18,32 m lang.
$A_2 = 5{,}5 \text{ m} \cdot 18{,}32 \text{ m} = 100{,}76 \text{ m}^2$
$A_1 - A_2 = 665{,}28 \text{ m}^2 - 100{,}76 \text{ m}^2$
$= 564{,}52 \text{ m}^2$
Der Strafraum außerhalb des Torraums ist ungefähr 564,5 m² groß.

b) Zunächst wird die Entfernung y vom 11-m-Punkt bis zum Fußpunkt des Tores berechnet (siehe Zeichnung). 3,66 m ist die Hälfte von 7,32 m.
$y^2 = (11 \text{ m})^2 + (3{,}66 \text{ m})^2$
$y^2 = 134{,}3956 \text{ m}^2 \qquad (y \approx 11{,}59 \text{ m})$

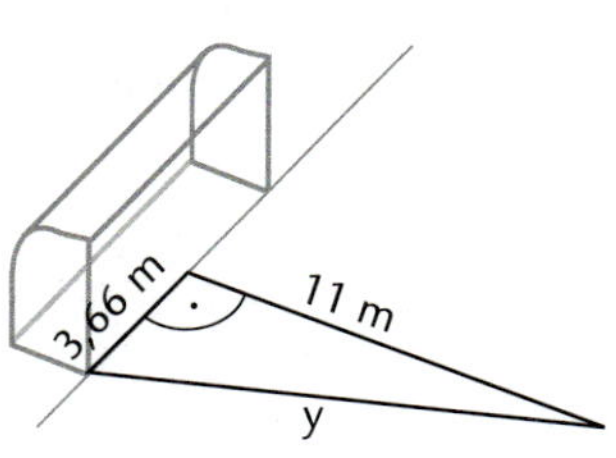

Für die eigentlich gesuchte Strecke x gilt die zweite Zeichnung.
2,44 m ist die Höhe des Tores.
$x^2 = y^2 + (2{,}44 \text{ m})^2$
$x^2 = 134{,}3956 \text{ m}^2 + 5{,}9536 \text{ m}^2$
$x^2 = 140{,}3492 \text{ m}^2$
$x \approx 11{,}85$ m
Der Ball legt rund 11,85 m zurück.

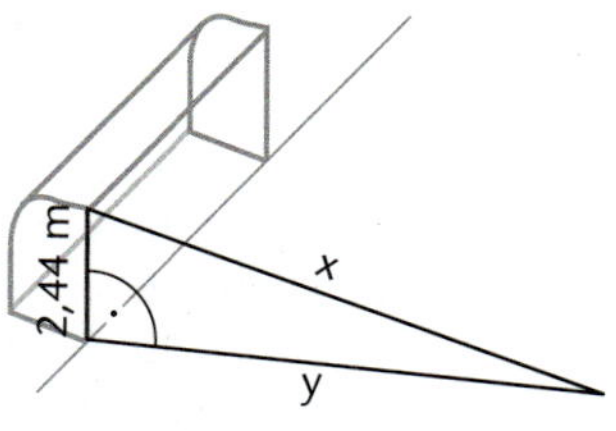

S. 62

1 a) Zu jedem Nahrungsmittelbestandteil werden die Balken übereinander gezeichnet.

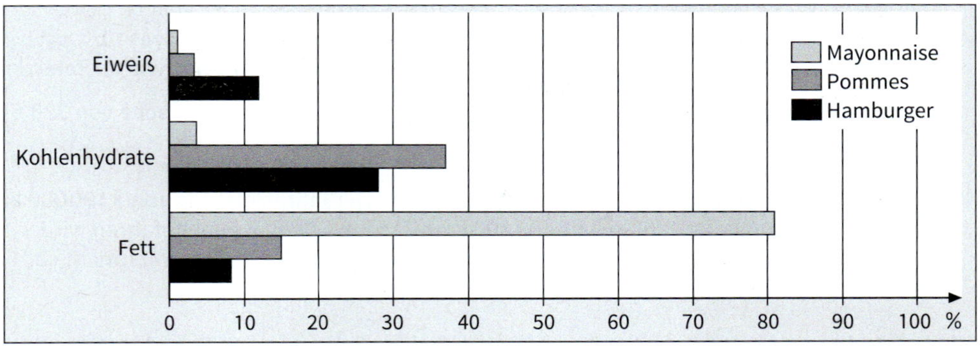

b) Erklärung am Beispiel des Hamburgers: Für 100 % wird ein 10 cm langer Streifen gezeichnet. 1 % entspricht dann 1 mm in diesem Streifen, 10 % entsprechen 1 cm.
Für 8,3 % Fett werden dann 8,3 mm in diesem Streifen eingefärbt.
Für 28 % Kohlenhydrate färbt man dann 2,8 cm und für 12 % Eiweiß 12 mm = 1,2 cm.
Der Rest des 10 cm langen Streifens steht für den Anteil des Hamburgers, der aus sonstigen Stoffen, z. B. Wasser, besteht.

Hamburger

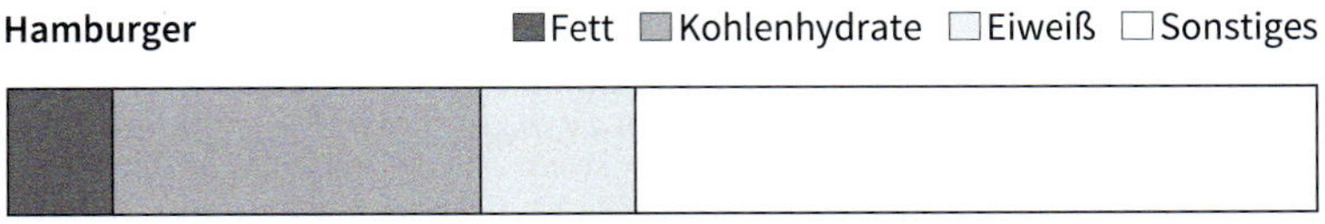

Mayonnaise

Pommes

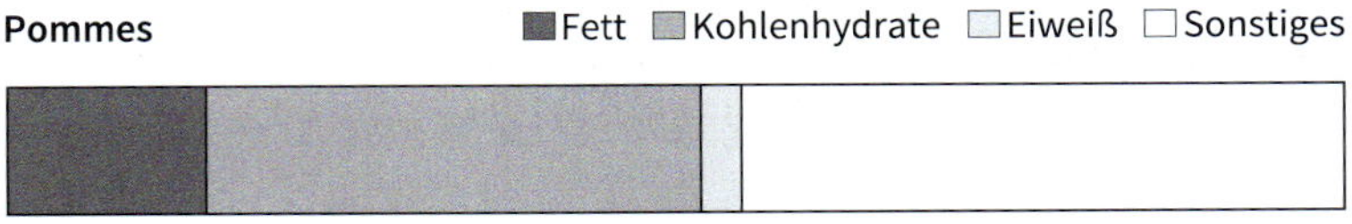

2 a) Man muss schauen, welche Säule am höchsten ist.
(1) Die orangefarbenen Säulen gehören zu den 16- bis 18-Jährigen, dort ist das Smartphone das meistgenannte Gerät. Ca. 89 % der 16- bis 18-Jährigen Internetnutzer verwenden ein Smartphone.
(2) Die pinkfarbenen Säulen gehören zu den Nutzern ab 19 Jahren. Dort ist ein Desktop PC das meistgenannte Gerät, um ins Internet zu gelangen, der Anteil beträgt ca. 72 %.

b) Aus dem Diagramm kann man ablesen, dass 20 % aller Nutzer ab 19 Jahren mit einem Tablet ins Internet gehen. 20 % von 936 sind $0{,}2 \cdot 936 = 187{,}2$.
Also gehen etwa 187 der befragten Personen mit einem Tablet ins Internet.

c) Bei einem Streifendiagramm ergeben die Prozentsätze aller Anteile addiert insgesamt 100 %. In dieser Umfrage kommt man in jeder Altersgruppe in der Summe aber über 100 %, weil die Befragten mehrere Geräte nennen durften. Dann würde ein Anteil von z. B. 52 % bei den Desktop PCs nicht mehr den halben Streifen füllen.
Nur bei Umfragen, bei denen man nur eine Antwort geben kann, ist die Darstellung der Ergebnisse in Streifen- und Kreisdiagrammen sinnvoll.

S. 63

1 Bei einer Durchschnittsgeschwindigkeit von $72\,\frac{\text{km}}{\text{h}}$ benötigt der Zug:

1 Stunde	für	72 km
30 Minuten	für	36 km
1 Stunde 30 Minuten	für	108 km

Die Bahnstrecke ist 108 km lang.

S. 63

2 a) Für Wohnen/Energie geben die Bundesbürger etwa fünfmal so viel aus wie für Telekommunikation.
Für Freizeit/Kultur geben die Bundesbürger etwa doppelt so viel aus wie für Gaststätten/Hotels.
Für Essen/Trinken geben die Bundesbürger etwa doppelt so viel aus wie für Telekommunikation.

b) Familie Wagner gibt für Wohnen/Energie etwa 9600 € aus (das 30-Fache von 320 €), für Verkehr etwa 4200 € (das 30-Fache von 140 €).

3 Für 215 km benötigt der Regionalexpress etwa 3 h. Die Jahresleistung von 3400000 km bedeutet, dass diese Strecke im Jahr etwa 3400000 km : 215 km = 15814-mal befahren wird.
Ein einziger Zug würde hierfür 15814 · 3 h = 47442 h benötigen. Das entspricht ca. 1977 Tagen, d. h. fast 66 Monaten bzw. $5\frac{1}{2}$ Jahren.

S. 64

1 a) Zu berechnen sind ein Kegel mit r = 1 m und h = 3 m sowie ein Zylinder mit r = 1 m und h = 5 m.

$V_{Kegel} = \frac{1}{3}\pi \cdot (1\text{ m})^2 \cdot 3\text{ m} \approx 3{,}142\text{ m}^3$

$V_{Zylinder} = \pi \cdot (1\text{ m})^2 \cdot 5\text{ m} \approx 15{,}708\text{ m}^3$

$V_{Gesamt} \approx 18{,}85\text{ m}^3$

Jeder Kubikmeter wiegt 0,7 t, also ist die Masse m ≈ 18,85 · 0,7 t ≈ 13,195 t.
Das Modell wiegt knapp 13,2 t.

b) Hier geht es um den Oberflächeninhalt O, der aus den Mantelflächen des Kegels M_K, des Zylinders M_Z und der Grundfläche G besteht. Zunächst muss s mit dem Satz des Pythagoras berechnet werden:

$s^2 = h^2 + r^2$
$s^2 = 9\text{ m}^2 + 1\text{ m}^2$
$s^2 = 10\text{ m}^2$
$s \approx 3{,}16\text{ m}$
$M_K = \pi \cdot r \cdot s \approx \pi \cdot 1\text{ m} \cdot 3{,}16\text{ m} \approx 9{,}93\text{ m}^2$
$M_Z = 2 \cdot \pi \cdot r \cdot h \approx 2\pi \cdot 1\text{ m} \cdot 5\text{ m} \approx 31{,}42\text{ m}^2$
$G = \pi \cdot r^2 = \pi \cdot (1\text{ m})^2 \approx 3{,}14\text{ m}^2$
$O = M_K + M_Z + G \approx 9{,}93\text{ m}^2 + 31{,}42\text{ m}^2 + 3{,}14\text{ m}^2 \approx 44{,}49\text{ m}^2$

Das sind knapp 44,5 m². Da man pro m² einen halben Liter Farbe braucht, sind 44,5 · 0,5 *l* = 22,25 *l* Farbe erforderlich.

2 $V_Q = 9\text{ cm} \cdot 9\text{ cm} \cdot 7\text{ cm} = 567\text{ cm}^3$ $V_Z = \pi \cdot (1{,}5\text{ cm})^2 \cdot 7\text{ cm} \approx 49{,}48\text{ cm}^3$

$V_{Körper} = V_Q - V_Z = 567\text{ cm}^3 - 49{,}48\text{ cm}^3$
$V_{Körper} = 517{,}52\text{ cm}^3$

Masse $= 517{,}52\text{ cm}^3 \cdot 2{,}7\,\frac{\text{g}}{\text{cm}^3} \approx 1397\text{ g} \approx 1{,}4\text{ kg}$

Der Körper wiegt ungefähr 1,4 kg.

3 Die Mantelfläche des Körpers besteht aus vier Quadraten (Würfel) und vier Dreiecken (Pyramide).

$M_{Würfel} = 4 \cdot (5\text{ m})^2 = 100\text{ m}^2$ $M_{Pyramide} = 4 \cdot \frac{5\text{ m} \cdot 4\text{ m}}{2} = 40\text{ m}^2$

Die Mantelfläche des Körpers ist 140 m² groß (100 m² + 40 m²).

4 Man kann das Fass durch zwei Zylinder nach unten und nach oben abschätzen.
Da 1 *l* = 1 dm³ gilt, wird mit dm weitergerechnet.

$V_1 = \pi \cdot (3\text{ dm})^2 \cdot 15\text{ dm}$
$V_1 \approx 424\text{ dm}^3$

$V_2 = \pi \cdot (4\text{ dm})^2 \cdot 15\text{ dm}$
$V_2 \approx 754\text{ dm}^3$

Der Inhalt des Fasses liegt zwischen 424 *l* und 754 *l*. Zutreffend ist also die Inhaltsangabe 580 *l*.

S. 65

1 a) 1. Möglichkeit: Die beiden Tankmengen 35 *l* und 42 *l* sind Vielfache von 7. Wir berechnen den Preis für 7 *l* Super.

Montag:

:5	35 *l*	45,50 €	:5
	7 *l*	9,10 €	

Freitag:

:6	42 *l*	58,80 €	:6
	7 *l*	9,80 €	

2. Möglichkeit Wir berechnen den Preis für 1 *l* Super.

Montag:

:35	35 *l*	45,50 €	:35
	1 *l*	1,30 €	

Freitag:

:42	42 *l*	58,80 €	:42
	1 *l*	1,40 €	

Für beide Lösungswege gilt:
Der Preis pro Liter Super ist am Freitag höher.

b) Am Freitag kostet 1 *l* Super 1,40 €.
Also kosten 10 *l* am Freitag 14 €. Im Koordinatensystem finden wir den zugehörigen Punkt (10 | 14) auf dem Graphen A.

c) Pro Liter beträgt der Preisunterschied zwischen Montag und Freitag 10 ct.
$10 \cdot 10$ ct = 1 €; folglich hat Frau Schmidt an beiden Tagen jeweils 10 Liter getankt und Rechnungen von 1 € Unterschied erhalten.

2 a) Alle Grammangaben sind Vielfache von 100. Wir berechnen den Preis für 100 g für alle drei Gläser.

:3	300 g	1,80 €	:3
	100 g	0,60 €	

:5	500 g	2,60 €	:5
	100 g	0,52 €	

:7	700 g	3,85 €	:7
	100 g	0,55 €	

Das 500-g-Glas ist am preiswertesten.

b) Das 300-g-Glas enthält $3 \cdot 55$ g = 165 g Früchte.

3 Um die Geschwindigkeit der Züge vergleichen zu können, berechnet man, welche Strecke sie pro Stunde zurücklegen.

(1) Nozomi:

:3	378 km	90 min	:3
	126 km	30 min	
·2	252 km	60 min	·2

(2) ICE:

·2	120 km	30 min	·2
	240 km	60 min	

(3) TGV-R

:2	176 km	40 min	:2
	88 km	20 min	
·3	264 km	60 min	·3

Der TGV-R ist mit einer Geschwindigkeit von 264 $\frac{km}{h}$ der schnellste Zug.

S. 66

1 a) Wahrscheinlichkeit für die Zahl vier: $\frac{2}{6} = \frac{1}{3}$ (6 mögliche, 2 günstige Ergebnisse)

b) Wahrscheinlichkeit für eine gerade Zahl: $\frac{3}{6} = \frac{1}{2}$ (6 mögliche, 3 günstige Ergebnisse)

c) Wahrscheinlichkeit für keine Sechs: $\frac{5}{6}$ (6 mögliche, 5 günstige Ergebnisse)
oder: $1 - P(6) = 1 - \frac{1}{6} = \frac{5}{6}$

d) Die Wahrscheinlichkeit eine Primzahl (PZ) zu würfeln, wird bei der großen Zahl von Versuchen in der Regel nahe der relativen Häufigkeit rH(PZ) liegen.
$rH(PZ) = \frac{548}{800} = 0{,}685 = 68{,}5\,\%$
Würfel (1): $P(PZ) = \frac{4}{6} = \frac{2}{3} \approx 67\,\%$
Würfel (2): $P(PZ) = \frac{2}{6} = \frac{1}{3} \approx 33\,\%$ (Achtung: 1 ist keine Primzahl.)
Würfel (3): $P(PZ) = \frac{2}{6} = \frac{1}{3} \approx 33\,\%$
Es wurde vermutlich mit Würfel (1) gewürfelt. Sicher kann man sich aber nicht sein.

S. 66

2 a) Das Glücksrad hat 10 gleich große Felder.
(1) Auf vier Feldern steht eine 3. Also gilt: $P\,(3) = \frac{4}{10} = 0{,}4 = 40\,\%$
(2) Auf einem Feld steht eine 4. Alle anderen Zahlen sind kleiner als 4. Also gilt:
P (Zahl ist kleiner als 4) $= \frac{9}{10} = 0{,}9 = 90\,\%$
(3) Auf drei Feldern stehen gerade Zahlen. Also gilt:
P (gerade Zahl) $= \frac{3}{10} = 0{,}3 = 30\,\%$

b) (1) Die Wahrscheinlichkeit für eine 1 beträgt $\frac{3}{10} = 30\,\%$.
Also erwartet man in ungefähr 30 % der Fälle eine 1. 30 % von 100 = 30
Man erwartet ca. 30-mal eine 1.
(2) Es ist sehr unwahrscheinlich, aber es könnte auch sein, dass bei 100 Versuchen das Rad keinmal auf der 1 stehen bleibt.

3 a) $P\,(6) = \frac{1}{9} \approx 11\,\%$
b) Es gibt 5 ungerade Zahlen in dem Gefäß: 1, 3, 5, 7, 9.
P (ungerade Zahl) $= \frac{5}{9} \approx 56\,\%$
c) Es ist sehr, sehr unwahrscheinlich, was Tom behauptet. Da es sich aber um Zufallsversuche handelt, ist dieses Ereignis – wenn auch sehr selten – durchaus möglich.

S. 67

1 Im Behälter befinden sich 20 Kugeln, davon sind 6 Kugeln blau, 12 Kugeln gelb und 2 Kugeln rot.
a) P (blaue Kugel) $= \frac{6}{20} = \frac{3}{10} = 30\,\%$
b) 18 Kugeln sind gelb oder blau. P (keine rote Kugel) $= \frac{18}{20} = \frac{9}{10} = 90\,\%$
c) Nach den Ziehungen von Marc sind nur noch 16 Kugeln im Behälter:
4 blaue Kugeln, 10 gelbe Kugeln und 2 rote Kugeln.
P (rote Kugel) $= \frac{2}{16} = \frac{1}{8} = 12{,}5\,\%$

2 Es sind 12 Kugeln im Behälter.
a) Die Hälfte der Kugeln muss rot, die andere Hälfte blau gefärbt werden, also jeweils 6 Kugeln.
b) $\frac{1}{3}$ von 12 = 4; $\frac{2}{3}$ von 12 = 8
4 Kugeln müssen rot und 8 Kugeln blau gefärbt werden.
c) $\frac{1}{6}$ von 12 = 2; $\frac{1}{3}$ von 12 = 4; $\frac{1}{2}$ von 12 = 6
2 Kugeln müssen rot, 4 Kugeln blau und 6 Kugeln grün gefärbt werden.

3 Im Behälter waren zunächst 12 Kugeln (5 + 4 + 3). Nach Utes Ziehung sind noch 10 Kugeln im Behälter. Wenn für „blau“ und „weiß“ die Wahrscheinlichkeit gleich ist, müssen davon gleich viele Kugeln im Behälter geblieben sein, also 4|4 oder 3|3 oder 2|2 ... Rote Kugeln sind nur halb so viele im Behälter wie z. B. blaue Kugeln, und das heißt: Nach Utes Ziehung sind 4 blaue Kugeln, 4 weiße Kugeln und 2 rote Kugeln im Behälter. Also hat sie bei den ersten beiden Ziehungen eine weiße und eine rote Kugel herausgenommen; die Reihenfolge weiß man nicht.

4 Nach dem Herausnehmen einer blauen und einer roten Kugel sind im Behälter noch sieben Kugeln, drei davon sind rot.
P (rote Kugel) $= \frac{3}{7} \approx 43\,\%$

S. 68

1 a) Jakarta hat die größte Zahl an Einwohnern hinzugewonnen.
Zuwachs: 34,6 Mio. – 2,9 Mio. = 31,7 Mio.
b) 1960: 16,7 Mio. 2021: 38,0 Mio.
Zuwachs: 38,0 Mio. – 16,7 Mio. = 21,3 Mio.
Gegeben: G = 16,7 Mio. W = 21,3 Mio. Gesucht: p %
$p\,\% = \frac{W}{G} = \frac{21{,}3\text{ Mio.}}{16{,}7\text{ Mio.}} \approx 1{,}28 = 128\,\%$
Probe mit dem Wachstumsfaktor: 16,7 Mio. · (1 + 1,28) ≈ 38 Mio.
Tokios Bevölkerung stieg etwa um 128 % an.

S. 68

2 a)

	A	B	C	D	E	F	G	H	I	J	K	L
1		Tag der Geburt										
2	Geburtstag	0	1	2	3	4	5	6	7	8	9	10
3	Geldgeschenk in Cent	10	20	40	80	160	320	640	1280	2560	5120	10240

Am 10. Geburtstag müssten die Eltern 10 240 Cent (= 102,40 €) in die Spardose werfen.

b) Formel für C3: =B3*2

S. 69

1

Zahlenrätsel		Gleichung	Lösung
①	$a + 3a = 8$ $4a = 8$ $a = 2$	(E)	2
②	$2a \cdot 2 = 20$ $4a = 20$ $a = 5$	(C)	5
③	$4a \cdot 2 = 8$ $8a = 8$ $a = 1$	(A)	1
④	$8a - 4 = 20$ $8a = 24$ $a = 3$	(B)	3

2 Folgende Terme bezeichnen genau die Hälfte einer beliebigen Zahl a:

$a : 2 = \frac{a}{2}$; $50\,\% \cdot a = \frac{1}{2}a$; $a - \frac{1}{2}a = \frac{1}{2}a$; $\frac{a}{2}$

3

Für n = 4 sehen die Muster so aus:	
a) 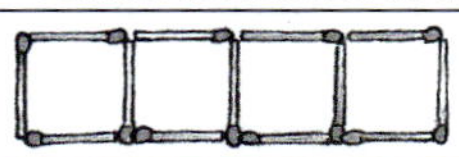	b) 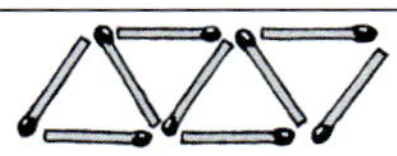
Anzahl der Hölzer: $13 = 1 + 4 \cdot 3$ oder: $13 = 4 + 3 \cdot 3$	$9 = 1 + 4 \cdot 2$ oder: $9 = 3 + 3 \cdot 2$
Term: $1 + n \cdot 3$ oder: $4 + (n - 1) \cdot 3$	$1 + n \cdot 2$ oder: $3 + (n - 1) \cdot 2$

4 a) Um das Zahlenrätsel als Gleichung aufschreiben zu können, muss der Text in die mathematische Sprache „übersetzt“ werden:
- Für die gesuchte Zahl schreibt man x.
- „Subtrahieren“ steht für die Rechenoperation „–“ ;
- „das Siebenfache einer Zahl x“ bedeutet „7 · x“;
- „das Doppelte der Zahl x“ schreibt man als „2 · x“;
- „erhältst du“ steht für das Gleichheitszeichen „=“.

Die Gleichung lautet also:

$7x - 2x = 200$ | Zusammenfassen
$5x = 200$ | :5
$x = 40$ Die Probe am Text bestätigt die Lösung.

b) Um von der Gleichung zu einem passenden Zahlenrätsel zu kommen, ersetzt man die Terme und Rechenzeichen durch sprachliche Ausdrücke:
- aus „3x“ wird „das 3-Fache einer Zahl x“
- „ +“ entspricht „Addieren“
- „4x“ meint „das Vierfache einer Zahl x“ oder „das Produkt aus einer Zahl x und 4“
- „3x + 48“ ist die Summe aus „dem 3-Fachen einer Zahl x und 48“.

Ein zur Gleichung passendes Zahlenrätsel ist z. B.: „Addierst du zum 3-Fachen einer Zahl 48, so erhältst du das Vierfache der Zahl.“

Die Lösung der Gleichung erhält man so:

$3x + 48 = 4x$ | $-3x$
$48 = x$ Die gesuchte Zahl lautet 48.

S. 70

1 a) Für die Augensumme 7 gibt es die Ergebnisse:
(6;1), (5;2); (4;3); (3;4); (2;5); (1;6)

$P(7) = \frac{6}{36} = \frac{1}{6}$

	1	2	3	4	5	6
1	(1;1)	(1;2)	(1;3)	(1;4)	(1;5)	(1;6)
2	(2;1)	(2;2)	(2;3)	(2;4)	(2;5)	(2;6)
3	(3;1)	(3;2)	(3;3)	(3;4)	(3;5)	(3;6)
4	(4;1)	(4;2)	(4;3)	(4;4)	(4;5)	(4;6)
5	(5;1)	(5;2)	(5;3)	(5;4)	(5;5)	(5;6)
6	(6;1)	(6;2)	(6;3)	(6;4)	(6;5)	(6;6)

b) Ergebnisse für die Summe 10: (6;4); (5;5); (4;6)
Ergebnisse für die Summe 5: (4;1); (3;2); (2;3); (1;4)

$P(10) = \frac{3}{36} = \frac{1}{12}$, $P(5) = \frac{4}{36} = \frac{1}{9}$

Die Augensumme 5 ist wahrscheinlicher.

c) Dazu gehören die Ergebnisse mit Augensumme 10, Augensumme 11 und Augensumme 12:
(4;6);(6;4); (5;5); (5;6); (6;5); (6;6)

$P(\text{mindestens } 10) = \frac{6}{36} = \frac{1}{6}$

d) Dazu gehören die Ergebnisse mit den Augensumme 2, 3, 4, 5 und 6:
(1;1); (1;2); (1;3); (1;4); (1;5); (2;1); (2;2); (2;3); (2;4); (3;1); (3;2); (3;3); (4;1); (4;2); (5;1)

$P(\text{höchstens } 6) = \frac{15}{36} = \frac{5}{12}$

e) Von den Augensummen 2, 3, ..., 12 sind durch 4 teilbar die Augensummen 4, 8 und 12. Dazu gehören die Ergebnisse:
(6;6); (6;2); (5;3); (4;4); (3;1); (3;5); (2;2); (2;6); (1;3)

$P(\text{durch 4 teilbar}) = \frac{9}{36} = \frac{1}{4}$

f) Ergebnisse für zwei ungerade Zahlen:
(1;1); (1;3); (1;5); (3;1); (3;3); (3;5); (5;1); (5;3); (5;5)

$P(\text{zwei ungerade Zahlen}) = \frac{9}{36} = \frac{1}{4}$

g) Ergebnisse für zwei verschiedene Zahlen: (1;2); (1;3); (1;4); (1;5); (1;6);
(2;1); (2;3); (2;4); (2;5); (2;6);
(3;1); (3;2); (3;4); (3;5); (3;6);
(4;1); (4;2); (4;3); (4;5); (4;6);
(5;1); (5;2); (5;3); (5;4); (5;6);
(6;1); (6;2); (6;3); (6;4); (6;5)

$P(\text{zwei verschiedene Zahlen}) = \frac{30}{36} = \frac{5}{6}$

oder besser: $P(\text{zwei verschiedene Zahlen}) = 1 - P(\text{zwei gleiche Zahlen}) = 1 - \frac{6}{36} = \frac{30}{36} = \frac{5}{6}$

2 a)

1. \ 2.	B	R	G	O
B	(B;B)	(B;R)	(B;G)	(B;O)
R	(R;B)	(R;R)	(R;G)	(R;O)
G	(G;B)	(G;R)	(G;G)	(G;O)
O	(O;B)	(O;R)	(O;G)	(O;O)

Es gibt 16 mögliche Ergebnisse.

b) Günstige Ergebnisse: (B;B), (R;R), (G;G), (O;O)

$P(\text{gleiche Farbe}) = \frac{4}{16} = \frac{1}{4} = 25\,\%$

c) Günstige Ergebnisse: (R;B), (R;R), (R;G), (R;O), (B;R), (G;R), (O;R)

$P(\text{mindestens einmal Rot}) = \frac{7}{16} = 43{,}75\,\%$

S. 71

1

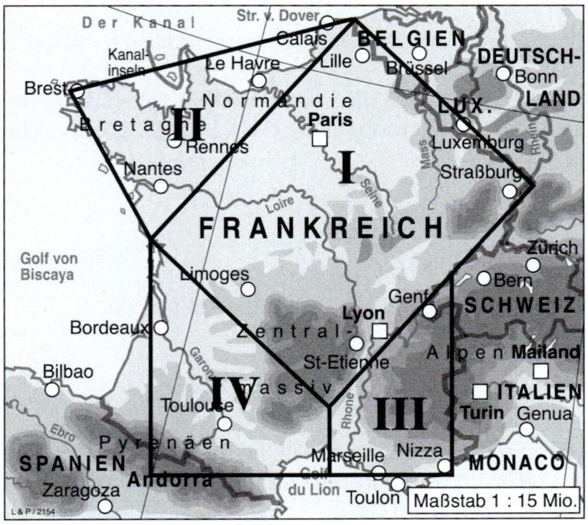

Die Unterteilung Frankreichs in berechenbare Teilflächen kann auf unterschiedliche Art erfolgen; hier ist eine Möglichkeit dargestellt.
Der Maßstab bedeutet: Jeder gemessene Millimeter ist in Wirklichkeit 15 km.

$A_{I} = 570\text{ km} \cdot 450\text{ km} = 256\,500\text{ km}^2$

$A_{II} = \frac{570\text{ km} \cdot 300\text{ km}}{2} = 85\,500\text{ km}^2$

$A_{III} = \frac{150\text{ km} + 390\text{ km}}{2} \cdot 285\text{ km} = 76\,950\text{ km}^2$

$A_{IV} = \frac{150\text{ km} + 480\text{ km}}{2} \cdot 330\text{ km}^2 = 103\,950\text{ km}^2$

$A_{Gesamt} = 522\,900\text{ km}^2$

Frankreich ohne Korsika ist ca. 523 000 km² groß. (Laut offiziellen Angaben sind es etwa 535 000 km².)

2

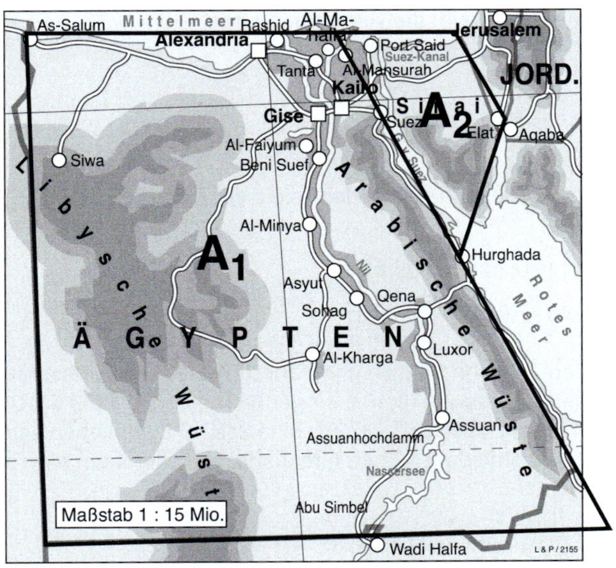

Ägypten kann mit zwei Trapezen gut erfasst werden. Es ist nach Augenschein erheblich größer als Frankreich.

$A_1 = \frac{1080 + 615\text{ km}}{2} \cdot 975\text{ km}$ $\quad A_1 \approx 826\,000\text{ km}^2$

$A_2 = \frac{540\text{ km} + 225\text{ km}}{2} \cdot 210\text{ km}$ $\quad A_2 \approx 80\,300\text{ km}^2$

$A_{Gesamt} = 906\,300\text{ km}^2$

Ägypten ist über 900 000 km² groß. (Laut offiziellen Angaben sind es etwa 1 000 000 km².)

S. 72

1 a) =D1*D1*D1 oder =D1^3
In D1 steht die Kantenlänge a des Würfels, und sein Volumen berechnet sich mit der Formel $V = a^3$.

b) Man könnte die Wertepaare bzw. Zelleinträge in (B1|B2) und (D1|D2) sowie (C1|C2) und (F1|F2) vergleichen. Dann zeigt sich, dass bei Verdoppelung der Kantenlänge das Volumen auf das 8-Fache anwächst.

2 a) Der Einzelpreis für einen Reifen steht in Zelle C3.

b) 24,75 € : 1,5 = 16,50 €. Ein Liter Motoröl kostet 16,50 €.

c) *1. Möglichkeit:* Man addiert alle Zelladressen, in denen Gesamtpreise stehen:
D10: = D3+D4+D5+D7+D8
2. Möglichkeit: Man nutzt den Befehl „SUMME“:
D10: =SUMME(D3:D8)

3 a) Um einen Grundwert um p % zu verringern, multipliziert man ihn mit $(1 - \frac{p}{100})$. Der Grundwert ist hier der Neuwert des Autos von 23 500 € und steht in Zelle C2. Die Prozentzahl p = 35 steht in Zelle B3. Daraus ergibt sich die Formel =C2*(1-B3/100).

b) Der Grundwert ist jetzt der Wert des Vorjahres (11 829 €) und steht in Zelle C5. Die Prozentzahl p = 12 steht in Zelle B6. Daraus ergibt sich die Formel =C5*(1-B6/100).
Beim automatischen Füllen der Zellen von C3 ausgehend werden alle Zeilennummern um 3 erhöht.
Rechnung: $11\,829\text{ €} \cdot (1 - 0{,}12) = 11\,829\text{ €} \cdot 0{,}88 = 10\,409{,}52\text{ €}$
Das Auto hat noch einen Wert von rund 10 410 €.

c) Der Neuwagenpreis lag bei 23 500 €. Nach vier Jahren hat das Auto noch einen Wert von 10 410 € (siehe b)).

$p\,\% = \frac{10\,410}{23\,500} \approx 44\,\%$

Nach vier Jahren ist das Auto noch 44 % des Neuwagenpreises wert.

S. 73

1 Auf dem Glücksrad gibt es insgesamt 16 gleich große Felder. 3 Felder sind blau (Trostpreis) und 1 Feld ist schwarz (Gewinn). 12 Felder sind weiß, die Verlust bedeuten.

a) $P(\text{Verlust}) = \frac{12}{16} = \frac{3}{4} = 75\,\%$

b) $P(\text{Trostpreis}) = \frac{3}{16} = 18{,}75\,\%$

c) $P(\text{Gewinn für } 7{,}00\text{ €}) = \frac{1}{16} = 6{,}25\,\%$

d) Bei 768 Spielen muss man damit rechnen, dass in $\frac{3}{16}$ der Spiele ein Trostpreis und in $\frac{1}{16}$ der Spiele ein Gewinn für 7,00 € erzielt wird.

$768 \cdot \frac{3}{16} = 144$ $\qquad 144 \cdot 0{,}25\text{ €} = 36\text{ €}$

$768 \cdot \frac{1}{16} = 48$ $\qquad 48 \cdot 7{,}00\text{ €} = 336\text{ €}$

$36\text{ €} + 336\text{ €} = 372\text{ €}$

Die Klasse 10b wird bei der großen Zahl von Spielen ungefähr 372 € für Preise bezahlt haben.
Da jeder Einsatz 0,80 € kostet, hat die Klasse 614,40 € eingenommen (768 · 0,80 €).
Als Gewinn dürften der Klasse ungefähr 614,40 € – 372 €, also 242,40 € geblieben sein.
Von den angegebenen Beträgen ist wohl somit 222,40 € realistisch. Sicher kann man sich aber nicht sein.

2 a) $P(\text{blau}) = \frac{3}{16}$ und $P(\text{schwarz}) = \frac{1}{16}$

$800 \cdot \frac{3}{16} = 150$ und $800 \cdot \frac{1}{16} = 50$

Man kann 150-mal „blau“ und 50-mal „schwarz“ erwarten.

b) 50-mal müssen 10 €, also 500 €, ausgezahlt werden.
150-mal muss der Einsatz zurückgezahlt werden, das sind 150 €.
800 € – 500 € – 150 € = 150 €
Der Veranstalter kann mit einem Gewinn von ungefähr 150 € rechnen. Sicher kann er sich aber nicht sein.

S. 74

1

	a)	b)	c)
Kapital (K)	1 800 €	4 500 €	3 000 €
Zinssatz (p %)	0,5 %	1,8 %	0,65 %
Zinsen (Z)	9 €	81 €	19,50 €

$p\,\% = \frac{Z}{K}$ oder $p = \frac{100 \cdot Z}{K}$

$Z = K \cdot p\,\%$ oder $Z = K \cdot \frac{p}{100}$ $\quad K = Z \cdot \frac{100}{p}$

a) $Z = 1\,800\,€ \cdot \frac{0{,}5}{100} = 9\,€$

b) $K = 81\,€ \cdot \frac{100}{1{,}8} = 4\,500\,€$

c) $p\,\% = \frac{19{,}50\,€}{3000\,€} = 0{,}0065 = 0{,}65\,\%$

2 Ausgangssituation: Tom legt 2 000 € für ein Jahr zu 0,5 % fest an und erhält am Jahresende 10 € Zinsen.

a) Veränderte Situation:
Tom legt doppelt so hohe Ersparnisse bei doppelt so hohem Zinssatz an. Das bedeutet: Tom legt 4 000 € zu 1 % an, am Jahresende erhält er dann 40 € Zinsen. Tom würde nach einem Jahr Zinsen in vierfacher Höhe erhalten, also 40 €.

b) Veränderte Situation:
Tom legt doppelt so hohe Ersparnisse bei halb so großem Zinssatz an. Das bedeutet: Tom legt 4 000 € zu 0,25 % an, am Jahresende erhält er dann 10 € Zinsen.
Die Verdoppelung des Kapitals hat zusammen mit der Halbierung des Zinssatzes keine Auswirkungen auf die Höhe der Zinsen. Tom würde nach einem Jahr Zinsen in derselben Höhe erhalten, also 10 €.

3 Den höchsten Zinssatz hat erzielt, bei dem der Quotient aus Endkapital und Anfangskapital am größten ist.

Anja: $\frac{2\,925{,}59}{2400} \approx 1{,}219$ Boris: $\frac{2\,281{,}77}{1\,800} \approx 1{,}268$ Pia: $\frac{348{,}16}{300} \approx 1{,}161$ Luca: $\frac{798{,}83}{600} \approx 1{,}331$

Luca hat den höchsten Zinssatz erzielt.

4 Wir berechnen die Höhe der Miete im zweiten Jahr entsprechend der beiden Angebote.

Angebot A (1. Jahr: 3,5 %; 2. Jahr 4,5 %)	
1. Jahr	900 € · 1,035 = 931,50 €
2. Jahr	931,50 € · 1,045 = **973,42 €**

Angebot B (1. Jahr: 4,5 %; 2. Jahr 3,5 %)	
1. Jahr	900 € · 1,045 = 940,50 €
2. Jahr	940,50 € · 1,035 = **973,42 €**

Beide Angebote führen im zweiten Jahr zur gleichen Miete von 973,42 €.
Aber im ersten Jahr der Erhöhung muss Frau Winter beim Angebot B monatlich 940,50 € – 931,50 € = 9 € mehr bezahlen.
Angebot A ist also günstiger. Diesen Rat solltest du Frau Winter geben.

5 Für eine einzelne Karte zahlt Sina 80 € : 4 = 20 €.
Drei dieser Karten verkauft sie mit 15 % Gewinn, d. h. sie erhält für jede Karte 20 € · 1,15 = 23 €. Ihren Ausgaben von 80 € stehen damit Einnahmen in Höhe von 3 · 23 € = 69 € gegenüber. Damit kostet für Sina der Eintritt nur 80 € – 69 € = 11 €.

S. 75

1 a) Zur Berechnung des Flächeninhalts fehlt die Höhe h, die man mit dem Satz des Pythagoras ermitteln kann.

$h^2 + (2{,}5\ m)^2 = (11\ m)^2$

$h^2 = (11\ m)^2 - (2{,}5\ m)^2$

$h^2 = 114{,}75\ m^2$

$h \approx 10{,}7\ m$

$A = \frac{g \cdot h}{2} \longrightarrow A = \frac{5\ m \cdot 10{,}7\ m}{2}$

$A = 26{,}75\ m^2$

Der Flächeninhalt einer Dachfläche beträgt rund 27 m².

Das gesamte Dach hat somit einen Flächeninhalt von rund $4 \cdot 27\ m^2 = 108\ m^2$.

b) $\alpha = 77°$

$\beta = 77°$

$\gamma = 26°$

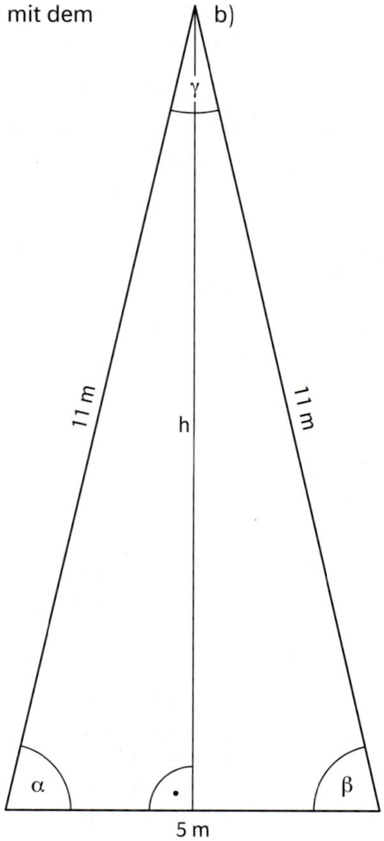

2 a) Die Grundfläche berechnet man mit der Formel für den Flächeninhalt eines Trapezes.

$G = \frac{(a + c) \cdot h}{2} \longrightarrow G = \frac{(4\ cm + 8\ cm) \cdot 5\ cm}{2}$

$G = 30\ cm^2$

$V = G \cdot h$ (Formel für das Volumen eines Prismas)

$V = 30\ cm^2 \cdot 14\ cm$

$V = 420\ cm^3$

Das Werkstück hat ein Volumen von 420 cm³.

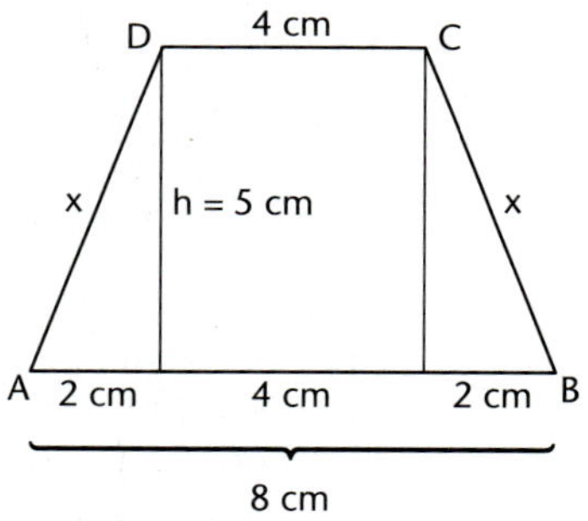

b) $O = 2 \cdot G + M$ (Formel für den Oberflächeninhalt eines Prismas)

Der Mantel M ist ein Rechteck, dessen Länge der Umfang der Grundfläche und dessen Breite 14 cm ist.

Für den Umfang der Grundfläche benötigt man die Länge x (siehe Zeichnung), die man mit dem Satz des Pythagoras berechnen kann.

$x^2 = (5\ cm)^2 + (2\ cm)^2$

$x^2 = 25\ cm^2 + 4\ cm^2$

$x^2 = 29\ cm^2$

$x \approx 5{,}385\ cm$

Der Umfang u der Grundfläche berechnet sich so: $u = 2 \cdot x + 8\ cm + 4\ cm$

$u = 10{,}77\ cm + 12\ cm$

$u = 22{,}77\ cm$

$M = u \cdot h$

$M = 22{,}77\ cm \cdot 14\ cm$

$M = 318{,}78\ cm^2$

Aus a) ist bekannt: $G = 30\ cm^2$.

$O = 2 \cdot G + M$

$O = 2 \cdot 30\ cm^2 + 318{,}78\ cm^2$

$O = 378{,}78\ cm^2$

Der Oberflächeninhalt des Werkstücks beträgt ca. 379 cm².

S. 75

3 a) Das Zelt hat die Form einer Pyramide mit quadratischer Grundfläche mit $a = 2{,}75$ m und $h = 2{,}50$ m. Dann ist

$$V = \frac{1}{3}\,G \cdot h = \frac{1}{3}a^2 \cdot h = \frac{1}{3} \cdot (2{,}75\text{ m})^2 \cdot 2{,}50\text{ m} \approx 6{,}3\text{ m}^3$$

b) Zunächst sind die Seitenwände des Zelts bzw. die Mantelfläche der quadratischen Pyramide zu berechnen.
Hierzu wird die Länge der Strecke $\overline{BS}$ benötigt.
Nach dem Satz des Pythagoras gilt im rechtwinkligen Dreieck ABS:
$(\overline{BS})^2 = (\overline{AS})^2 + (\overline{AB})^2$
Da $\overline{AS} = h = 2{,}50$ m und $\overline{AB} = \frac{a}{2} = 1{,}375$ m folgt:
$(\overline{BS})^2 = (2{,}5\text{ m})^2 + (1{,}375\text{ m})^2$
$(\overline{BS})^2 = 8{,}140625\text{ m}^2 \quad |\sqrt{\ }$
$\overline{BS} \approx 2{,}85$ m

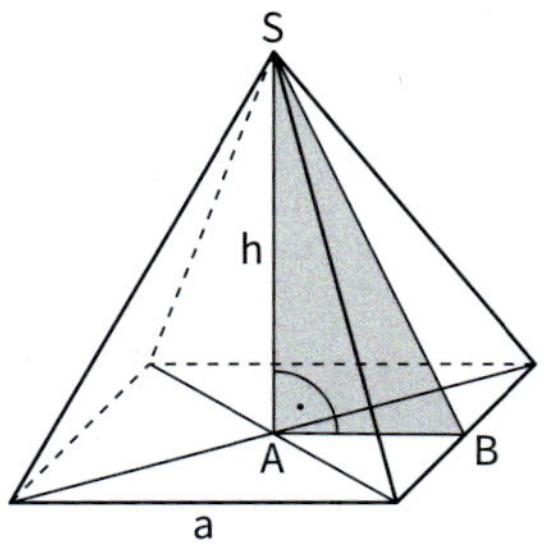

Für die Mantelfläche folgt dann: $M = 4 \cdot \frac{a \cdot \overline{BS}}{2} \approx 4 \cdot \frac{2{,}75\text{ m} \cdot 2{,}85\text{ m}}{2} = 15{,}675\text{ m}^2$

$15{,}675\text{ m}^2$ wiegen dann $15{,}675\text{ m}^2 \cdot 200\,\frac{\text{g}}{\text{m}^2} = 3135\text{ g} = 3{,}135$ kg.

Der Anteil am Gesamtgewicht des Zelts beträgt $\frac{3{,}135\text{ kg}}{5{,}2\text{ kg}} \approx 0{,}603 = 60{,}3\,\%$.

4 a) $A = g \cdot h$ (Formel für den Flächeninhalt eines Parallelogramms)
$A = 8{,}5\text{ cm} \cdot 4{,}2\text{ cm}$
$A = 35{,}7\text{ cm}^2$
Der Flächeninhalt des Parallelogramms beträgt $35{,}7\text{ cm}^2$.

b) 1) Zeichne die Seite $\overline{AB} = 8{,}5$ cm
2) Zeichne in A an $\overline{AB}$ den Winkel $\alpha = 70°$
3) Zeichne in B an $\overline{AB}$ den Winkel $\beta = 180° - 70° = 110°$
4) Zeichne im Abstand 4,2 cm von $\overline{AB}$ ein Parallele zu $\overline{AB}$.
5) Diese Parallele schneidet die freien Schenkel von α und β in den Punkten D und C.

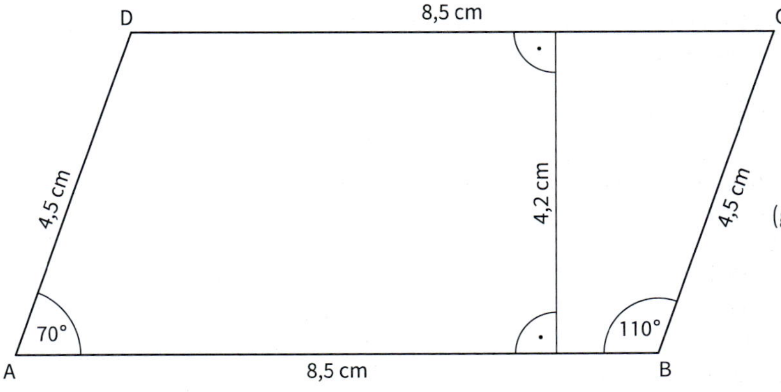

(gemessen)

Der Umfang des Parallelogramms beträgt $u = 2 \cdot 8{,}5\text{ cm} + 2 \cdot 4{,}5\text{ cm} = 26$ cm.

S. 76

1 $3x + 18 - 2x = \boxed{8 - 5x}$
$x + 18 = \boxed{3x}$
Man darf $8 - 5x$ nicht zu $3x$ zusammenfassen, da nur gleichartige Terme zusammengefasst werden können. (Punktrechnung vor Strichrechnung, Vorrangregeln beachten)

Richtige Lösung:
$3x + 18 - 2x = 8 - 5x$
$x + 18 = 8 - 5x \quad |+5x$
$6x + 18 = 8 \quad |-18$
$6x = -10 \quad |:6$
$x = -\frac{10}{6}$
$x = -\frac{5}{3}$

S. 76

2

$5(2y-3) = 8y-27$		
$10y-3 = 8y-27$		Hier hätte auch −3 mit 5 multipliziert werden müssen.
$2y-3 = -27$	$\mid +3$	
$2y = -30$		$-27+3=-24$

Richtige Lösung:

$$5(2y-3) = 8y-27$$
$$10y-15 = 8y-27 \quad \mid -8y$$
$$2y-15 = -27 \quad \mid +15$$
$$2y = -12 \quad \mid :2$$
$$y = -6$$

3 Fahrid hat zwei Fehler gemacht, die sich gegenseitig aufgehoben haben. In der zweiten Zeile hätte es statt −16a richtig +16a heißen müssen; das Minuszeichen vor der Klammer in der ersten Zeile ist von Fahrid nicht richtig beachtet worden.
Wenn er (dritte Zeile) auf beiden Seiten 16a subtrahiert, müsste in der vierten Zeile auf der rechten Gleichungsseite −32a stehen.
Wegen dieser beiden Fehler hat Fahrid zwei Punkte abgezogen bekommen; er beschwert sich zu Unrecht.

4 a) Damians Fehler steckt bereits im Ansatz. Der Term für die Länge ist nicht 5x, sondern x + 5.
Damit ist der Umfang $2(x+x+5) = 2(2x+5) = 4x+10$
bzw. $2x + 2(x+5) = 2x+2x+10 = 4x+10$

Die richtige Gleichung lautet:

$$4x+10-46 = x$$
$$4x-36 = x \quad \mid +36$$
$$4x = x+36 \quad \mid -x$$
$$3x = 36 \quad \mid :3$$
$$x = 12$$

Das Rechteck ist 12 cm breit und 17 cm lang. Sein Umfang beträgt 2(12 cm + 17 cm) = 58 cm.
Subtrahiert man davon 46 cm, so erhält man 12 cm, also genau die Breite des Rechtecks.

b) Wenn x die Breite ist und 5x die Länge, dann beträgt die Länge das 5-Fache der Breite.
Die Aufgabe zu Damians Gleichung $2(x+5x) - 46 = x$ könnte dann lauten:
„Ein Rechteck ist 5-mal so lang wie breit. Subtrahiert man vom Umfang 46 cm, so erhält man die Breite. Wie breit ist das Rechteck?"

S. 77

1 a) Die 3,6 m hohe Spitze ist auf dem Foto ungefähr 0,75 cm hoch. 1 cm auf dem Foto entspricht also 4,8 m in Wirklichkeit. Der Obelisk ist auf dem Foto ungefähr 4,8 cm hoch. D. h. der Obelisk ist in Wirklichkeit also ca. 23 m (4,8 · 4,8 m) hoch.

b) Das Volumen des Obelisken kann durch einen Quader mit 23 m Höhe und quadratischer Grundfläche mit der Seitenlänge 2 m (etwas mehr als die Hälfte der Spitze des Obelisken) abgeschätzt werden.

c) Der Obelisk hat ein geschätztes Volumen von $23\text{ m} \cdot 2\text{ m} \cdot 2\text{ m} = 92\text{ m}^3$. Daraus ergibt sich eine ungefähre Masse von $92\text{ m}^3 \cdot \frac{2{,}8\text{ t}}{\text{m}^3} \approx 257{,}6\text{ t}$. Der Obelisk wiegt ca. 260 t (in Wirklichkeit 250 t).

2 a) Annahme: Die Frau an der Brille ist ungefähr 1,6 m groß.

Abschätzung: Die Brille ist ungefähr 1,5 m hoch und 5 m breit. Die Bügellänge einer Brille entspricht ungefähr der Breite, also auch 5 m.

b) Rechnung: Die Brille eines Menschen ist so breit wie der Kopf. Die Kopflänge ist ungefähr das 1,5-Fache der Kopfbreite. Die Körpergröße ist ungefähr das 7,5-Fache der Kopflänge. $5\text{ m} \cdot 1{,}5 \cdot 7{,}5 = 56{,}25\text{ m}$

Antwort: Die Person müsste ungefähr 56 m groß sein.

S. 77

3 Damit man nicht alle Personen zählen muss, legt man ein Zählgitter über das Foto. Man geht davon aus, dass in jedem Quadrat des Zählgitters durchschnittlich gleich viele Menschen sind:

Hier wurde das Foto in $3 \cdot 4 = 12$ gleich große Quadrate eingeteilt. Nun bestimmt man die Anzahl von Personen in einem Quadrat, in dem durchschnittlich viele Personen zu sehen sind. Im stark umrandeten Quadrat sind das ungefähr 30. Damit ergeben sich für das gesamte Bild $12 \cdot 30 = 360$. Etwa 400 Personen befinden sich auf dem Foto.

Abschlusstest Teil B Komplexe Aufgaben

S. 78

1 Körper

a) Es müssen das Volumen des Quaders V_Q und das Volumen des Zylinders V_Z ermittelt werden.
$V_Q = 30\text{ cm} \cdot 80\text{ cm} \cdot 50\text{ cm} = 120\,000\text{ cm}^3$ $V_Z = \pi \cdot (10\text{ cm})^2 \cdot 80\text{ cm} \approx 25\,130\text{ cm}^3$
$V = V_Q - V_Z \approx 94\,870\text{ cm}^3$
Da jeder Kubikzentimeter Kupfer 8,92 g wiegt, ergibt sich für die Masse des Körpers:
$94\,870\text{ cm}^3 \cdot 8{,}92\,\frac{\text{g}}{\text{cm}^3} = 846\,240\text{ g} \approx 846\text{ kg}$
Der Körper wiegt ungefähr 846 kg.

b) Zur Oberfläche gehört die gesamte Oberfläche des Quaders O_Q ohne die Bohrungen $2 \cdot G_B$.
$O_Q = 2 \cdot 30\text{ cm} \cdot 50\text{ cm} + 2 \cdot 80\text{ cm} \cdot 30\text{ cm} + 2 \cdot 80\text{ cm} \cdot 50\text{ cm} = 15\,800\text{ cm}^2$
Kreisfläche einer Bohrung: $G_B = \pi \cdot (10\text{ cm})^2 \approx 314\text{ cm}^2$
Fläche, die gestrichen werden muss: $O = O_Q - 2\,G_B \approx 15\,172\text{ cm}^2$ $O = 1{,}5172\text{ m}^2$
Mit einer Dose Farbe kann man 1 m² lackieren. Die Oberfläche ist größer als 1 m², aber kleiner als 2 m²; also reichen 2 Dosen.

2 Autofarben

a) Sonstige Farben: 228 – 76 – 57 = 95
silbergrau: $\frac{76}{228} = \frac{1}{3} \approx 33{,}3\,\%$
schwarz: $\frac{57}{228} = \frac{1}{4} = 25\,\%$
Sonstige: $\frac{95}{228} = \frac{5}{12} \approx 41{,}7\,\%$

Farbe	Anzahl	Anteil als Bruch	Anteil in %
silbergrau	76	$\frac{1}{3}$	33,3 %
schwarz	57	$\frac{1}{4}$	25 %
Sonstige	95	$\frac{5}{12}$	41,7 %

b) Im Balkendiagramm wird die Anzahl der verschiedenen Autofarben abgetragen. Zuerst wird die Einteilung der x-Achse vorgenommen.

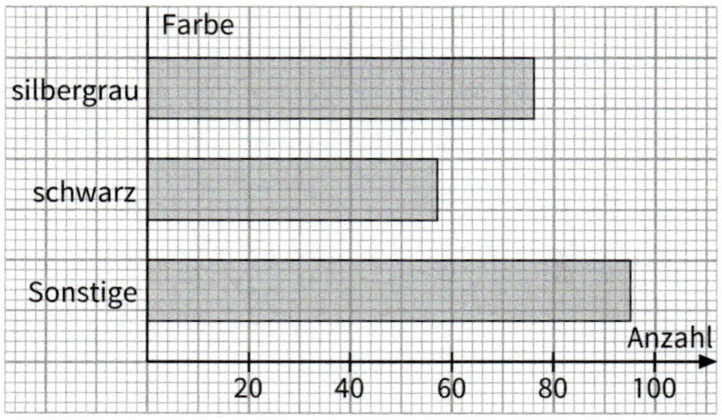

c) (1) P (silbergrau oder schwarz)
= P (silbergrau) + P (schwarz)
$= \frac{1}{3} + \frac{1}{4} = \frac{7}{12} \approx 58\,\%$

(2) Die Summe der Wahrscheinlichkeiten aller möglichen Ergebnisse ist 1 bzw. 100 %.
Daraus folgt: P (nicht silbergrau)
$= 1 - P(\text{silbergrau}) = 1 - \frac{1}{3} = \frac{2}{3} \approx 67\,\%$

S. 79

3 Busfahrt

a) Während der Fahrt wird Benzin verbraucht, der Tankinhalt nimmt also ab. Ein Tankvorgang ist dagegen daran zu erkennen, dass die Benzinmenge im Tank sprunghaft ansteigt. Dies ist nach einer gefahrenen Strecke von 100 km und von 500 km der Fall. Es wurde also 2-mal angehalten, um zu tanken.

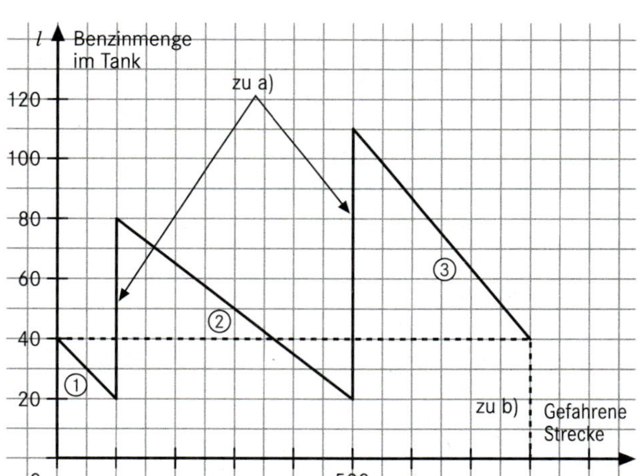

b) Die Entfernung von Köln nach Paris lässt sich auf der x-Achse ablesen; ungefähr 800 km.

c) Je größer der Benzinverbauch ist, desto rascher nimmt der Tankinhalt ab. Auf der Teilstrecke mit dem höchsten Benzinverbrauch wird der Graph daher am steilsten abfallen. Dies trifft auf die Teilstrecke ③ zu.

d) Beim Start in Köln sind 40 *l* Benzin im Tank, bis zum ersten Tanken sind 20 *l* davon verbraucht. Die Teilstrecke ② beginnt der Bus mit einem Tankinhalt von 80 *l*, davon sind bis zum zweiten Tanken 60 *l* verbraucht. Die Teilstrecke ③ beginnt der Bus mit einem Tankinhalt von 110 *l*, bei seiner Ankunft in Paris sind noch 40 *l* im Tank. Der Bus hat also auf der letzten Etappe 70 *l* verbraucht. Auf der gesamten Fahrt verbrauchte der Bus also 20 *l* + 60 *l* + 70 *l* = 150 *l*.

S. 79

4 **Kreise**

a)

Figur	1	2	3	4	5	6
				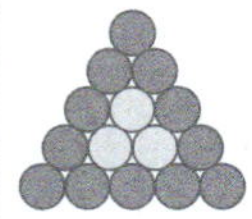	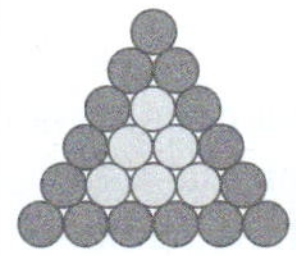	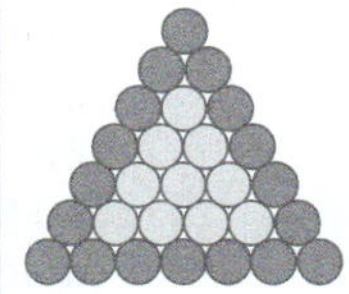
Anzahl aller Kreise	3	6	10	15	21	28
Anzahl der blauen Kreise	3	6	9	12	15	18
Anzahl der weißen Kreise	0	0	1	3	6	10

b) In der entsprechenden Tabellenzeile steht die 3er-Reihe.
In der Figur 7 sind $7 \cdot 3 = 21$ blaue Kreise

c) In der Figur 20 sind $20 \cdot 3 = 60$ blaue Kreise und somit $231 - 60 = 171$ weiße Kreise.

S. 80

5 **Taschengeld für den Urlaub**

Mira hat $10 \cdot 13{,}50$ € = 135 € gespart. Wenn dieser Betrag nur sechs Tage reichen muss, kann sie jeden Tag 135 € : 6 = 22,50 € ausgeben.

6 **Trampolin**

a) Das Sprungtuch hat die Form eines Kreises. Sein Radius beträgt r = 105 cm (210 cm : 2, halber Durchmesser). Für den Flächeninhalt eines Kreises gilt: $A = \pi \cdot r^2$.
$A = \pi \cdot (105\text{ cm})^2 \approx 34\,636\text{ cm}^2 \approx 3{,}5\text{ m}^2$
Das Sprungtuch ist ungefähr $3{,}5\text{ m}^2$ groß.

b) Der Durchmesser des Trampolins ist 250 cm, sein Radius beträgt also 125 cm.
Nicht bedeckt ist die Fläche mit einem Radius von 97 cm (= 125 cm – 28 cm). Da der Radius des Sprungtuchs aber 105 cm ist, überlappt die Abdeckung das Sprungtuch um 8 cm (= 105 cm – 97 cm).

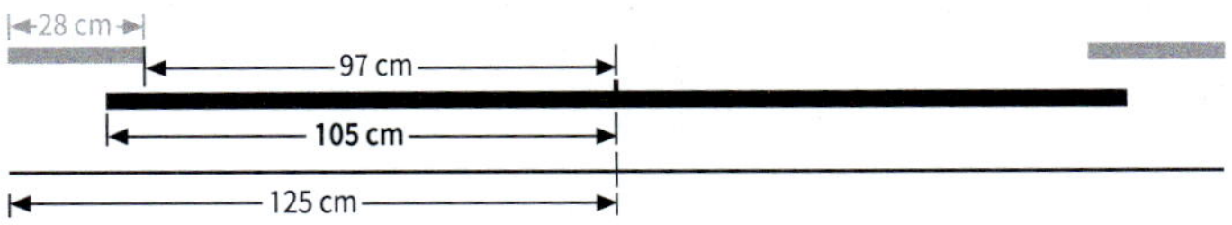

c) Von dem Sprungtuch zu sehen ist also eine Fläche der Größe
$A = \pi \cdot (97\text{ cm})^2 \approx 29\,559\text{ cm}^2 \approx 3{,}0\text{ m}^2$. Verdeckt sind rund $0{,}5\text{ m}^2$. Das entspricht einem Anteil von
$p\,\% = \frac{W}{G} = \frac{0{,}5}{3{,}5} \approx 14{,}3\,\%$.
(Anmerkung: Bei einer Rechnung mit den genauen Werten der Flächeninhalte folgt $p\,\% \approx 14{,}6\,\%$.)

7 **Lottogewinn**

a) Zuerst werden die Jahreszinsen bestimmt. Hier siehst du zwei Wege:
(1) 1 % von 1 000 000 € sind 10 000 €
2 % von 1 000 000 € sind 20 000 €.
(2) $Z = \frac{p}{100} \cdot K = 0{,}02 \cdot 1\,000\,000$ € = 20 000 €
Die Zinsen von 20 000 € verteilt auf 12 Monate ergibt Einnahmen von
20 000 € : 12 ≈ 1 666,67 €.
Frau Maus braucht im Monat aber 2 500 €. Sie kann also nicht von den Zinsen für ihren Lottogewinn leben.

b) Zwei Rechenwege:
(1) Nach einem Jahr hat Frau Maus $2\,\% \cdot 1$ Mio. € = 20 000 € Zinsen und damit ein Kapital von insgesamt 1 000 000 + 20 000 € = 1 020 000 €.
Dafür bekommt sie im zweiten Jahr so viel Zinsen: $2\,\% \cdot 1\,020\,000$ € = 20 400 €
Insgesamt hat Frau Maus nach zwei Jahren also 1 020 000 € + 20 400 = 1 040 400 €.
(2) Jedes Jahr wächst das Kapital um 2 % auf 102 %. In 2 Jahren wachsen 1 000 000 € an auf $1\,000\,000$ € $\cdot\, 1{,}02 \cdot 1{,}02 = 1\,040\,400$ €.

S. 81

8 Ferienplanung

a) Der Grundpreis beträgt bei vier Personen:
$4 \cdot 40\,€ = 160\,€$.
Pro Nacht kommen 70 € hinzu. Also lautet die Funktionsgleichung
$y = 70x + 160$.

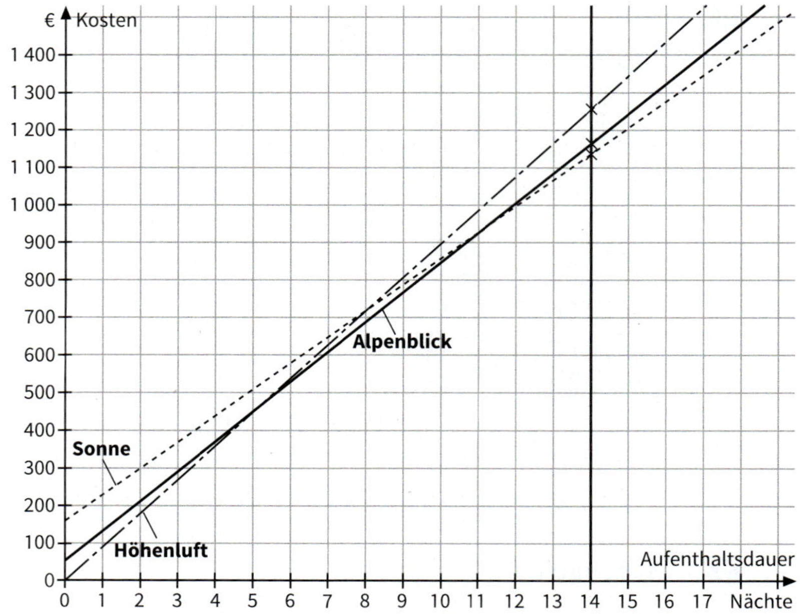

b) Zu den einzelnen Graphen gehören jeweils nur die Punkte mit ganzzahligen x-Koordinaten, da es z. B. 2,5 Übernachtungen nicht gibt.

c) Familie Dogan will genau zwei Wochen (also 14 Tage) bleiben. Aus dem Koordinatensystem ist abzulesen, dass die Kosten für diese Aufenthaltsdauer bei der Ferienwohnung Sonne am geringsten sind.
Man kann dies auch rechnerisch prüfen:
- Ferienwohnung Sonne: $14 \cdot 70\,€ + 4 \cdot 40\,€ = 1\,140\,€$
- Ferienappartement Höhenluft: $14 \cdot 90\,€ = 1\,260\,€$
- Ferienwohnung Alpenblick: $14 \cdot 80\,€ + 50\,€ = 1\,170\,€$

9 Fehlermeldung

$20\,\% = \frac{20}{100} = \frac{1}{5}$. „Jeder fünfte" bedeutet: 1 von 5, 2 von 10, 3 von 15, ... 20 von 100.
„20 %" und „jeder fünfte" beschreibt also dasselbe.
Durch die Formulierung „bald nur noch jeder fünfte" erweckt die Meldung den Eindruck, dass die Zahl der Bundesbürger, die sich ehrenamtlich engagieren, zurückgeht. Das ist falsch.

10 Sportfest

a) Insgesamt nahmen 720 Schülerinnen und Schüler teil. 324 (154 + 170) waren im Sprint am besten.

Dies entspricht folgendem Anteil: 324 von $720 = \frac{324}{720} = 324 : 720 = 0{,}45 = 45\,\%$

Die Zeitungsmeldung ist richtig.

b) Hier gibt es verschiedene Möglichkeiten, zu antworten:
- Da die Weiten nicht bekannt sind, kann man nicht wissen, ob die Mädchen besser sind.
- Absolut war bei mehr Mädchen Weitsprung die beste Disziplin.
- Relativ ergibt sich folgender Anteil: 135 von 340 ≈ 40 % (Jungen), 140 von 380 ≈ 37 % (Mädchen). Also war der Weitsprung bei relativ mehr Jungen die beste Disziplin.

S. 82

11 Erneuerbare Energien

a) Den Anteil der erneuerbaren Energien an der gesamten Stromerzeugung erhält man, indem man die Prozentsätze addiert.
$3{,}4\,\% + 8{,}6\,\% + 8{,}8\,\% + 4{,}3\,\% + 15{,}8\,\% = 40{,}9\,\%$
Die erneuerbaren Energien hatten einen Anteil von 40,9 %.

b) Es gibt zwei Möglichkeiten, den erzeugten Strom zu berechnen.
1. Möglichkeit:

gesamte Stromerzeugung	davon 40,9 % → · 0,409	erneuerbare Energien 238 Mrd. kWh

Durch Rückwärtsrechnen erhält man den erzeugten Strom:
238 Mrd. kWh : 0,409 ≈ 581,9 Mrd. kWh

S. 82

2. Möglichkeit:
Der erzeugte Strom wird mit dem Dreisatz berechnet.
40,9 % ≙ 238 Mrd. kWh
1 % ≙ 5,819 Mrd. kWh
100 % ≙ 581,9 Mrd. kWh
2021 wurden in Deutschland etwa 581,9 Mrd. kWh Strom erzeugt.

c) Windkraft insgesamt: 4,3 % + 15,8 % = 20,1 %
Berechnung der kWh: 20,1 % von 581,9 Mrd. kWh = 581,9 Mrd. kWh · 0,201 ≈ 117 Mrd. kWh
Es wurden etwa 117 Mrd. kWh Strom durch Windkraft erzeugt.

12 Bildschirmdiagonale
Die Länge der Diagonale ermittelt man mit dem Satz des Pythagoras.
Gerät A: $(56{,}0\text{ cm})^2 + (42{,}0\text{ cm})^2 = 4\,900\text{ cm}^2$
Die Länge der Diagonale beträgt somit $\sqrt{4\,900\text{ cm}^2} = 70\text{ cm}$ Gerät A ist also hier abgebildet.

13 Glücksräder

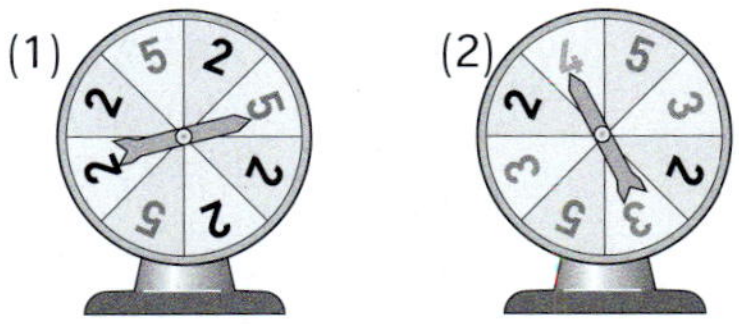

a) Das Glücksrad (1) hat acht gleich große Felder. Auf drei Feldern steht eine Fünf.
Die Wahrscheinlichkeit, eine Fünf zu erzielen, ist somit $\frac{3}{8}$ bzw. 37,5 % groß.

b) Das Glücksrad (2) hat ebenfalls acht gleich große Felder. Auf fünf Feldern stehen Zahlen, die kleiner als 4 sind. Somit ist die Wahrscheinlichkeit $\frac{5}{8}$ bzw. 62,5 % groß.

c) Die Wahrscheinlichkeit, eine Fünf zu erzielen, beträgt beim Glücksrad (1) $\frac{3}{8}$ und beim Glücksrad (2) $\frac{1}{8}$.
(1) $\frac{3}{8}$ von $1\,000 = 1\,000 \cdot \frac{3}{8} = 375$ (2) $\frac{1}{8}$ von $1\,000 = 1\,000 \cdot \frac{1}{8} = 125$
Da sich relative Häufigkeiten und Wahrscheinlichkeiten bei langen Versuchsreihen annähern, wurde vermutlich mit dem Glücksrad (2) gespielt. Absolut sicher kann man sich aber nicht sein.

S. 83

14 Ölpreis
Darstellung B ist richtig. Begründung: Das Volumen veranschaulicht den Preis. Im Bild B wurde die Höhe um $\frac{1}{3}$ reduziert, damit ist auch das Volumen um $\frac{1}{3}$ geringer. Im Bild A wurde der Durchmesser (und damit auch der Radius) um $\frac{1}{3}$ verringert. Das Volumen wird mit der Formel $V = \pi \cdot r^2 \cdot h$ berechnet. Das Volumen von Fass A ist jetzt $V = \pi \cdot \frac{2}{3}r \cdot \frac{2}{3}r \cdot h$ also $V = \pi \cdot \frac{4}{9} \cdot r^2 \cdot h$.

15 Aralsee

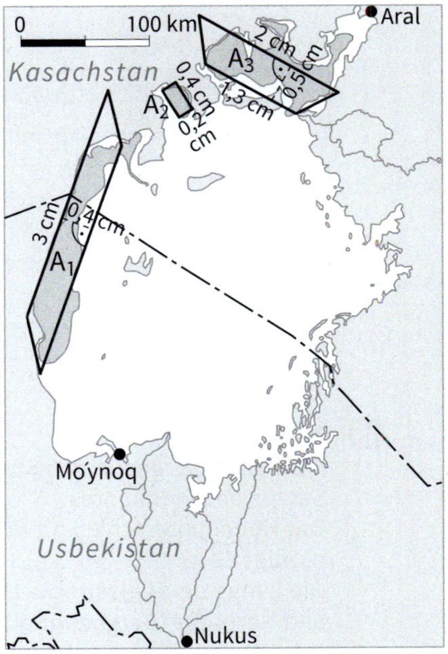

a) Es gibt sehr viele Möglichkeiten, die Fläche des Aralsees so durch berechenbare Flächen abzudecken, dass sich „Gewinne" und „Verluste" ungefähr ausgleichen.
Eine mögliche Lösung ist hier dargestellt:
1,6 cm auf der Karte entsprechen 100 km,
also: 1 cm entspricht 100 km : 1,6 = 62,5 km.
Multipliziert man die gemessenen Werte in cm mit 62,5, erhält man die tatsächliche Entfernung in km.
$A_1 \approx 187{,}5\text{ km} \cdot 25\text{ km} = 4\,687{,}5\text{ km}^2$ (Parallelogramm)
$A_2 \approx 25\text{ km} \cdot 12{,}5\text{ km} = 312{,}5\text{ km}^2$ (Rechteck)
$A_3 \approx \frac{81{,}25\text{ km} + 125\text{ km}}{2} \cdot 31{,}25\text{ km} \approx 3\,222{,}7\text{ km}^2$ (Trapez)
$A_1 + A_2 + A_3 \approx 8\,222{,}7\text{ km}^2$
Im Jahr 2010 war der Aralsee etwa 8 220 km² groß.

b) Prozentsatz der noch vorhandenen Fläche:
$p\,\% = \frac{8\,220}{68\,000} \approx 0{,}12 = 12\,\%$
Im Jahr 2010 hatte der Aralsee etwa 88 % seiner Größe von 1960 verloren.

S. 83

16 Strom

a) Bei der Frage, wann die Kosten für die Erzeugung von Solarstrom gleich hoch wie die Strompreise aus Kraftwerken waren, sucht man den Schnittpunkt der beiden Graphen. Dort liest man den x-Wert, also die Jahresangabe, für den Schnittpunkt ab und erhält 2012.

b) Im Jahr 2000 war 1 kWh Solarstrom ungefähr 5-mal so teuer wie 1 kWh Verbraucherpreis aus Kraftwerken (75 ct : 15 ct = 5).

c) Am Graphen kann man für Strom aus Kraftwerken ca. 31 ct und für Solarstrom ca. 15 ct ablesen. Richtig sind deshalb „ca. 50 %“ und „knapp die Hälfte“.

S. 84

17 Lösungsmethoden

a) Die Methoden von Alex und Bea führen beide zur Lösung $x = 8$.
Bea probiert zuerst mit einer mittleren Zahl, z.B. $x = 6$. Dafür ergibt sich auf der linken Seite der Gleichung:
$5 \cdot (6 - 3) + 9 = 5 \cdot 3 + 9 = 24$. Das ist zu klein.
Zwischen $x = 6$ und $x = 10$ liegt $x = 8$. Dafür gilt:
$5 \cdot (8 - 3) + 9 = 5 \cdot 5 + 9 = 25 + 9 = 34$ (stimmt)
Die Methode von Alex führt direkt zum Erfolg. Er könnte so rechnen:

$$\begin{aligned} 5 \cdot (x - 3) + 9 &= 34 \\ 5x - 15 + 9 &= 34 \\ 5x - 6 &= 34 \quad &|+6 \\ 5x &= 40 \quad &|:5 \\ x &= 8 \end{aligned}$$

b)

$$\begin{aligned} 3 \cdot (x - 15) - x &= x + 10 \\ 3x - 45 - x &= x + 10 \\ 2x - 45 &= x + 10 \quad &|+45 \\ 2x &= x + 55 \quad &|-x \\ x &= 55 \end{aligned}$$

18 Zahlenrätsel

a) (1) (A); (2) (F); (3) (G)

Lösungen der Gleichungen:

(A)

$$\begin{aligned} 2\,(x + 7) &= 3x + 1 \\ 2x + 14 &= 3x + 1 \quad &|-2x \\ 14 &= x + 1 \quad &|-1 \\ 13 &= x \end{aligned}$$

(F)

$$\begin{aligned} x - 8 &= 5x - 20 \quad &|-x \\ -8 &= 4x - 20 \quad &|+20 \\ 12 &= 4x \quad &|:4 \\ x &= 3 \end{aligned}$$

(G)

$$\begin{aligned} 4x - 17 &= 3x + 2 \quad &|-3x \\ x - 17 &= 2 \quad &|+17 \\ x &= 19 \end{aligned}$$

b)

	A	B	C
1	Einsetzung für x	linke Seite	rechte Seite
2	0	1	−9
3	1	3	−5
4	2	5	−1
5	3	7	3
6	4	9	7
7	5	11	11
8	6	13	15
9	7	15	19

Gleichung: $2x + 1 = 4x - 9$
Lösung (aus der Tabelle abgelesen): $x = 5$

S. 85

19 Nerobergbahn

Die Länge der gesuchten Strecke ermittelt man mithilfe des Satzes des Pythagoras.
Der Höhenunterschied h zwischen Tal- und Bergstation beträgt 83 m.
Die Länge der Gleisstrecke l zwischen Nerotal (Talbahnhof) und Neroberg (Bergbahnhof) beträgt 438 m.

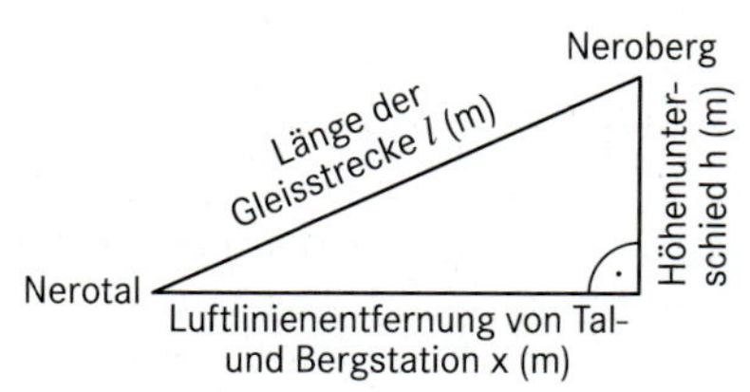

S. 85

Jetzt lässt sich die gesuchte Strecke x mit dem Satz des Pythagoras ermitteln:

$x^2 = \quad l^2 \quad - \quad h^2$
$x^2 = (438\ \text{m})^2 - (83\ \text{m})^2$
$x^2 = 184\,955\ \text{m}^2$
$x \approx 430\ \text{m}$

Die Luftlinienentfernung zwischen den Tal- und dem Bergbahnhof beträgt ungefähr 430 m. Auf einer Karte im Maßstab 1 : 10 000 entspricht 1 cm auf der Karte 100 m in Wirklichkeit (100 m = 10 000 cm). Eine Strecke von 430 m in Wirklichkeit entspricht bei diesem Maßstab also einer Strecke von 4,3 cm = 43 mm Länge.

20 Parkhaus

a) Für die ersten 60 Minuten fallen keine Parkkosten an. Für jede weitere angefangene Stunde sind 2,50 € zu zahlen, d. h. für eine Parkdauer von 61 bis 120 Minuten wird eine Gebühr von 2,50 € verlangt. Bricht eine weitere Stunde an, erhöht sich der Preis um 2,50 €. Herr Schulz bezahlt 5 €. Er hat also mindestens 121 Minuten, höchstens 180 Minuten lang geparkt.

b) Um 14:15 Uhr hätte Frau Siebert nur 2,50 € zahlen müssen. Zu diesem Zeitpunkt hatte sie 60 Minuten lang kostenlos und eine weitere Stunde für 2,50 € geparkt. Sie löste ihren Parkschein also um 12:15 Uhr.

21 Schulfest

a) Insgesamt wurden 120 Würste verkauft. (Summe aus C3 und C4)

b) Der Preis für ein Steak steht in Zelle B5. Ein Steak kostete 3,50 €.

c) Die Einnahmen aus dem Verkauf von Softdrinks wurden in der Zelle D9 berechnet. Die Formel = B9*C9 ergibt den richtigen Wert.

d) Die Gesamteinnahmen in Zelle D12 berechnet man mit der Formel = Summe (D3:D10). (2. Möglichkeit: Die Einnahmen werden addiert: = D3+D4+D5+D6+D9+D10. Diese 2. Möglichkeit ist jedoch nicht zu empfehlen, da sie nicht rationell ist. Man stelle sich eine Summe aus 100 Zahlen vor.)

S. 86

22 Lotterie

a) Bei 80 % Nieten beträgt der Anteil der Gewinne 20 %.

Es gilt: $20\,\% = \frac{20}{100} = \frac{1}{5}$.

Die Aussage „Jedes fünfte Los ist ein Gewinn" ist richtig.

b) Ein Los kostet 1,00 €. Insgesamt werden also 1 000 € eingenommen.
Folgende Preise werden ausgezahlt:
– 10 Hauptpreise von je 50,00 €: $10 \cdot 50\ € = 500\ €$
– Trostpreise von je 0,50 €: 80 % von 1 000 = 800 (Nieten)
1 000 – 800 – 10 = 190 (Trostpreise)
$190 \cdot 0{,}50\ € = 95\ €$
Gewinn des Veranstalters: 1 000 € – 500 € – 95 € = 405 €
Mit der Lotterie wurde ein Gewinn von 405 € erzielt.

23 Wohnmobil

Die Angebote beinhalten eine tägliche Mietgebühr, die Firmen A und B eine zusätzliche Gebühr pro gefahrenem Kilometer. Bei Firma C sind die Kilometer frei. Bei 21 Tagen und 2500 km ergibt dies:
Firma A: $21 \cdot 48\ € + 2500 \cdot 0{,}20\ € = 1\,508\ €$
Firma B: $21 \cdot 72\ € + 2500 \cdot 0{,}10\ € = 1\,762\ €$
Firma C: $21 \cdot 80\ € + 2500 \cdot 0{,}00\ € = 1\,680\ €$ Zu empfehlen ist Firma A.

24 Sonderpreis

a) Methode (1) berücksichtigt nicht den Rabatt von 3 %. Die Methode ist falsch.
Methode (2) berücksichtigt die sich ändernden Grundwerte und ist richtig. Die Methode ist richtig.
Methode (3) berechnet zwar nicht die Verbilligung und den Rabatt, aber immer gleich den reduzierten Preis. Die Methode ist richtig.

b) 85 % von 1 500 € sind 1 275 €. 97 % von 1 275 € sind 1 236,75 €
Das Mofa kostet bei Barzahlung 1 236,75 €.

S. 87

25 **Haus mit Pultdach**

a) Der umbaute Raum entspricht dem Volumen des Baukörpers. Berechnung des Volumens: Das Haus kann als Prisma mit einem Trapez als Grundfläche betrachtet werden:

$G = \frac{a + c}{2} \cdot h_T$ (Höhe des Trapezes $h_T = 8{,}4$ m)

$G = \frac{9{,}6\text{ m} + 6{,}2\text{ m}}{2} \cdot 8{,}4\text{ m} = 66{,}36\text{ m}^2$

Das Volumen des Prismas berechnet man mit

$V = G \cdot h_P$ (Höhe des Prismas $h_P = 12{,}6$ m)

$V = 66{,}36\text{ m}^2 \cdot 12{,}6\text{ m}$

$V = 836{,}136\text{ m}^3$ $V \approx 836\text{ m}^3$

b) Berechnung des Flächeninhalts der Seitenflächen:
Die Seitenflächen bestehen aus zwei gleichen Trapezen (s. Teil a)) und zwei Rechtecken.

$A = 2 \cdot 66{,}36\text{ m}^2 + 12{,}6\text{ m} \cdot 9{,}6\text{ m} + 12{,}6\text{ m} \cdot 6{,}2\text{ m}$

$A = 331{,}8\text{ m}^2$ $A \approx 332\text{ m}^2$

c) Maßstab 1 : 200

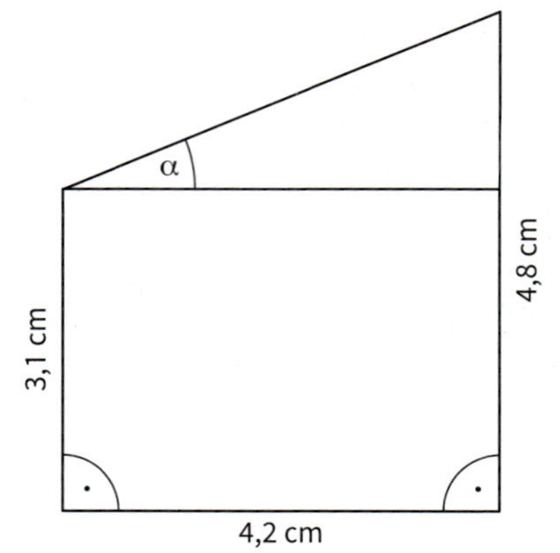

Neigungswinkel $\alpha \approx 22°$

26 **Schülersprecherwahl**

a) Am Diagramm lesen wir ab, dass Vera 170 Stimmen erhielt. Insgesamt wurden 480 Stimmen abgegeben. Daraus erhalten wir den Anteil:

$\frac{170}{480} \approx 0{,}354 \approx 35{,}4\,\%$.

b) Anzahl der Stimmen: Marc: 110 Vera: 170 Ungültige Stimmen: 60
Daraus ergeben sich für Tobias 480 – 110 – 170 – 60 = 140 Stimmen.
Säule für Tobias bis zur Höhe von 140 auf der Hochachse.

c) Da die Hochachse nicht bei Null beginnt, vermittelt das Diagramm den Eindruck, dass Vera doppelt so viele Stimmen wie Marc erhalten hat. Dies ist aber falsch, wie die Zahlen aus Teilaufgabe b) zeigen. Marc erhält 110 Stimmen und Vera 170, also weniger als die doppelte Anzahl.

Teil C Zentrale Aufgaben

Alle Lösungen Teil C: nicht amtliche Lösungen

Zentrale Prüfung NRW Hauptschulabschluss nach Klasse 10 2022

Prüfungsteil 1

S. 88

Aufgabe 1 (V1 und V2)
$-2{,}57 < -2{,}2 < \sqrt{5} < 2{,}51$

Aufgabe 2 (V1)

a) Gegeben: Quadrat mit der Seitenlänge $a = 3$ cm
Gesucht: Flächeninhalt A des Quadrats
Rechnung: $A = 3\text{ cm} \cdot 3\text{ cm} = 9\text{ cm}^2$

b) Gegeben: Quadrat mit der Seitenlänge $a = 3$ cm
Gesucht: Länge der Diagonalen d
Rechnung: Die Diagonale teilt das Rechteck in zwei gleichschenklige und rechtwinklige Dreiecke.
Nach dem Satz des Pythagoras gilt dann:
$(3\text{ cm})^2 + (3\text{ cm})^2 = d^2$
$9\text{ cm}^2 + 9\text{ cm}^2 = d^2$
$18\text{ cm}^2 = d^2$
$d = \sqrt{18\text{ cm}^2} \approx 4{,}24\text{ cm}$

Aufgabe 2 (V2)

a) Gegeben: Dreieck ABC mit $b = 3{,}7$ cm, $c = 4$ cm und $\alpha = 35°$
Planfigur:

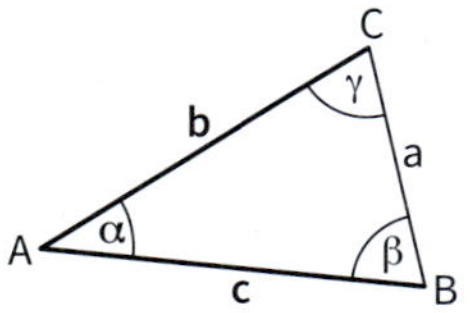

Zeichnung: Nach dem Kongruenzsatz SWS ist das Dreieck eindeutig konstruierbar, zum Beispiel so:
- Zeichne die Strecke $\overline{AB}$ ($c = 4$ cm).
- Trage im Punkt A den Winkel $\alpha = 35°$ an.
- Zeichne einen Kreisbogen um A mit dem Radius $b = 3{,}7$ cm, du erhältst den Punkt C.
- Verbinde B und C.

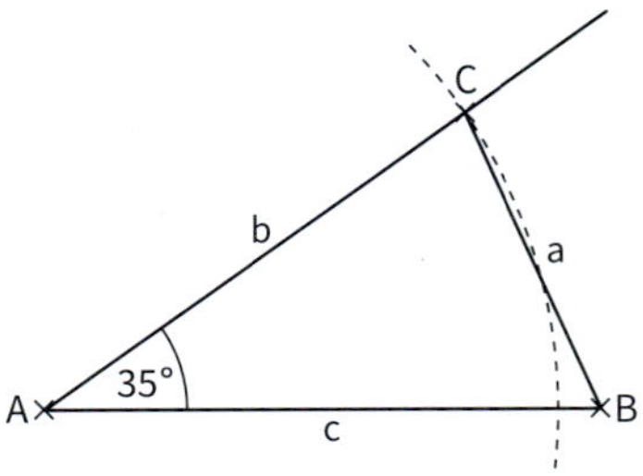

b) Es gibt mehrere mögliche Begründungen dafür, dass das Dreieck mit den angegebenen Winkelmaßen nicht gezeichnet werden kann.
Eine Begründung lautet:
Von dem abgebildeten Dreieck sind drei Winkel gegeben, deren Summe 150° ergibt. Da die Winkelsumme im Dreieck 180° ist, kann es kein Dreieck mit diesen Winkelgrößen geben.

S. 89

Aufgabe 3 (V1 und V2)

a) Gegeben: G (Gesamtzahl der abgegebenen Stimmen) = 8 487 413;
p % (Prozentsatz für die CDU) = 33,0 %
Gesucht: W (Anzahl der Stimmen für die CDU
Rechnung mit der Formel:
$W = G \cdot p\,\%$
$W = 8\,487\,413 \cdot \frac{33}{100} \approx 2\,800\,846$
Die CDU erhielt ungefähr 2 800 846 Stimmen.

b) Anzukreuzen ist:

	Aussage	wahr	falsch
(1)	SPD und CDU erreichten zusammen über 50 % der Stimmen.	☒	☐
(2)	Jede fünfte Stimme wurde für „Die Linke“ gegeben.	☐	☒
(3)	SPD, Grüne und „Die Linke“ haben zusammen mehr Stimmen als CDU und FDP zusammen bekommen.	☐	☒

Begründungen:
zu (1): 31,2 % + 33,0 % = 64,2 % > 50 %
Zu (2): Jede fünfte Stimme bedeutet: 1 von 5 Stimmen oder 20 von 100 Stimmen, also 20 %. Die Linke hat aber nur 4,9 % der Stimmen erhalten.
Zu (3): 31,2 % + 6,4 % + 4,9 % = 42,5 %
33,0 % + 12,6 % = 45,6 %
42,5 % < 45,6 %

Aufgabe 4 (V1)

a) Das Glücksrad ist in 12 gleich große Felder aufgeteilt, 3 dieser Felder sind mit H (Hauptgewinn) gekennzeichnet. Daher gilt:
$P(H) = \frac{3}{12} = \frac{1}{4} = 25\,\%$

b) $\frac{1}{3}$ von 12 sind 4, also müssen vier Felder mit dem Wort „Niete“ beschriftet werden, zum Beispiel so:

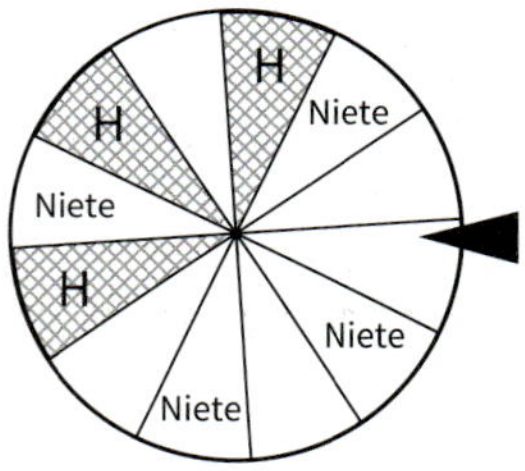

S. 90 **Aufgabe 4 (V2)**

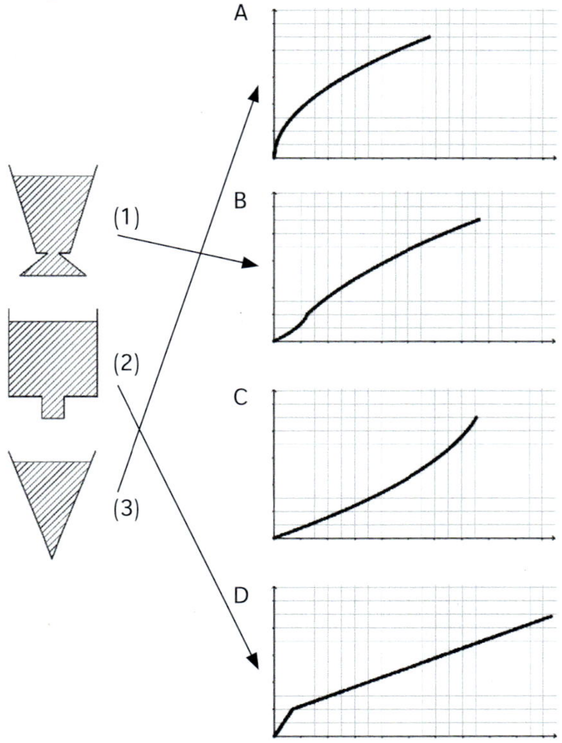

Aufgabe 5 (V1 und V2)

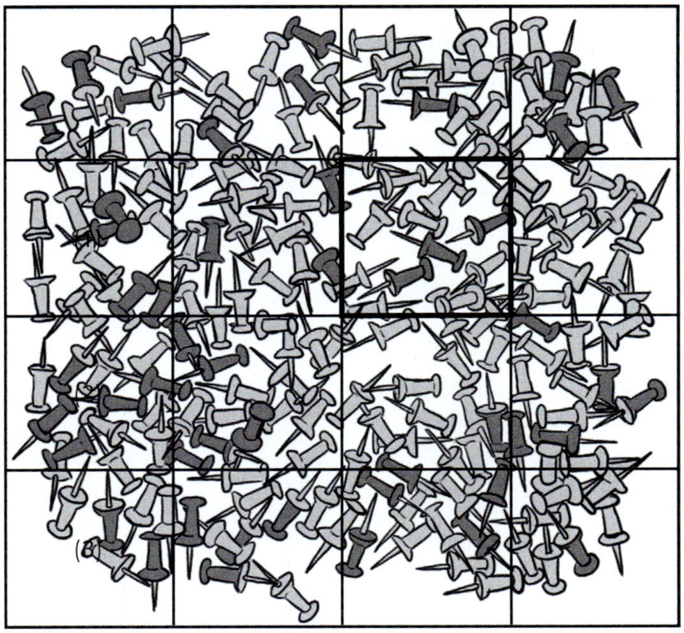

Damit man nicht alle Pinnwand-Nadeln zählen muss, legt man ein Zählgitter über das Foto. Man geht davon aus, dass in jedem Rechteck des Zählgitters durchschnittlich gleich viele Nadeln sind.
Hier wurde das Foto in $4 \cdot 4 = 16$ gleich große Rechtecke eingeteilt. Dann bestimmt man die Anzahl von Nadeln in einem Rechteck in dem durchschnittlich viele Nadeln zu sehen sind. In dem dicker umrandeten Rechteck sind das ungefähr 13. Damit ergeben sich für das gesamte Foto $16 \cdot 13 = 208$.
Auf dem Foto sind also etwa 200 Pinnwand-Nadeln zu sehen.

Prüfungsteil 2

S. 91

Aufgabe 1: Hochbeet

a) Für die langen Seitenwände werden insgesamt 10 Holzbretter benötigt, die 200 cm lang und 14,5 cm breit sind.
Für die kurzen Seitenwände werden insgesamt 10 Holzbretter benötigt, die 82 cm lang und 14,5 cm breit sind. Hierfür müssen die 200 cm langen Holzbretter aus dem Baumarkt zersägt werden. Aus einem 200 cm langen Holzbrett können 2 Holzbretter der passenden Länge von 82 cm gewonnen werden. Für die kurzen Seitenwände werden also 5 Holzbretter benötigt, die 200 cm lang und 14,5 cm breit sind.
Insgesamt werden also 15 Holzbretter für den Bau des Hochbeetes benötigt.

b) Die vier Seitenwände des Hochbeets bestehen aus 4 Rechtecken, die gegenüberliegenden sind jeweils gleich groß.
Flächeninhalt der großen Seitenflächen: $72{,}5\ \text{cm} \cdot 200\ \text{cm} = 14\,500\ \text{cm}^2$
Flächeninhalt der kleinen Seitenflächen: $72{,}5\ \text{cm} \cdot 82\ \text{cm} = 5\,945\ \text{cm}^2$
Flächeninhalt aller Außenflächen:
$14\,500\ \text{cm}^2 + 14\,500\ \text{cm}^2 + 5\,945\ \text{cm}^2 + 5\,945\ \text{cm}^2 = 40\,890\ \text{cm}^2 = 4{,}089\ \text{m}^2$
$4{,}089\ \text{m}^2 < 6{,}5\ \text{m}^2$
Ein Eimer Farbe reicht also aus.

c) Gegeben: Seitenlängen eines Quaders
Gesucht: Volumen des Quaders
Rechnung: $82\ \text{cm} \cdot 200\ \text{cm} \cdot 72{,}5\ \text{cm} = 1\,189\,000\ \text{cm}^3 = 1{,}189\ \text{m}^3$

Das Hochbeet soll zu einem Drittel mit Gartenerde befüllt werden.

$\frac{1}{3}$ von $1{,}189\ \text{m}^3 \approx 0{,}4\ \text{m}^3$

Es wird also etwa $0{,}4\ \text{m}^3$ Gartenerde benötigt.

d) In der Wirklichkeit beträgt der Durchmesser der kreisförmigen Fläche 40 cm.
Misst man die Länge des Durchmessers in der Zeichnung mit dem Lineal, so erhält man etwa 2 cm.
Also:
40 cm in der Wirklichkeit entsprechen 2 cm in der Zeichnung.
20 cm in der Wirklichkeit entsprechen dann 1 cm in der Zeichnung.
Dies entspricht einem Maßstab von 1 : 20.

e) Die Pflanzfläche des Hochbeets ist 82 cm breit und 200 cm lang.
An der 200 cm langen Seite passen fünf Kreise mit 40 cm Durchmesser nebeneinander, denn $5 \cdot 40\ \text{cm} = 200\ \text{cm}$.
Dann bleibt noch eine Pflanzfläche von 42 cm Breite und 200 cm Länge frei. Diese Fläche reicht für nicht mehr als weitere 5 Kreise mit 40 cm Durchmesser.
Es passen also 10 Salate in zwei Reihen in das Hochbeet.

S. 92

Aufgabe 2: Führerschein

a) Die Gesamtkosten für den Führerschein betragen 1 680 €.
Alina hat 1 500 € gespart, es fehlen also 1 680 € – 1 500 € = 180 €.

Alina spart in einem Monat 40 €, in 4 Monaten $4 \cdot 40$ € = 160 € und in 5 Monaten $5 \cdot 40$ € = 200 €.
Alina muss also noch 5 Monate für den Führerschein sparen.

b) $10 \cdot 45$ € = 450 €
Der Gesamtpreis für die Übungsstunden beträgt 450 €.

c)

Formel	geeignet	nicht geeignet
= B5*C5	☒	☐
= B5+C5	☐	☒
= SUMME(D2:D4)	☐	☒

d) Es ändern sich die Werte in den Zellen B4, D4 und D6.

e) 1 Übungsstunde kostet 45 €, 15 Übungsstunden kosten dann $15 \cdot 45$ € = 675 €.
Die Gesamtkosten betragen dann
300 € + 210 € + 675 € + 720 € = 1 905 €

S. 92

f) Nein, Alina hat nicht recht. Sie spart 33 % des Grundbetrags, aber nicht der Gesamtkosten.
Tatsächlich spart Alina nur 100 €, das entspricht $\frac{100}{1680}$ und damit ungefähr 6 %.

S. 93

Aufgabe 3: Bambus

a) Die Bambuspflanze wächst unter idealen Bedingungen an einem Tag 70 cm.
Dann wächst die Bambuspflanze unter idealen Bedingungen an 10 Tagen $10 \cdot 70\text{ cm} = 700\text{ cm} = 7\text{ m}$
Die 3 m hohe Bambuspflanze besitzt also nach 10 Tagen unter idealen Bedingungen eine Höhe von $3\text{ m} + 7\text{ m} = 10\text{ m}$.

b)

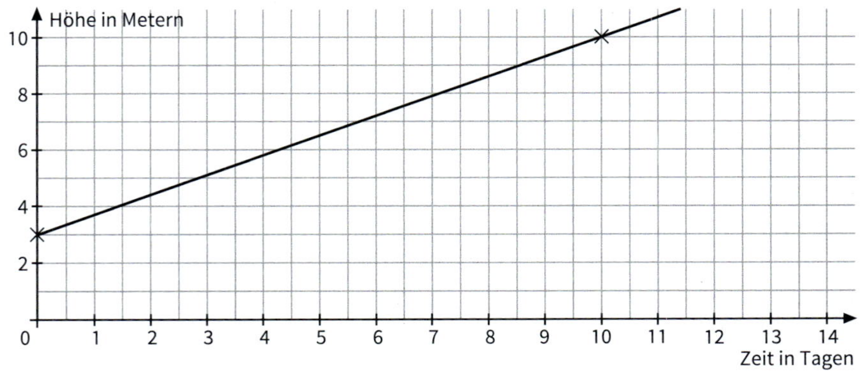

c) $17{,}5 = \frac{7}{10}x + 3 \quad | -3$

$14{,}5 = \frac{7}{10}x \quad | \cdot \frac{10}{7}$

$\frac{145}{7} = x$

$x \approx 20{,}7$

Nach ca. 21 Tagen erreicht die Bambuspflanze eine Höhe von 17,5 m.

d) Gegeben: Länge des Zaunes 6,5 m; Durchmesser eines Bambusrohrs 5 cm
Gesucht: benötigte Anzahl von Bambusrohren für den Zaun
Rechnung: Zunächst wandelt man die Längenangaben in dieselbe Einheit um.
$6{,}5\text{ m} = 650\text{ cm}$
$650\text{ cm} : 5\text{ cm} = 130$
Herr Paulsen benötigt 130 Bambusrohre für den Zaun.

S. 94

e) Gegeben: Radius des Außenkreises $r_1 = 2{,}5\text{ cm}$; Radius des Innenkreises $r_2 = 2\text{ cm}$
Gesucht: Flächeninhalt des Kreisringes $A = \pi \cdot r_1^2 - \pi \cdot r_2^2$
Rechnung: $A = \pi \cdot (2{,}5\text{ cm})^2 - \pi \cdot (2\text{ cm})^2$
$A = \pi \cdot 6{,}25\text{ cm}^2 - \pi \cdot 4\text{ cm}^2$
$A \approx 19{,}63\text{ cm}^2 - 12{,}57\text{ cm}^2 = 7{,}06\text{ cm}^2 \approx 7{,}1\text{ cm}^2$
Der Flächeninhalt des Kreisrings beträgt ungefähr $7{,}1\text{ cm}^2$.

f) (1) Gegeben: Länge eines Bambusrohres $h_k = 180\text{ cm}$;
Grundfläche G (Kreisring) eines Bambusrohrs $7{,}1\text{ cm}^2$;
Anzahl der Bambusrohre 130; Dichte von Bambusholz $0{,}7\,\frac{\text{g}}{\text{cm}^3}$
Gesucht: Gewicht der 130 Bambusrohre
Rechnung: Zunächst berechnet man das Volumen eines zylinderförmigen Bambusrohres.
$V_{Zylinder} = G \cdot h_k = 7{,}1\text{ cm}^2 \cdot 180\text{ cm} \approx 1\,278\text{ cm}^3$
Nun berechnet man das Gewicht eines Bambusrohres.
Da 1 cm^3 Bambusholz 0,7 g wiegen, wiegen $1\,278\text{ cm}^3$ Bambusrohr:
$1\,278\text{ cm}^3 \cdot 0{,}7\,\frac{\text{g}}{\text{cm}^3} = 894{,}6\text{ g} \approx 0{,}9\text{ kg}$
Jetzt kann das Gewicht von 130 Bambusrohren berechnet werden:
$130 \cdot 0{,}9\text{ kg} = 117\text{ kg}$
130 Bambusrohre wiegen etwa 117 kg.

(2) $117\text{ kg} < 250\text{ kg}$, daher wird das erlaubte Ladegewicht des Anhängers von 250 kg nicht überschritten.

Zentrale Prüfung NRW Hauptschulabschluss nach Klasse 10 2021

Prüfungsteil I

S. 94

Aufgabe 1 (V1 und V2)

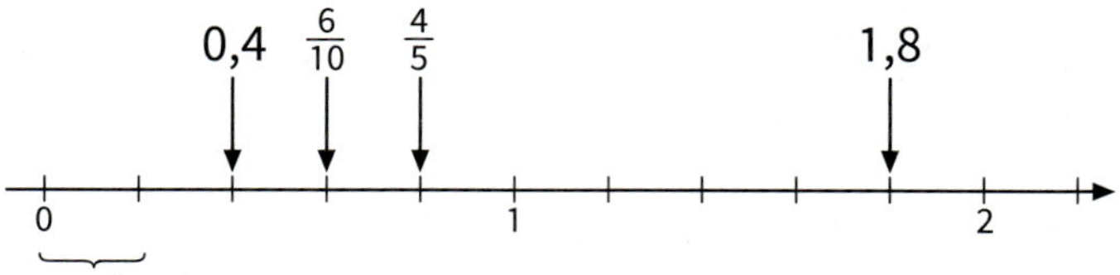

$0{,}2 = \frac{2}{10} = \frac{1}{5}$

Aufgabe 2 (V1 und V2)

250 cm = 2,5 m 0,75 ℓ = 0,75 dm^3 2,5 h = 150 min

Aufgabe 3 (V1 und V2)

a) $(6 + 19) \cdot 3 = 25 \cdot 3 = 75$

S. 95

b) Toms Rechnung:

$(x + 19) \cdot 3 = 63 \quad |:3$
$x + 19 = 63 \quad |-19$ falsch, denn 63 : 3 = 21
$x = 44$

Richtig ist:

$(x + 19) \cdot 3 = 63 \quad |:3$
$x + 19 = 21 \quad |-19$
$x = 2$

Aufgabe 4 (V1)

a) Es sind insgesamt 8 + 7 + 5 = 20 Kugeln in dem Beutel. Dann gilt:

$P\,(\text{blau}) = \frac{5}{20} = \frac{1}{4}$

b) $P\,(\text{blau oder schwarz}) = P(\text{blau}) + P(\text{schwarz}) = \frac{5}{20} + \frac{8}{20} = \frac{13}{20} = \frac{65}{100} = 65\,\%$

Aufgabe 4 (V2)

a) Der zusammengesetzte Körper besteht aus zwei Quadern.

$V_1 = 8\text{ cm} \cdot 5\text{ cm} \cdot 3\text{ cm} = 120\text{ cm}^2$
$V_2 = 2\text{ cm} \cdot 5\text{ cm} \cdot 3\text{ cm} = 30\text{ cm}^2$
$V_{\text{Körper}} = V_1 + V_2 = 120\text{ cm}^2 + 30\text{ cm}^2 = 150\text{ cm}^2$

b) Körper A besteht aus 7 Würfeln, Körper B aus 8 Würfeln.
Also: ☒ B

S. 96

Aufgabe 5 (V1)

a) Gegeben: $G = 550$ $p = 34\,\%$
Gesucht: W
Rechnung mithilfe der Prozentformel: $W = G \cdot p\,\%$

$W = G \cdot \frac{p}{100}$

$W = 550 \cdot \frac{34}{100}$

$W = 187$

187 der 550 befragten Personen kommen mit öffentlichen Verkehrsmitteln zur Arbeit.

b) Ein Anteil von $1\,\% = \frac{1}{100}$ nimmt $1\,\% = \frac{1}{100}$ der Kreisfläche ein.
Der Winkel des Teilstücks beträgt $\frac{1}{100}$ vom Vollwinkel 360°, also 3,6°.

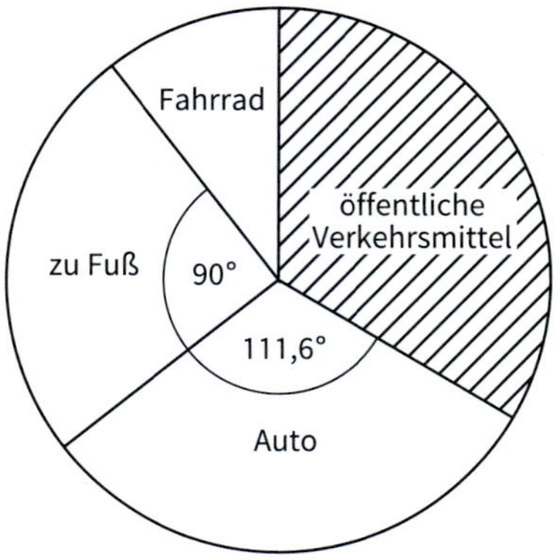

Tipp: Da $25\,\% = \frac{1}{4}$ der Befragten zu Fuß gehen, werden diese durch einen Viertelkreis dargestellt.

Aufgabe 5 (V2)

a)

Gold (in g)	0,5	1	**2**	1 000
Preis (in €)	**24,23**	48,46	96,92	**48 460**

b) Das Volumen einer Kugel berechnet sich mit $V = \frac{4}{3}\pi \cdot r^3$.

$V = \frac{4}{3}\pi \cdot (2{,}5\text{ cm})^3$

$V \approx 65{,}45\text{ cm}^3$

Das Volumen der Kugel beträgt ca. 65 cm^3.

Prüfungsteil II

S. 97

Aufgabe 1: Roller-Tour

a) Die Strecke in der Abbildung ist ungefähr 15 cm lang.
1 cm in der Abbildung entsprechen 2 km in Wirklichkeit.
$15 \cdot 2 = 30$
Die Strecke ist in Wirklichkeit ca. 30 km lang.

b) Rechnung mit dem Dreisatz:

Strecke (in km)	Fahrzeit (in Minuten)
24	60
6	15
30	75

Die Fahrzeit beträgt 75 Minuten (1,25 h).

c) Bei dem Term $0{,}2 \cdot x + 80$ gibt
- x die gefahrenen Kilometer,
- 0,2 die Kosten in € pro gefahrenen Kilometer und
- 80 die Grundgebühr pro Woche in € an.

S. 98

d) Der Graph zum Angebot von „Rollerverleih24“ verläuft von 0 bis 100 km waagerecht, da 100 km frei sind und bei Fahrten zwischen 0 und 100 km nur die Grundgebühr in Höhe von 90 € zu zahlen ist.

e)

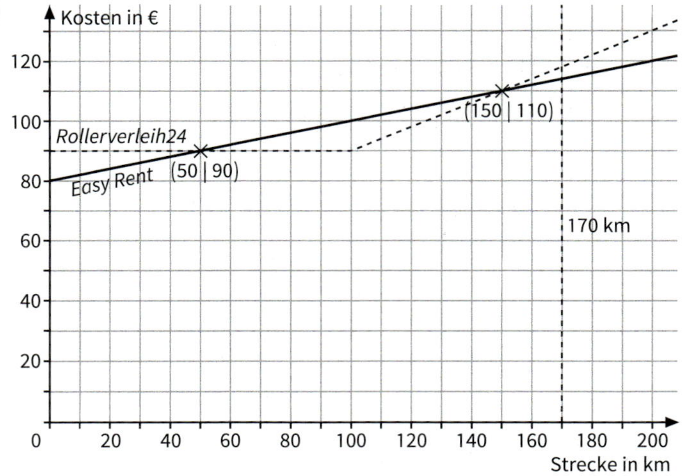

Die Graphen schneiden sich bei (50 | 90) und bei (150 | 110).

f) Wie im Koordinatensystem zu sehen ist, ist für 170 gefahrene Kilometern das Angebot von „Easy Rent“ günstiger.
Den exakten Preis kann man mithilfe des Terms aus c) berechnen:
Für $x = 170$ hat der Term $0{,}2 \cdot x + 80$ den Wert $0{,}2 \cdot 170 + 80 = 114$.
Die Kosten für das günstigere Angebot von „Easy Rent“ betragen 114 €.

S. 99

Aufgabe 2: Blumenbeet

a) Das Quadrat wird durch die Diagonale in zwei rechtwinklige Dreiecke zerlegt.
Dann gilt nach dem Satz des Pythagoras:

$c^2 = 120^2 + 120^2$

$c^2 \approx 28\,800$

$c = \sqrt{28\,800}$

$c \approx 170$ [cm]

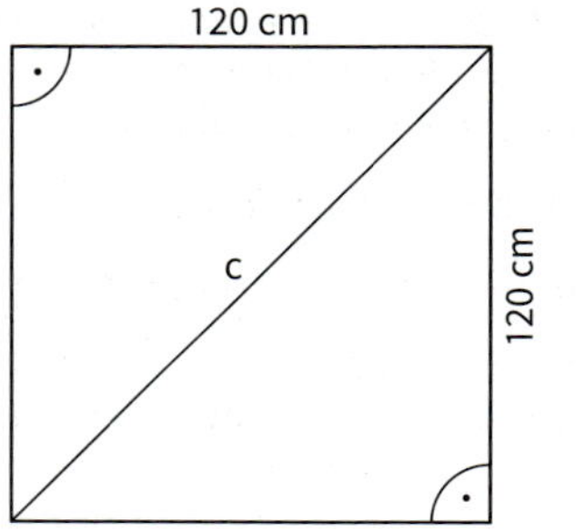

b) Der Flächeninhalt des oberen Dreiecks ist halb so groß wie der Flächeninhalt des quadratischen Blumenbeets.
Der Flächeninhalt des quadratischen Blumenbeets beträgt $120\text{ cm} \cdot 120\text{ cm} = 14\,400\text{ cm}^2 = 1{,}44\text{ m}^2$
Der Flächeninhalt des oberen Dreiecks beträgt dann $1{,}44\text{ m}^2 : 2 = 0{,}72\text{ m}^2$.
Die Packung Samen reicht also für ein Dreieck aus.

c) Gesucht ist der Umfang eines Kreises mit dem Durchmesser von ca. 170 cm bzw. dem Radius von ca. 85 cm.
$u = 2\pi \cdot r \approx 2\pi \cdot 0{,}85\text{ m} \approx 5{,}34\text{ m}$

Der Umfang des Kreises beträgt ungefähr 5,34 m, das Metallband muss also ungefähr 5,34 m lang sein.

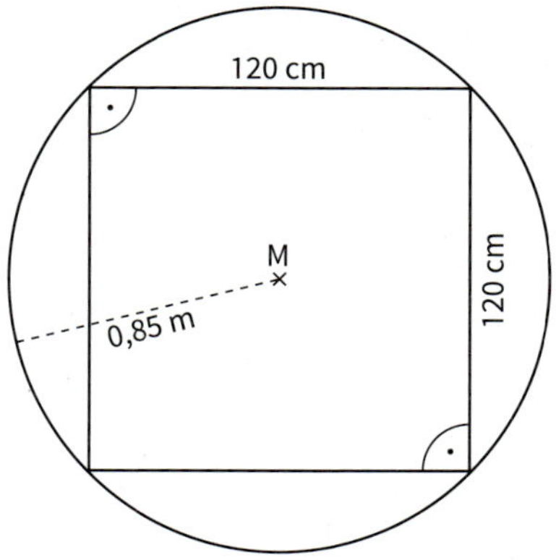

S. 99

d) Der Flächeninhalt der mit Kieselsteinen bedeckten Fläche entspricht der Differenz zwischen dem Flächeninhalt des Kreises und dem Flächeninhalt des Quadrats.

Flächeninhalt des Kreises:
$A_K = \pi \cdot r^2 = \pi \cdot (0{,}85\ m)^2 \approx 2{,}2698\ ...\ m^2 \approx 2{,}27\ m^2$
Der Flächeninhalt des Quadrats A_Q ist aus b) bekannt, er beträgt 1,44 m².

Den Flächeninhalt der mit Kieselsteinen bedeckten Fläche erhält man dann so:
$A_K - A_Q \approx 2{,}27\ m^2 - 1{,}44\ m^2 = 0{,}83\ m^2$

e) Kosten für die Kieselsteine: 2 · 5,79 € = 11,58 €
Kosten für das Metallband: 6 · 3,80 € = 22,80 €
Gesamtkosten: 11,58 € + 22,80 € = 34,38 €

Gesamtkosten mit Rabatt: 34,38 € · 0,95 ≈ 32,66 €
Maria und Leon müssen 32,66 € bezahlen.

S. 100

Aufgabe 3: Kasimir bastelt

a) Gegeben: a = 10 cm, h ≈ 8,7 cm
Der Flächeninhalt A des gleichseitigen Dreiecks beträgt dann:
$A = \frac{1}{2} \cdot a \cdot h \approx \frac{1}{2} \cdot 10\ cm \cdot 8{,}7\ cm \approx 43{,}5\ cm^2$

b) Rechts ist eine verkleinerte Lösungsskizze abgebildet.

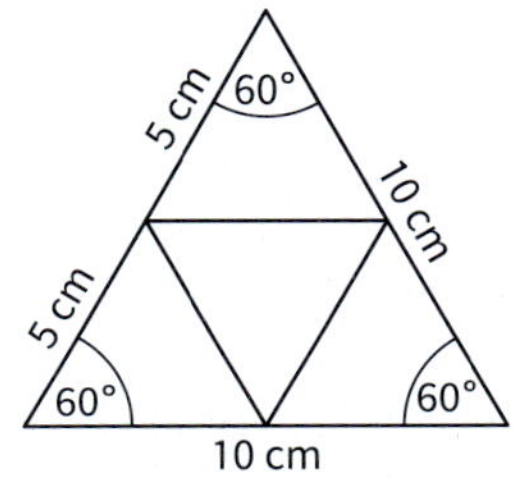

c) Das große Dreieck ist in vier kongruente Dreiecke unterteilt.
Da der Flächeninhalt A des großen Dreiecks etwa 43,5 cm² beträgt, hat ein kleines Dreieck einen Flächeninhalt von 43,5 cm² : 4 = 10,875 cm² ≈ 10,9 cm².

d) Da b = 5 cm ist, folgt:
$h_K = \frac{\sqrt{6}}{3} \cdot b = \frac{\sqrt{6}}{3} \cdot 5\ cm \approx 4{,}1\ cm$

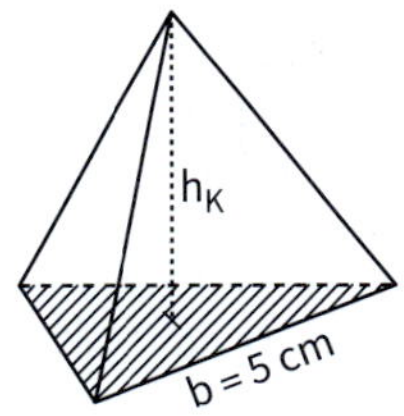

e) Das Tetraeder ist eine spezielle Pyramide. Seine Grundfläche G beträgt ca. 10,9 cm²; seine Körperhöhe h_K ca. 4,09 cm.
Sein Volumen berechnet sich dann so:
$V = \frac{1}{3} \cdot G \cdot h_K \approx \frac{1}{3} \cdot 10{,}9 \cdot cm^2 \cdot 4{,}09\ cm \approx 14{,}9\ cm^3$

f)

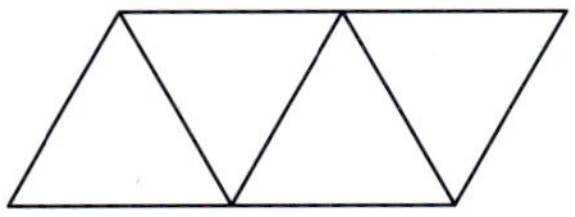

Netz 3 ☒

Netz 1 besteht aus 5 Dreiecken. Bei Netz 2 fallen zwei Dreiecksflächen aufeinander. Nur Netz 3 ergibt ein Tetraeder.

Zentral Prüfung NRW Hauptschulabschluss nach Klasse 10 2019

Prüfungsteil I

S. 101

Aufgabe 1

			13			
		1		12		
	−2		3		9	
−3		1		2		7

Aufgabe 2

Aus 1 kg = 1 000 g folgt: 0,25 kg = 0,25 · 1 000 g = 250 g
Aus 1 km = 1 000 m folgt: 0,06 km = 0,06 · 1 000 m = 60 m
Aus 1 t = 1 000 kg folgt: 1,025 t = 1,025 · 1 000 kg = 1025 kg
Aus 1 m² = 10 000 cm² folgt: 40 cm² = 40 : 10 000 m² = 0,004 m²
Anzukreuzen ist also:

	richtig	falsch
0,25 kg = 250 g	☒	☐
0,06 km = 600 m	☐	☒
1,025 t = 1250 kg	☐	☒
40 cm² = 0,0040 m²	☒	☐

Aufgabe 3

$(619 + 758 + 186 + 256 + 403 + 184 + 481) : 7 = 2887 : 7 \approx 412{,}42$
Die durchschnittliche Besucherzahl pro Tag beträgt ungefähr 412 Besucher.

S. 102

Aufgabe 4

a) Gesucht ist das Volumen des Quaders.
Gegeben sind die Maße: a = 25 cm, b = 20 cm und c = 70 cm
Die Formel zur Berechnung des Volumens eines Quaders lautet:
$V = a \cdot b \cdot c$
Wir setzen die gegebenen Maße in die Formel ein:
$V = 25\text{ cm} \cdot 20\text{ cm} \cdot 70\text{ cm} = 35\,000\text{ cm}^3$

b) Michaels Behauptung ist falsch.
Begründung: Wenn die Höhe des Quaders verdoppelt wird, dann hat der so entstandene Quader die Maße a = 25 cm, b = 20 cm und c = 2 · 70 cm = 140 cm.
Sein Volumen beträgt dann: $V(neu) = 25\text{ cm} \cdot 20\text{ cm} \cdot 140\text{ cm} = 2 \cdot 35\,000\text{ cm}^3 = 70\,000\text{ cm}^3$
Das Volumen des neuen Quaders ist also doppelt so groß, es hat sich nicht vervierfacht.

Aufgabe 5

a) Da alle möglichen Ergebnisse gleich wahrscheinlich sind, kann man die gesuchte Wahrscheinlichkeit so berechnen:
$P(\text{Hauptgewinn}) = \frac{\text{Anzahl der günstigen Ergebnisse}}{\text{Anzahl der möglichen Ergebnisse}} = \frac{3}{200} = 0{,}015 = 1{,}5\,\%$

b) Zuerst müssen wir die Anzahl der Nieten bestimmen:
200 – 33 – 3 =164
$P(\text{Niete}) = \frac{\text{Anzahl der günstigen Ergebnisse}}{\text{Anzahl der möglichen Ergebnisse}} = \frac{164}{200} = 0{,}82 = 82\,\%$

S.102

Aufgabe 6

$4 \cdot (2 - x) + 3x$ (Klammer auflösen)
$= 8 - 4x + 3x$ (Zusammenfassen)
$= 8 - x$

Prüfungsteil II

S.103

Aufgabe 1: Beruf

a) Gesucht: Flächeninhalt der Grundfläche G
Gegeben: Durchmesser der Grundfläche: d = 1,10 m, also r = 0,55 m
Rechnung:
Die Formel zur Berechnung einer Kreisfläche lautet: $A = \pi \cdot r^2$

Wir setzen die gegebenen Werte in diese Formel ein:
$A = \pi \cdot (0{,}55\text{ m})^2 \approx 0{,}95\text{ m}^2$

Der Flächeninhalt der Grundfläche G beträgt etwa $0{,}95\text{ m}^2$.

b) Gesucht: Gewicht (Masse) der zylinderförmigen Tischplatte
Gegeben: Volumen des Zylinders: $V = 28\,500\text{ cm}^3$
1 cm^3 Eichenholz wiegt 0,67 g.
Rechnung:
Gewicht (Masse) der Tischplatte $= 28\,500\text{ cm}^3 \cdot 0{,}67\,\frac{\text{g}}{\text{cm}^3} = 19\,095\text{ g} = 19{,}095\text{ kg}$
Die Tischplatte wiegt 19,1 kg.

c) *1. Schritt:* alle Beiträge zur Sozialversicherung addieren
46,50 € + 38,75 € + 8,90 € + 6,25 € = 100,40 €
2. Schritt: Summe aller Beiträge vom Bruttogehalt subtrahieren
500 € – 100,40 € = 399,60 €
Das Nettogehalt beträgt 399,60 €.

S.104

d) Aus Abbildung 2 kann man entnehmen, dass der Beitrag zur Krankenversicherung 7,75 % (7,75 in Zelle B4) vom Bruttogehalt (500,00 in Zelle D1) beträgt.
Eine geeignete Formel zur Berechnung der Beitrags zur Krankenversicherung ist =D1*B4/100
Anzukreuzen ist daher:

Formel	geeignet	nicht geeignet
=D1/B4*100		X
=D1*B4/100	X	
=D1–(C3+C5+C6)		X
=B4*D1–500		X

e) *1. Schritt:* die Gesamthöhe der Abzüge in % bestimmen
20,08 % + 9 % = 29,08 %
Die Abzüge insgesamt betragen also 29,08 % des Bruttogehalts.

2. Schritt: die Höhe der Abzüge in Euro berechnen
Gesucht: W
Gegeben: G = 2010 €, p % = 29,08 %;
Rechnung: $W = G \cdot p\,\% = 2010\text{ €} \cdot 29{,}08 : 100 = 584{,}508\text{ €} \approx 584{,}51\text{ €}$

3. Schritt: das Nettogehalt bestimmen
2010 € – 584,51 € = 1 425,49 €
Das Nettogehalt beträgt monatlich 1 425,49 €.

S. 104

Aufgabe 2: Fahrradweg

a) Gesucht: Flächeninhalt der trapezförmigen Wiese

$$A = \frac{a + c}{2} \cdot h$$

Gegeben: a = 160 m, c = 120 m, h = 80 m

Rechnung: $A = \frac{160\text{ m} + 120\text{ m}}{2} \cdot 80\text{ m}$

$= \frac{280\text{ m}}{2} \cdot 80\text{ m} = 140\text{ m} \cdot 80\text{ m} = 11\,200\text{ m}^2$

Die Wiese ist 11 200 m^2 groß.

S. 105

b) Gesucht: p %

Gegeben: G = 11 200 m^2; W = 320 m^2

Rechnung: $p\,\% = \frac{W}{G} = 320\text{ m}^2 : 11\,200\text{ m}^2 \approx 0{,}029 = 2{,}9\,\%$

Die Fläche des Fahrradwegs beträgt ungefähr 2,9 % der Gesamtfläche.

c) Der Flächeninhalt des Fahrradwegs beträgt 320 m^2.

Für 1 m^2 erhält Herr Albertz 4,90 €.

Für 320 m^2 erhält er dann 4,90 € · 320 = 1 568 €.

d) Gesucht: Länge der Seite s

Gegeben: Das Dreieck ABC mit den Seiten c, h und s ist rechtwinklig (siehe Abbildung bei e).
Die Seite h ist 80 m lang.

Rechnung:

Mithilfe der Maße in der Abbildung kann man c berechnen:

c = 160 m − 120 m = 40 m

Dann gilt nach dem Satz des Pythagoras in dem rechtwinkligen Dreieck ABC:

$s^2 = (40\text{ m})^2 + (80\text{ m})^2$

$s^2 = 1\,600\text{ m}^2 + 6\,400\text{ m}^2$

$s^2 = 8\,000\text{ m}^2$

$s \approx 89{,}4\text{ m}$

Die Seite s ist etwa 89,4 m lang.

e) Gesucht: Kosten für den Zaun

1. Schritt: Umfang der restlichen trapezförmigen Wiese berechnen

Gegeben: Maße der ursprünglichen trapezförmigen Wiese
Breite des Fahrradwegs

Rechnung: Mithilfe der Maße in der Abbildung kann man die Längen der vier Seiten der trapezförmigen Wiese berechnen.

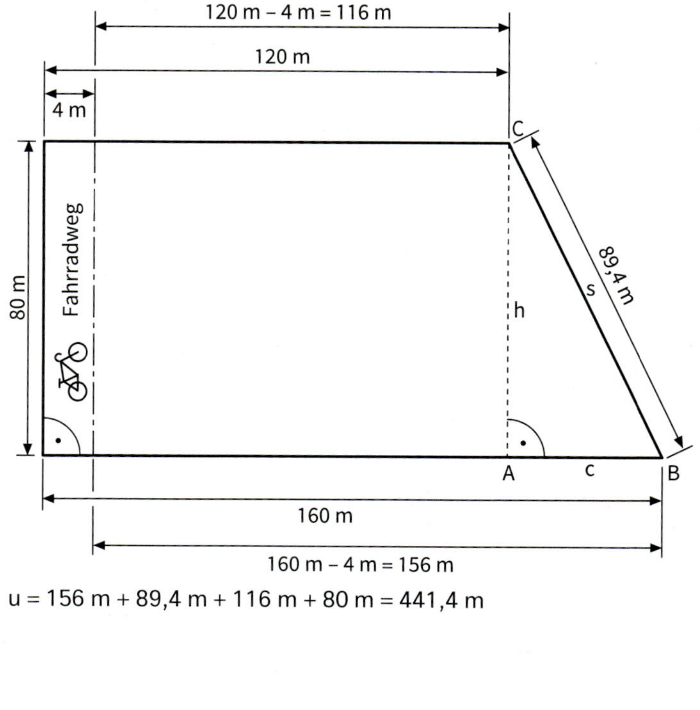

u = 156 m + 89,4 m + 116 m + 80 m = 441,4 m

.105 *2. Schritt:* Anzahl der benötigten Pakete berechnen
1 Paket enthält 5 m Zaun.
441,4 m : 5 m ≈ 88,28
Herr Albertz benötigt also 89 Pakete.

3. Schritt: Kosten für 89 Pakete berechnen
1 Paket kostet 16,50 €.
89 Pakete kosten dann 89 · 16,50 € = 1 468,50 €
Der Zaun kostet 1 468,50 €.

.106

Aufgabe 3: Stromanbieter

a) Gesucht: jährliche Kosten für den Anbieter „Klassik-Strom"
Gegeben: Stromverbrauch in kWh: 3 500
Grundgebühr pro Jahr: 140 €
Preis pro kWh: 0,19 €
Rechnung:
Stromkosten pro Jahr: $3\,500 \text{ kWh} \cdot 0{,}19 \frac{€}{\text{kWh}} = 665\ €$
Grundgebühr pro Jahr: 140 €
Gesamtkosten: 665 € + 140 € = 805 €
Die jährlichen Kosten für den Anbieter „Klassik-Strom" betragen 805 €.

b) Für den Anbieter „Greenpower" steht die Grundgebühr in Zelle C4. Sie beträgt 150 €.
Der Preis pro kWh steht in Zelle C5, er beträgt 0,20 €.

c) Die Werte in den Zellen B6 und C6 ändern sich.

.107

d) Die Grundgebühr muss man zahlen, auch wenn man 0 kWh verbraucht.
Das zugehörige Wertepaar beim Graphen für „Windkraft" ist (0|50).
Die Grundgebühr beträgt also 50 €.

e) Der Schnittpunkt S hat die Koordinaten (2 000|550). Das bedeutet, dass bei einem Stromverbrauch von 2 000 kWh bei beiden Anbietern Kosten von 550 € entstehen.

f) Aus dem Koordinatensystem ist abzulesen, dass bei einem Stromverbrauch von 3 500 kWh die Kosten beim Anbieter „Greenpower" 850 € betragen und beim Anbieter „Windkraft" etwa 925 €.
Saras Eltern sollten sich für den günstigeren Anbieter „Greenpower" entscheiden.

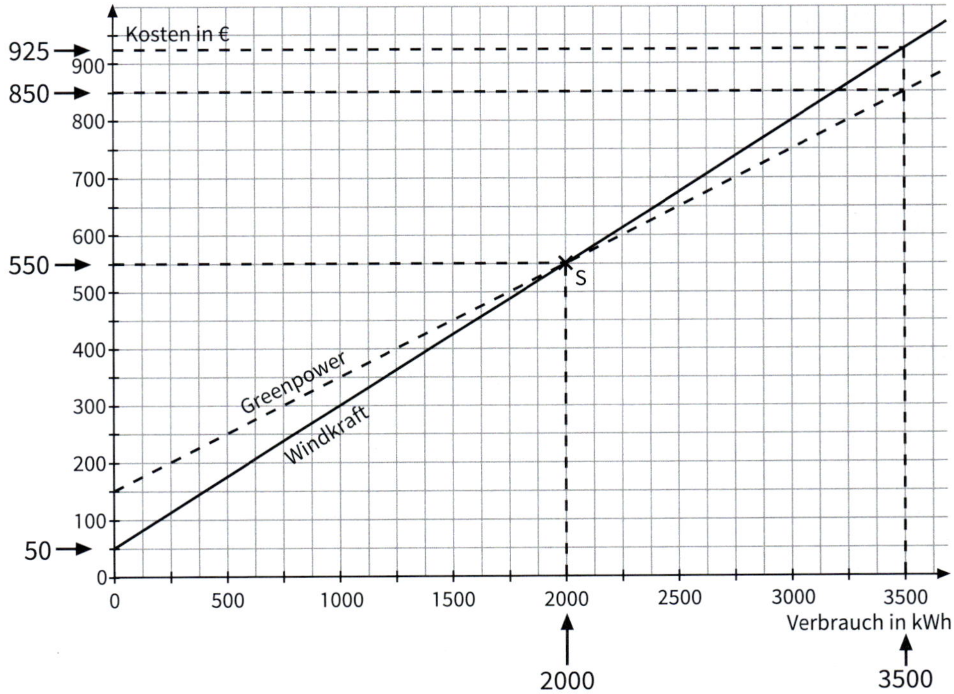

Zentrale Prüfung NRW Hauptschulabschluss nach Klasse 10 2018

Prüfungsteil I

S. 108

Aufgabe 1

20 % von 89 € = 89 € · 0,2 = 17,80 €
89,00 € – 17,80 € = 71,20 €
Die Schuhe kosten nun 71,20 €.

Aufgabe 2

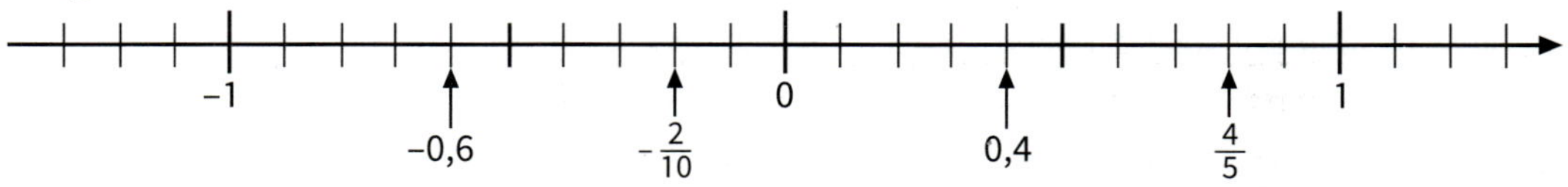

Aufgabe 3

a) Spannweite: 7,17 m – 6,81 m = 0,36 m
Median: 7,08 m

b) $\frac{7{,}17 + 7{,}15 + 7{,}08 + 6{,}95 + 6{,}81}{5}$ m ≈ 7,03 m

Die Frauen sind im Durchschnitt 7,03 m weit gesprungen.

S. 109

Aufgabe 4

518400 s = 518400 : 60 : 60 : 24 d = 6 d
Es sind 6 Tage.

Aufgabe 5

a) $V = \frac{1}{3} \cdot \pi \cdot r^2 \cdot h$

$V = \frac{1}{3} \cdot \pi \cdot (13\text{ m})^2 \cdot 16{,}68\text{ m} \approx 2950\text{ m}^3$

b) 2950 · 1,2 t = 3540 t ≈ 3500 t
Die Angabe stimmt.

Aufgabe 6

a) P (weiße Kugel) = $\frac{3}{9} = \frac{1}{3}$

b) Die Wahrscheinlichkeiten sind nicht gleich, weil beim Beutel 2 die Wahrscheinlichkeit für eine weiße Kugel $\frac{3}{7}$ beträgt ($\frac{3}{7} > \frac{3}{9}$).

Prüfungsteil II (ausgewählte Aufgaben)

S. 111

Aufgabe 1: Sandkasten

a) $u = \pi \cdot d$
$u = \pi \cdot 3{,}60\text{ m} \approx 11{,}31\text{ m}$
Der innere Umfang beträgt 11,3 m.

b) $V = \pi \cdot r^2 \cdot h$
$V = \pi \cdot (1{,}80\text{ m})^2 \cdot 0{,}45\text{ m} \approx 4{,}58\text{ m}^3$
5 m³ Sand reichen aus.

c) x: Sandvolumen (in m³)
y: Gesamtkosten (in €)

.110 d) Der Graph endet bei $x = 5$, weil das Angebot der Firma Bauschnell nur bis 5 m^3 Sand geht.

.111 f) 5 m^3 Sand kosten bei der Firma Schüttgut 550 €, bei der Firma Bauschnell aber nur 400 €. Die Firma Bauschnell ist also günstiger.

e)

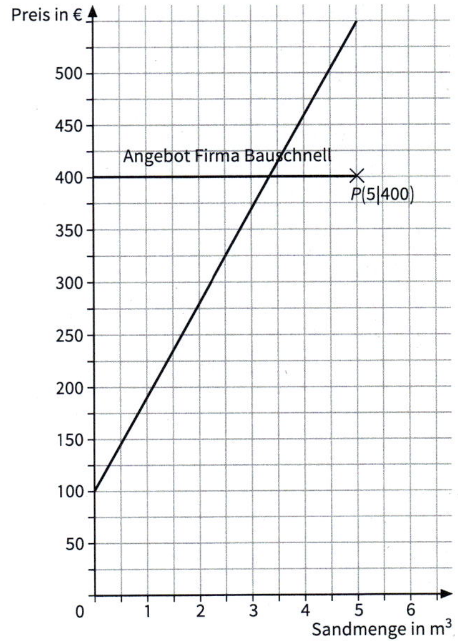

Aufgabe 2: Nördliche Bundesländer

a) Auf der Karte sind 1,2 cm in Wirklichkeit 100 km.
Hamburg und Berlin haben auf der Karte einen Abstand von 3 cm.
$3\text{ cm} : 1{,}2\text{ cm} = 2{,}5$
$2{,}5 \cdot 100\text{ km} = 250\text{ km}$
Die Entfernung zwischen Hamburg und Berlin beträgt ca. 250 km.

b) Niedersachsen ist das größte nördliche Bundesland.

c) $17\,865\,516 \approx 17\,900\,000 = 1{,}79 \cdot 10^7$

d) $17\,865\,516 : 34\,112 \approx 524$
In NRW leben ca. 524 Menschen pro km^2.

e) Zelle D4: „=C4/B4“

f) $100\,\% \mathrel{\hat{=}} 360°$
$1\,\% \mathrel{\hat{=}} 3{,}6°$
$22\,\% \mathrel{\hat{=}} 22 \cdot 3{,}6° = 79{,}2°$

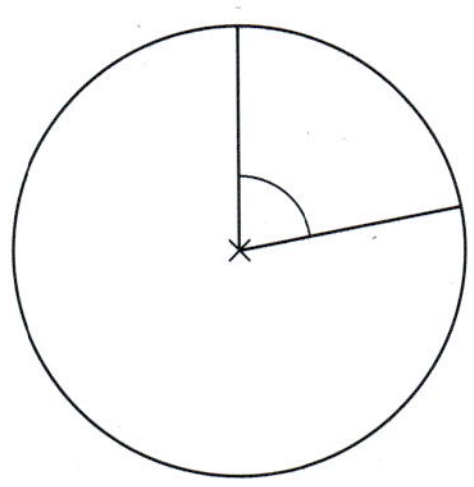